易学精准服装裁剪制板技术与技巧

孙兆全　马晓芳　编著

·北京·

内容提要

本书结合作者长期实践的宝贵经验，以大量现代男女服装经典、流行样式作为实例，精心挑选了各种类型、具有代表性的款式，内容包括现代服装造型及结构、裙子类制板方法与实例、男女裤子类制板方法与实例、男女衬衫类制板方法与实例、男女上衣制板方法与实例、连身类女装制板方法与实例、典型民族服装制板方法与实例、男女大衣外套类制板方法与实例、服装工业样板缩放（推板）方法与实例等内容。本书的主要特点就是服装裁剪制板“易学”“精准”，能够帮助读者快速提高自己的裁剪制板技术。

全书语言精练、通俗易懂、内容翔实、数据精准，既具有一定的理论应用创新，又具有很强的实用价值。本书可以作为服装的专业培训用书或广大服装爱好者的参考书，也可以作为高等院校的教学参考书或教材。

图书在版编目（CIP）数据

易学精准服装裁剪制板技术与技巧/孙兆全，马晓芳编著．—北京：化学工业出版社，2020.7

ISBN 978-7-122-36939-0

Ⅰ.①易… Ⅱ.①孙…②马… Ⅲ.①服装量裁-高等学校-教材 Ⅳ.①TS941.63

中国版本图书馆CIP数据核字（2020）第083846号

责任编辑：朱　彤　　　　文字编辑：谢蓉蓉
责任校对：刘　颖　　　　装帧设计：刘丽华

出版发行：化学工业出版社（北京市东城区青年湖南街13号　邮政编码100011）
印　　装：三河市双峰印刷装订有限公司
787mm×1092mm　1/16　印张15½　字数423千字　　2021年1月北京第1版第1次印刷

购书咨询：010-64518888　　　　售后服务：010-64518899
网　　址：http://www.cip.com.cn
凡购买本书，如有缺损质量问题，本社销售中心负责调换。

定　　价：68.00元

前言

近年来人们对于服装的要求越来越高，到各类服装院校及培训机构的求学者也越来越多。因此，一方面国内服装设计制作加工行业的技术水平亟待提高；另一方面，服装专业设计技术的教学方法也有待进一步提高。服装专业的理论性、实操性很强，没有坚实的服装结构知识技能，再好的款式设计也难以实现。当然，这也是能够成为一名优秀服装设计师的关键所在。

作者一直在高校从事服装设计技术专业的教学工作，对国内外服装技术的教学方法也有较深入的研究，在总结了大量国内外新的服装造型结构知识的基础上，编写了这本《易学精准服装裁剪制板技术与技巧》一书，旨在为满足各类学习者求知要求的基础上，尽快跟上国际服装流行时尚的技术要求。

全书参照国内外先进的服装结构纸样设计方法，以大量现代流行男女服装经典样式作为实例编写而成。特别是书中的女式服装纸样设计部分，针对目前女装合体度高、整体造型立体感强的要求，选择了当前学术界一致认可的、科学性强及应用体系非常成熟的文化式女子新原型作为主要制图辅助手段，通过以女衬衫、女时装、套装、礼服、大衣、户外装、裙子、裤子等新款式为例，采用文字与制图分解的讲授方法，较详尽地集中概括了女子文化式新原型制图原理的特点、优势和应用技巧，从而将较复杂的课程变得易学、易懂。男式服装纸样设计部分选择了以衬衫、大衣、裤子等经典款式为实例，在综合了国内外较为科学的平面设计基础上，提供给研习者一套更符合中国男人体型的制图方法。另外，还借鉴当前民族服装的流行趋势，选编了一些作者较为熟知、读者更易掌握的中式服装（典型汉族服装）与少数民族服装（典型朝鲜族服装）部分款式的传统平面制图方法。

由于本学科具有实用性强的特点，一定要有大量的动手实践练习过程。因此，本书还综合精选了大量男女装的经典制图实例进行详尽讲授，结合具体款式的造型特点、功能和强调应用的准确度，首先从款式设计分析入手，到成品尺寸规格的确定，再到结构设计分步骤的纸样构成展开，逐一进行讲解，相关内容基于服装原理，更注重实操的制板学习。学习者经过强化和训练后，必将能较快掌握纸样设计的应用方法。所谓易学是指制图方法求新，找到制图规律，从而能举一反三，对服装构成理论与国内外更新的制板技术进行优化。总之，本书内容具有由浅入深、循序渐进、图文并茂、简单易懂的特点，可以满足不同层次读者学习服装制图、服装造型等技术的实际需要。另外，本书将作为左衽中国时尚艺术教育集团的指定教材配套使用。

本书由北京服装学院孙兆全、延边大学美术学院马晓芳共同编著完成。本书封面人物效果图由蔡苏凡提供。由于作者精力和时间所限，书中难免会有不足之处，敬请广大读者批评、指正。

编著者

2020 年 6 月

目录

第五章 男女上衣制板方法与实例

第六章 连身类女装制板方法与实例

第七章 典型民族服装制板方法与实例

第八章 男女大衣外套类制板方法与实例

第九章　服装工业样板缩放（推板）方法与实例

主要参考文献

第一章

现代服装造型及结构

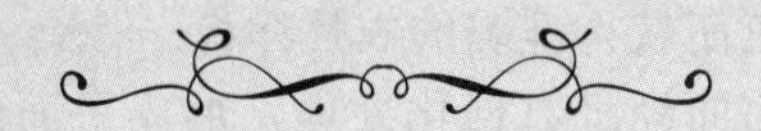

第一节　服装造型及结构基本概念

服装结构制图是服装工艺学中的重要技术环节。服装结构制图即打制出服装裁剪样板，是将设计师或客户所要求的立体服装款式，根据一定的方法分解为平面的服装结构图形，并结合服装工艺要求加放缝份等制作成纸型以利于单件或工业生产。服装样板是将服装款式图转化为服装的桥梁；同时，它也是服装裁剪与缝制的依据和标准。

一、服装结构设计的依据

服装结构设计是外观设计的深入。现代时尚流行的观念促使服装千变万化，总体而言服装结构设计的方法，主要是按照现代服装款式造型的特点，结合特定的人，并参照人体运动变化对服装造型的影响，再依据服装面辅料的特点与缝制制作工艺综合在一起，通过服装平面制图的手段，最终形成纸样和裁片。

服装结构设计能够反作用于外观设计，并为外观设计拓宽思路。这是因为外观设计所考虑的仅仅是具体的款式，而结构设计所研究的则是服装造型的普遍规律。服装结构设计的依据主要分为以下内容。

① 款式设计（效果图、图片、实物、文字说明）。

② 人体（男、女标准人体与特定人体）。

③ 材料（具体的服装面辅料等）。

④ 制作工艺（服装工业大量生产、单件手工定制）。

服装款式设计图一旦确定后，就要开展服装结构设计。服装结构与纸样设计是最终实现服装艺术作品或产品的桥梁，它是由服装设计师通过服装结构设计的科学性与艺术性完美结合实现的。

二、男女人体与服装结构

学习服装结构离不开男女人体。服装附着于人体，衣服可以视为软雕塑，其与人体密切相关。因此，学习服装结构最重要的是掌握影响人体外形的主要骨骼、肌肉、脂肪和皮肤及躯干、四肢运动时的变化规律，这也需要通过正规和系统学习才能达到目的。

现代服装平面制板方法和流派很多，可以归结为比例计算方法和原型方法。比例计算方法的基本原则是以人体测量数据为依据，根据款式设计的整体造型状态，参照人体变化规律找出合理的计算公式。如上衣主要以净体胸围或成品规格为依据，推算出前胸宽、后背宽、袖窿深、落肩、领大等公式。下装主要以净体臀围或成品规格为依据，推算出前、后裤片和臀高、立裆等公式，再通过修正而获得准确的衣片样板。

这一方法是将人体立体的曲面经过数据化处理，形成平面的线形、样板板块从而满足裁剪的需要。其原理是从人体出发，将形体的各部位立体形态采用图形学的方法使其平面化，然后经过技术处理再转化成立体，完成塑型；同时，应最大限度地满足服装穿着的舒适性与功能性要求。比例计算方法比较适合各类男女成衣。

服装原型方法是一种以人体为基础的平面制图方法，通过对原型纸样进行结构以及放松量的调整，得到服装的纸样。原型方法比较适合各类女性时装化结构设计的需要。无论采用何种纸样设计裁剪方法，都要以人体与服装的关系为出发点，重要的是要找到正确和科学的结构设计切入点。

三、中国成人男女标准体号型及分类

1. 号型定义

（1）号是指人体的身高，以 cm 为单位，是设计和选购服装长短的依据。

（2）型是指人体胸围或腰围，以 cm 为单位，也是设计和选购服装的主要依据。

2. 号型标志特征

（1）号型标准：成品服装上必须标明号型，套装中的上、下装要分别标明号型。

（2）号型表示方法：号与型之间用斜线分开，后接体型分类代号，例如：170/88A。

3. 号型应用

（1）号　服装上所标号的数值，表示该服装适用于此身高与此相近似的人。例如 170 号，适用于身高 168～172cm 的人，以此类推。

（2）型　服装上所标型的数值及体型分类代号，表示该服装适用于胸围或腰围与此型相近似的人。下装 74A 型，适用于男子体型腰围 72～76cm 以及胸腰围之差在 12～16cm 的人。

以下为常见的体型分类表。

（1）男子体型分类（表 1-1）。

表 1-1　男子体型分类　　单位：cm

体型分类代号	Y	A	B	C
胸围与腰围之差	17～22	12～16	7～11	2～6

（2）女子体型分类（表 1-2）。

表 1-2　女子体型分类　　单位：cm

体型分类代号	Y	A	B	C
胸围与腰围之差	19～24	14～18	9～13	4～8

注意：上述具体号型内容请参照中华人民共和国国家市场监督管理总局颁布的成人服装号型相关国家标准。

四、男女人体体型特征

“量体裁衣”是服装构成的必然手段，而测量的精准前提是需要充分了解男、女人体的体型特征后，才可能准确地确定测量的基准点和部位。

服装结构设计中应依据衣服穿着舒适性的基础条件，首先需要构建出人体的总体构架，明确体表的贴合部分支撑点，这是掌握服装结构平衡的关键，如同建筑的总体构架。服装与人体的贴合部分起支撑作用的地方称为受力点。根据受力方向的不同，可以把受力点大致分为纵向受力点和横向受力点，纵向受力点的受力表现在垂直方向，它们像支架般地将服装在垂直方向撑起，因而是结构设计的重点，其细小的结构偏差都将引起服装纵向的不平衡状态。横向受力点主要表现在水平方向，横向受力点的位置形态是构成服装水平方向立体结构的重点。纵向与横向支撑点是人体测量的基点。

1. 男性人体体型特征（图 1-1）

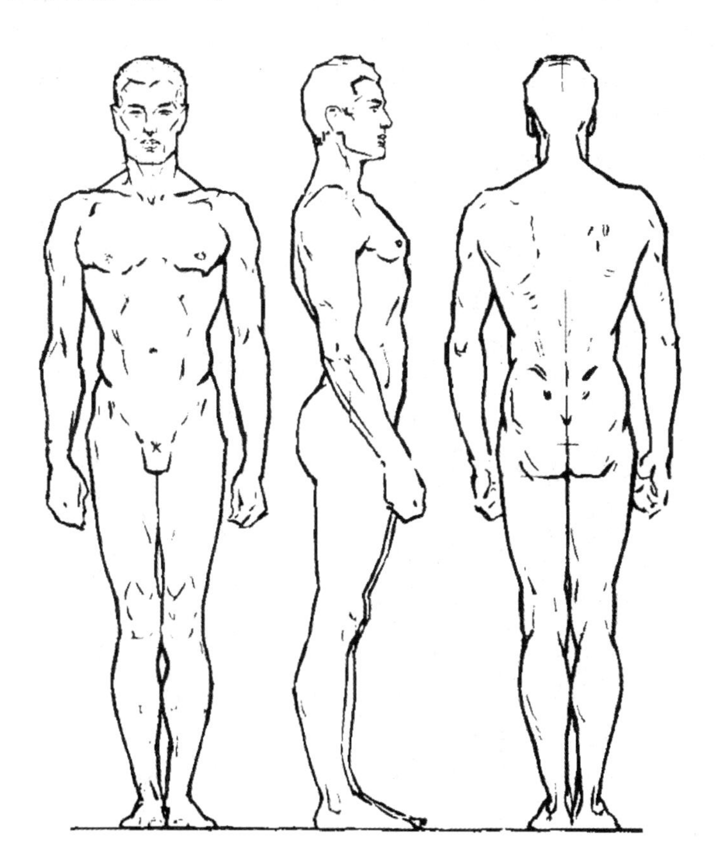

图 1-1　男性人体体型特征

服装结构设计是以人体站立的静态姿势为基础的，首先从静态方面处理好服装结构与人体体型结构的配合关系。与女性人体相比较，男性人体有以下特点会影响男装的结构：

（1）男子肩宽而平，特别是肩部三角肌和背部斜方肌强健发达，因此肩膀浑厚宽阔，上肢长而粗壮，动态幅度较大。由于男体呈上宽下窄的倒梯扇面形体型，这一特点使男装在轮廓设计方面多为“T”形、“Y”形和“H”形，以表现男性的“阳刚之美”，即为强悍、健壮的力量美。

（2）男子胸部厚实宽大，胸大肌为方形，呈弧凸状，胸乳峰不显著而且相对稳定平缓。男性胸廓的块状结构以及体表线条硬朗、平直的特征，决定了男上装的外观平整，起伏变化较小。一般女装前身结构设计的重点是乳胸的塑造，在男装中一般体现的是一种较为理想化标准的胸部状态。衣片按造型要求，也可以根据具体人体和特定款型需要适当进行修正和修饰。男式服装上衣结构线和款式线与女装也有明显不同，男装的结构线多直线和曲度较小的弧线，线条简洁、挺括，分割线的设计具有一定的规范化，不像在女装设计中分割的形式广泛而多变。

（3）男性腰部比女性偏低且粗，是受胸、臀制约的过渡因素，前腰部凹陷不明显，胸腰差、腰臀差比女性小，因而变动幅度小，后腰节比前腰节长，后背至后腰部位曲度较大。因此，在腰线以上后衣片长度比前衣片长。一般上衣收腰不宜过大。但西服在后背、腰、臀部应塑造出吸腰抱臀的形态，最大限度地表现出男性虎背熊腰的最佳体型特征。

（4）男性骨盆相对女体窄而短、髋窄臀厚，除制约卡腰外，还要求上衣摆围不宜过大，有时还要内收。男性一般没有宽摆、大摆的上衣设计。骨盆和大腿根部裆的状态决定裤子的立裆比女性短。

（5）男性颈粗而短，喉结突显，颈围大于女性。为了弥补粗、短的缺陷，增加脖颈长度的视觉感，封闭状态时各类领子结构的共同设计要求是领子较贴近脖颈，领围不宜离开脖颈过多。领外表坡度也相对小于女装衣领，过大倒伏的领型结构较少。立领、立翻领尤其西服驳领的前领深位置设计较低，露出脖根较多，可以增加和衬托脖颈，达到增高的外观美感。

2. 女性人体体型特征

女性人体体型特征如图 1-2 所示。

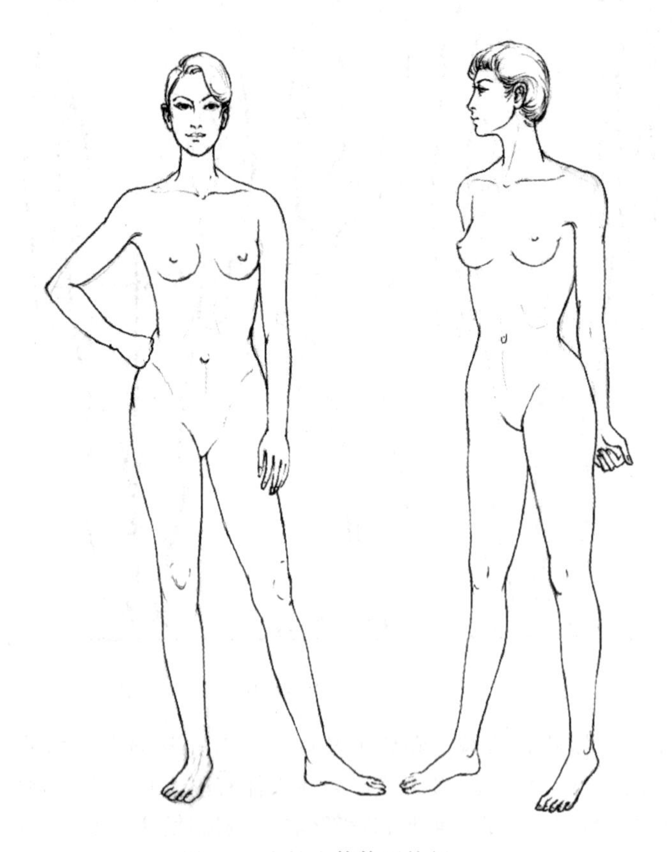

图 1-2　女性人体体型特征

女性体型平滑柔和，肩窄小，胸廓体积小，盆骨阔而厚，总体呈梯形。另外，女性肌肉没有男性发达，皮下脂肪也比男性多，因而显得光滑圆润，整体特征起伏较大。由于生理上的原因，女性乳房隆起，背部稍向后倾斜，使颈部前伸，造成肩胛骨突出。由于骨盆厚使臀大肌高耸，促成后腰部凹陷，腹部前挺，显出优美的“S”形曲线。

从女体颈部、肩部、胸部、肋背、腹部和臀部的变化来看，变化最大的是肩部截面、胸部截面和臀部截面，这些部位的凸点最高，即为人体穿着服装时的支撑点，是结构设计的关键部位，也是结构造型理论依据的要素位置点，对服装造型准确、合理、美观的结构把握是至关重要的。

人由出生至成年有很大变化。童年时期头大身小，下肢短上身长，其头身的比例约为1∶4。随着年龄增长，身体不断发育，全身比例逐渐在改变，主要是下肢在全身的比例增大，头身比增至1∶5、1∶6，直至1∶7、1∶7.5成为成人标准体。

五、服装结构的平衡与均衡

对于服装的穿着感、合体性、悬垂效果来说，无论男女服装，穿着在人身上与人体贴合部位都会存在纵向与横向的贴合支撑点，任何偏差都会造成衣服弊病，因此服装结构的平衡与均衡具有重要意义。服装的控制部位相对来说则需要根据服装的特定款式、功能确立相应的空间，采用省、造型线、结构线构建出衣片，因此具有较大的设计灵活性。服装平面设计是通过人体的变化规律确立出准确的数据，控制好衣服的基础结构。

六、人体测量

人体测量是服装设计和生产的重要基础工作，要取得准确的数据，必须采用科学的测量方法，选用先进的测量工具。如果是为了深化人体研究，则需要采用服装专业非接触三维扫描仪来完成。以下为初学者需要熟练掌握的人体测量手工方法。

1. 测量部位

（1）人体围度测量，如图1-3所示

① 手腕围　用软尺围绕手腕一周即得手腕围。

② 臂根围　用软尺围绕臂根与躯干连接分界线的一圈即得臂根围。

③ 大腿根围　用软尺围绕大腿根部一周，测量时软尺应保持水平状态。

④ 上臂围　用软尺在上臂最粗的地方围绕一周即得上臂围。

⑤ 头围　用软尺围绕额头一周最大围度的尺寸。

⑥ 颈根围　用软尺围绕颈根部一圈即得颈根围，测量时软尺主要经过左右颈侧点，前锁骨窝及后颈第七颈椎点。

⑦ 胸围　用软尺围绕胸部一周即得胸围。测量时软尺应保持水平状态，通过腋下胸部最高乳点。

⑧ 腰围　用软尺围绕腰部一周即得腰围。测量时软尺应保持水平状态，通过人体腰的最细部位。

⑨ 臀围　用软尺围绕臀部一周即得臀围。测量时软尺应保持水平状态，通过人体臀峰最高位置点。

（2）人体宽度测量，如图1-4所示

① 前胸宽　前左腋点到右腋点之间的距离。

② 总肩宽　从左肩端点到右肩端点，中间经过第七颈椎的距离。

③ 后背宽　后左腋点至右腋点之间的距离。

④ 乳间距　左右乳头点之间的距离。

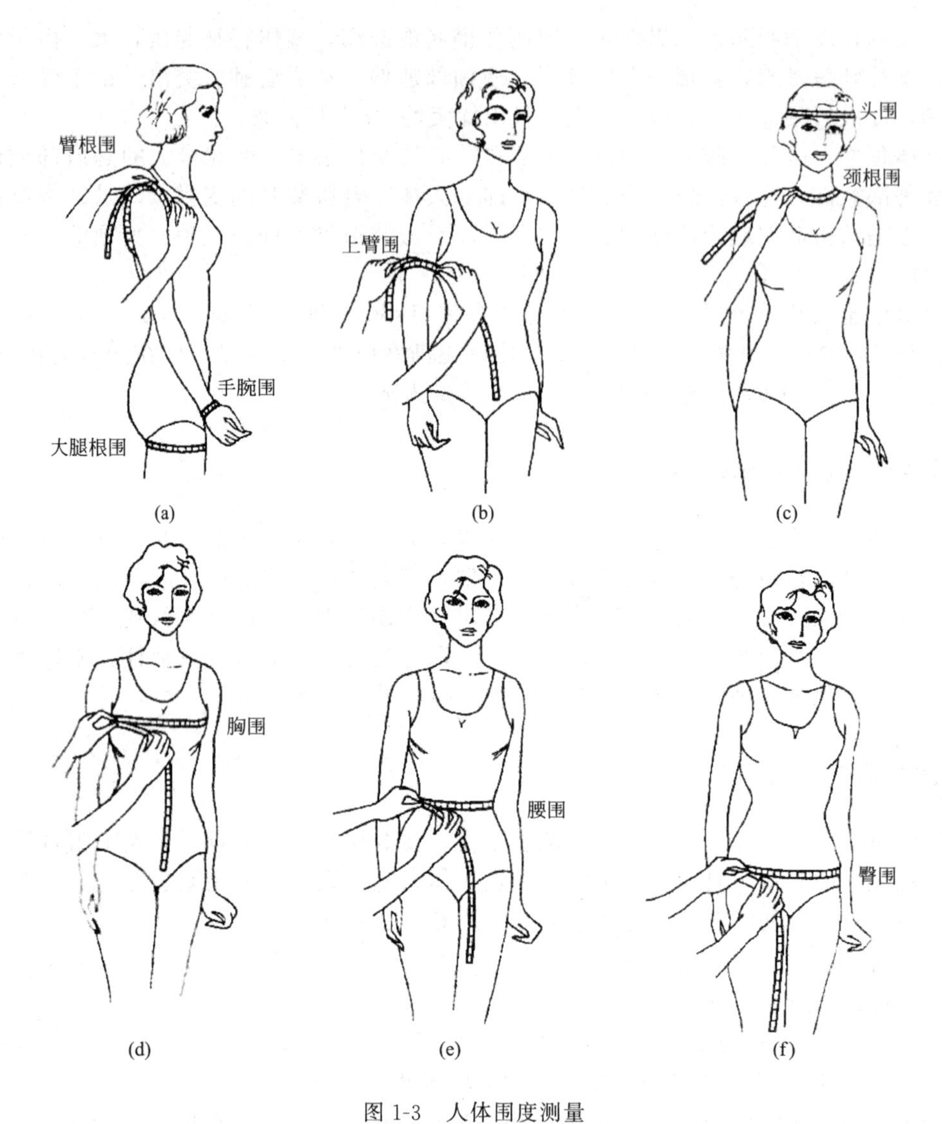

图 1-3　人体围度测量

(a) 手腕围、臂根围、大腿根围；(b) 上臂围；(c) 头围、颈根围；(d) 胸围；(e) 腰围；(f) 臀围

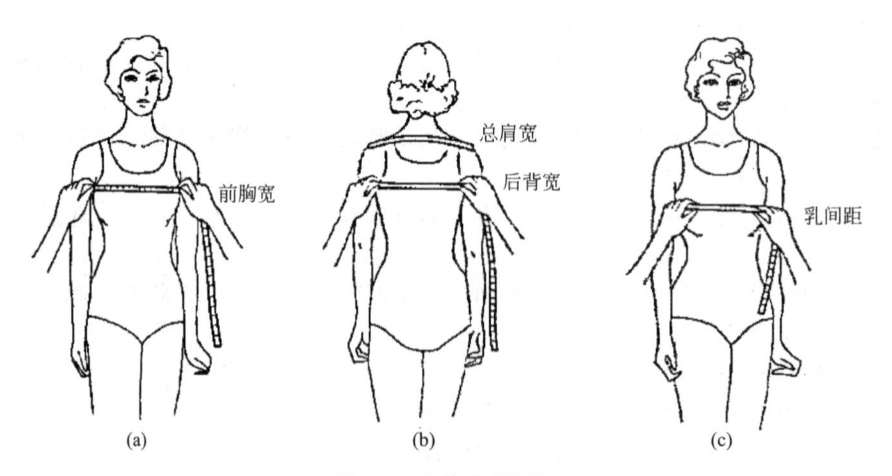

图 1-4　人体宽度测量

(a) 前胸宽；(b) 总肩宽、后背宽；(c) 乳间距

（3）人体长（高）度测量，如图 1-5 所示。

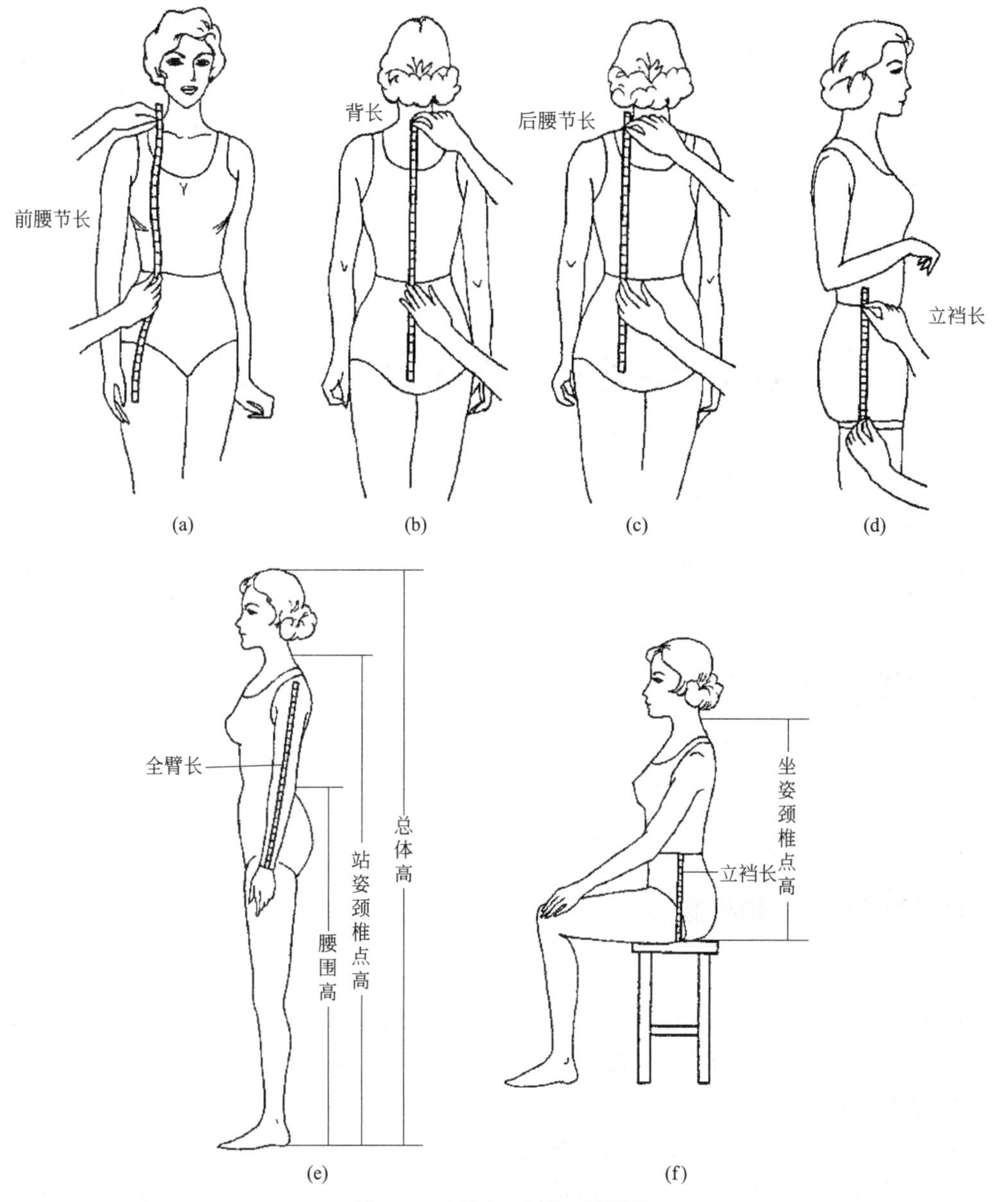

图 1-5 人体长（高）度测量

（a）前腰节长；（b）背长；（c）后腰节长；（d）立裆长；（e）站姿测量的长、高度；（f）坐姿测量的高度

① 前腰节长 从颈侧点通过胸高点至腰围水平线间的距离。

② 背长 从第七颈椎点向下至腰间最细水平线间的距离。

③ 后腰节长 从颈侧点通过背部至腰围水平线间的距离。

④ 立裆长 从侧面腰围最细处至大腿根部的直线距离。也可端坐在平面硬的椅子上测量。

⑤ 全臂长 从肩端点沿上肢向下至桡骨茎凸点的直线距离。

⑥ 总体高 站姿用测高仪测量，得到从头顶至地面的垂直距离。

⑦ 站姿颈椎点高 站姿用测高仪测量，得到从第七脊椎点到地面的垂直距离。也可端坐在平面硬的椅子上测量。

⑧ 腰围高 站姿用测高仪测量，得到从腰围线到地面的垂直距离。

⑨ 坐姿颈椎点高 坐姿用测高仪测量，得到从第七脊椎点到凳面的垂直距离。

2. 人体测量的注意事项

（1）测量姿势　被测量者应取自然站立姿势，正常呼吸，双肩不要用力，头放端正，双目直视前方，两臂自然下垂贴于身体两侧。静坐测量时上身自然伸直，小腿与地面垂直，上肢自然弯曲，两手平放在大腿上面。

（2）测量角度　测量者应站在被测量者的右侧身位置，以保证可以同时观察到被测者的前身和后身部位。

（3）观察特征　测量者在量体时要仔细观察被测量者的体型特点，并做好相应的图示记录，以备裁剪制图时参考。

第二节　服装制图工具名称术语

一、服装制图工具和制图符号

服装制图有专业的制图标准，为保证服装结构的准确性，要熟练掌握服装裁剪制图工具和制图中的符号。

二、手工制图工具

（1）纸张：制图纸、牛皮纸、拷贝纸。

（2）工具：铅笔、绘图笔、圆规、橡皮、胶水、双面胶、剪刀、滚轮。

（3）尺子：直尺、弧线尺、方格尺、软尺。

三、制图规则、符号和标准

1. 制图规则

服装制图应按一定的规则和符号，以确保制图格式的统一、规范，一定形式的制图线能正确表达一定的制图内容（服装CAD制图规则和符号与此相同）。

2. 制图符号

制图符号是在进行服装绘图时，为使服装纸样统一、规范、标准，便于识别及防止差错而确定的标记。从成衣国际标准化的要求出发，通常也需要在纸样符号上加以标准化、系列化和规范化。这些符号不仅用于绘制纸样的本身，许多符号也应用于裁剪、缝制、后整理和质量检验过程中。

（1）纸样绘制符号　在把服装结构图绘制成纸样时，若仅用文字说明，则缺乏准确性和规范化，也不符合简化和快速理解的要求，甚至会造成理解的错误，这就需要用一种能代替文字的手段，使之既直观又便捷。纸样绘制符号如表1-3所示。

表1-3　纸样绘制符号

序号	名称	符号	说明
1	粗实线	————————	又称为轮廓线、裁剪线，通常指纸样的制成线，按照此线裁剪，线的宽度为0.5～1.0mm
2	细实线	————————	表示制图的基础线、辅助线，线的宽度为粗实线宽度的一半
3	点画线	—·—·—·—	线条宽度与细实线相同，表示连折线或对折线
4	双点画线	—··—··—··—	线条宽度与细实线相同，表示折转线，如驳口线、领子的翻折线等

续表

序号	名称	符号	说明
5	长虚线	 — — — — — -	线条宽度与细实线相同，表示净缝线
6	短虚线	 ------------------	线条宽度与细实线相同，表示缝纫明线和背面或叠在下层不能看到的轮廓影示线
7	等分线		用于表示将某个部位分成若干相等的距离，线条宽度与细实线相同
8	距离线		表示纸样中某部位起点到终点的距离，箭头应指到部位净缝线处
9	直角符号	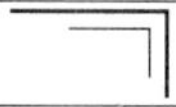	制图中经常使用，一般在两线相交的部位，交角呈90°直角
10	重叠符号	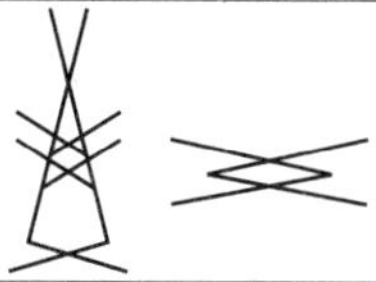	表示相邻裁片交叉重叠部位，如下摆前后片在侧缝处的重叠
11	完整（拼合）符号		当基本纸样的结构线因款式要求，需将一部分纸样与另一纸样合二为一时，就要使用完整（拼合）符号
12	相等符号	 ○ ● □ ■ ◎	表示裁片中的尺寸相同的部位，根据使用次数，可选用图示各种记号或增设其他记号
13	省略符号		省略裁片中某一部位的标记，常用于表示长度较长而结构图中无法画出的部分
14	橡筋符号	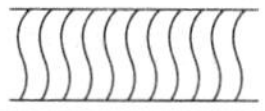	也称罗纹符号、松紧带符号，是服装下摆或袖口等部位缝制橡筋或罗纹的标记
15	切割展开符号		表示该部位需要进行分割并展开

（2）纸样生产符号　纸样生产符号是国际和国内服装行业中通用的，具有标准化生产的、权威性的符号。常用纸样生产符号如表1-4所示。

表1-4　常用纸样生产符号

序号	名称		符号	说明
1	纱向符号			又称布纹符号，表示服装材料的经纱方向，纸样上纱向符号的直线段，在裁剪时应与经纱方向平行，但在成衣化工业排料中，根据款式和节省材料的要求，可稍作倾斜调整，但不能偏移过大，否则会影响产品的质量
2	对折符号		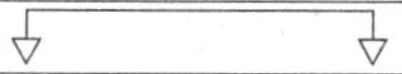	表示裁片在该部位不可裁开的符号，如男衬衫过肩后中线
3	顺向符号			当服装材料有图案花色和毛绒方向时，用以表示方向的符号，裁剪时一件服装的所有裁片应方向一致
4	拼接符号		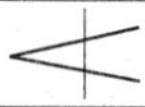	表示相邻裁片需要拼接缝合的标记和拼接部位
5	省道符号	枣核省	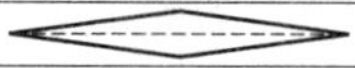	省的作用是使服装合体的一种处理手段，省的余缺指向人体的凹点，省尖指向人体的凸点，裁片内部的省用粗实线表示
		锥形省	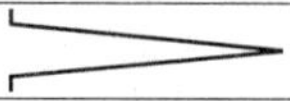	
		宝塔省	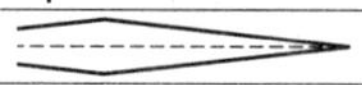	
6	对条符号		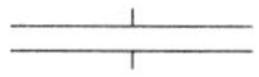	当服装材料有条纹时，用以表示裁剪时服装的裁片某部位应将条纹对合一致
7	对花符号			当服装材料有花形图案时，用以表示裁剪时服装裁片的某部位应将花形对合一致
8	对格符号			当服装材料有格形图案时，用以表示裁剪时服装裁片的某部位应将格形对合一致
9	纽扣及扣眼符号			表示纽扣及扣眼在服装裁片上的位置
10	明线符号		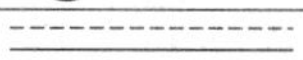	用以表示裁剪时服装裁片某部缝制明线的位置
11	拉链符号			表示服装上缝制拉链的部位

（3）服装专用名称缩写　服装制图中的专用术语可以采用英语缩写代替，如表1-5所示。

表 1-5　服装专用术语英语缩写表

序号	英语缩写	服装专用术语	序号	英语缩写	服装专用术语
1	*B*	bust(胸围)	10	*EL*	elbow line (肘位线)
2	*UB*	under bust (乳下围)	11	*KL*	knee line (膝位线)
3	*W*	waist (腰围)	12	*BP*	bust point (胸高点)
4	*MH*	middle hip (腹围)	13	*SNP*	side neck point (颈侧点)
5	*H*	hip (臀围)	14	*FNP*	front neck point (前颈点)
6	*BL*	bust line (胸围线)	15	*BNP*	back neck point (后颈点)
7	*WL*	waist line (腰围线)	16	*SP*	shoulder point (肩点)
8	*MHL*	middle hip line (中臀线)	17	*AH*	arm hole (袖窿)
9	*HL*	hip line (臀围线)	18	*N*	neck (领围)

四、样板名称

(1) 净样板　服装裁剪和制图中，按照服装成品尺寸制作的样板，不包括缝份、贴边等。其中有面料净样板、里料净样板和衬净样板三大类。

(2) 毛样板　按照服装净样板的尺寸，加放出缝份、贴边等，包括面料毛样板、里料毛样板、衬毛样板。

(3) 工艺样板　服装裁剪和制作时用于修正定型、定位时的样板，有净板、毛板之分。

第三节　男女装制图方法

服装结构设计是最终实现具体服装成品的关键环节，取决于设计者对男女装结构设计基本理论和原理科学化、标准化、规范化的理解和掌握。

一、男女装结构设计制图前的分析

1. 对服装款式造型的正确分析

(1) 对具体的服装款式设计效果图的理解，还原符合人体比例的平面款式图。

(2) 分析成衣样品、图片及衣服饰品的特点。

2. 对特定人体的结构特点进行分析

(1) 分析标准男女人体的结构特点。

(2) 了解男女国家标准体的数据及体型分类。

(3) 确定特定人体的测量数据及体型特征。

(4) 通过提供的成衣样品规格尺寸确定塑型要点。

3. 对服装材料性能特点分析

(1) 对具体使用的服装面料可塑性及成型特点进行分析。

(2) 对具体使用的服装辅料、里料可塑性及成型特点进行分析。

(3) 对服装衬里料及特殊辅料特点进行分析。

4. 服装工艺方法分析

(1) 对采用单件手工制作方法及所采用的设备性能状况进行分析。

(2) 对采用批量工业流水线制作方法及所采用的设备配备状况进行分析。

二、结构制图服装成品放松量（舒适量）的确定

（1）静态舒适量：人在穿着服装时，服装与人体之间需要有生理上所需要的最低透气空隙和非压力空隙，人体胸围、腰围、臀围这三围都需要有平均 0.5cm 的空隙，计算下来应该在净体围度尺寸上加放 3～4cm。

（2）动态舒适量：人在穿着服装时要运动，因此各部位要有活动所需要的牵引的量，每件服装的各结构部位都需要根据实际要求设计出不同的松量。一般上衣是以胸围为造型设计的基础确立出松量，或贴体、紧身、适体、舒适、宽松等，以此为依据通过计算推导出各服装控制部位的尺寸。

（3）装饰舒适量：人在穿着服装时需要美，在保障静态舒适量和动态舒适量的基础上，造型应以修饰、装饰为重点，在净体围度尺寸上，最终较理想地确定好需要加放的尺寸。

（4）舒适量的计算方法：成品服装的放松量需要在净体尺寸的基础上，根据服装品种、式样和穿着用途，加放一定的余量，即放松量。

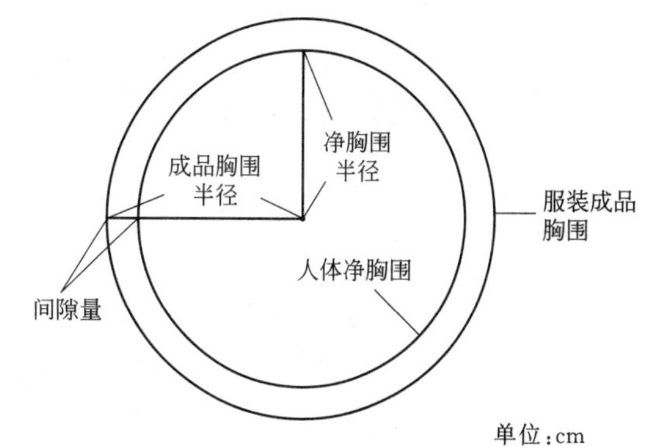

单位：cm

净胸围加放量	服装与人体胸围的间隙量
4	0.64
8	1.27
10	1.6
12	1.91
18	3.00

图 1-6　舒适量的计算方法

图 1-6 表示人穿衣后的截面模拟效果，内圆表示人体的围度，两圆之间有一定的空隙，两圆周长之差就是服装在这一部位的放松量。放松量的大小等于 $2\pi(R-r)$。例如，号型 160/84A 的女上衣，净胸围为 84cm，取放松量为 10cm，成品服装的胸围为 84＋10＝94（cm），人体胸围与成品胸围之间的间隙量（$R-r$）为 1.6cm 。按此计算，当间隙量为 1.91cm 时，放松量为 1.91×2π＝12cm ；放松量为 18cm，其间隙量是 3cm，如图 1-5 所示。

对于具体一件服装来说，各部位放松量大小的确定与很多因素有关，主要有：内衣服的总厚度，不同穿着者的生活习惯，衣料的厚薄和性能及特定工作需要、个人爱好等。

三、女子文化式新原型的制图方法

原型是服装构成与纸样设计的基础，是制图的辅助工具。人体因年龄性别不同，体型的差异性很大，因此原型一般分为成人女子原型、成人男子原型、儿童原型等不同种类。原型制图主要有以下方法：

（1）立裁法：由于原型是来源于人体原始状态的基本形状，故可以采用立体裁剪的方法直接在人体或标准的模特人台上取得。但一般需要有一定的立体裁剪基础，操作时控制好人体各关键部位的基本松量，才能较容易地按需要获得适宜的原型纸样。

（2）公式计算法：如文化式女子新原型，采用以胸围为基础的比例计算制图法。它是参照标准人体的背长、净体胸围、净体腰围、全臂长等几个测量好的部位尺寸为基础，再根据标准人体的变化规律以胸围的尺寸为基础，根据数理统计推出计算公式（日本称为胸度式），然后再经过试穿、修正，使其适合一般标准人体的结构状态，最终可在成衣制板中进行应用。这种原型不是特定的单个人体，而是具有普遍性的特征。

文化式新原型适应的体型范围净胸围为78～104cm，涵盖面较宽，制图方法比较科学。因此，本书的女装上衣制图均采用文化式新原型为制图工具，用二次成型的辅助应用方法展开各类女装的结构制图。中式及民族服装采用比例裁剪法，无论何种方法，只要掌握了其中应用规律，就能快捷准确地获得需要的标准纸样。

（一）文化式上身女子新原型结构制图

1. 测量人体净体尺寸

人体净体尺寸包括胸围、腰围、背长、全臂长。

2. 绘制基础线（如图1-7所示）

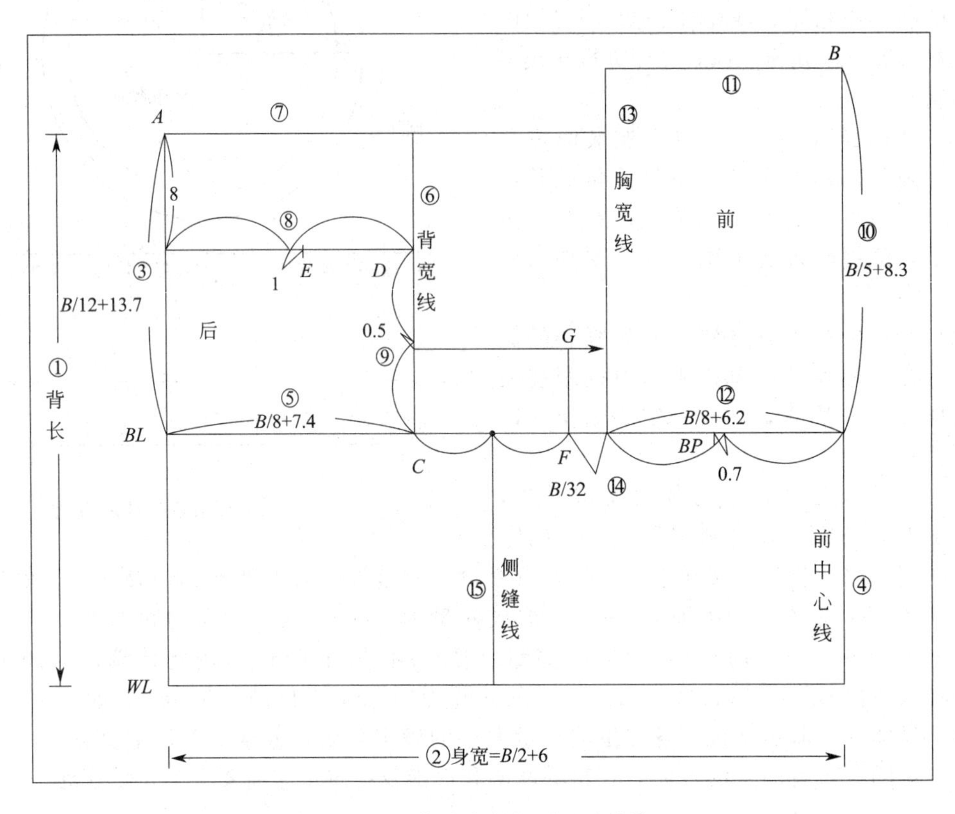

图1-7　文化式女子新原型基础线

以下是采用国家成人女子号型160/84A绘制的原型实例，单位为cm。

① 以A点为后颈点，向下取背长作为后中线；

② 画WL水平线，并确定身宽（前、后中线之间的宽度）为$B/2+6$cm；

③ 从A点向下取$B/12+13.7$确定胸围水平线BL，并在BL线上取身宽$B/2+6$cm；

④ 垂直于WL线画前中线；

⑤ 在BL线上，由后中线向前中心方向取背宽为$B/8+7.4$cm，确定C点；

⑥ 经C点向上画背宽垂直线；

⑦ 经A点画水平线，与背宽线相交；

⑧ 由A点向下8cm处画一条水平线，与背宽线交于D点；将后中线至D点之间的线段两等分，并向背宽线方向取1确定E点，作为肩省省尖点；

⑨ 将C点与D点之间的线段2等分，通过等分点向下量取0.5cm，过此点画水平线G线；

⑩ 在前中心线上从BL线向上取$B/5+8.3$cm，确定B点；

⑪ 通过点 B 画一条水平线；

⑫ 在 BL 线上，由前中心向后中心方向取胸宽为 $B/8+6.2$cm，并由胸宽 2 等分点的位置向后中心方向取 0.7cm 作为 BP 点；

⑬ 画垂直的胸宽线，形成矩形；

⑭ 在 BL 线上，沿胸宽线向侧缝方向取 $B/32$ 作为 F 点，由 F 点向上作垂直线，与 G 线相交，得到 G 点；

⑮ 将 C 点与 F 点之间的线段 2 等分，过等分点向下作垂直的侧缝线。

3. 绘制轮廓线（图 1-8）

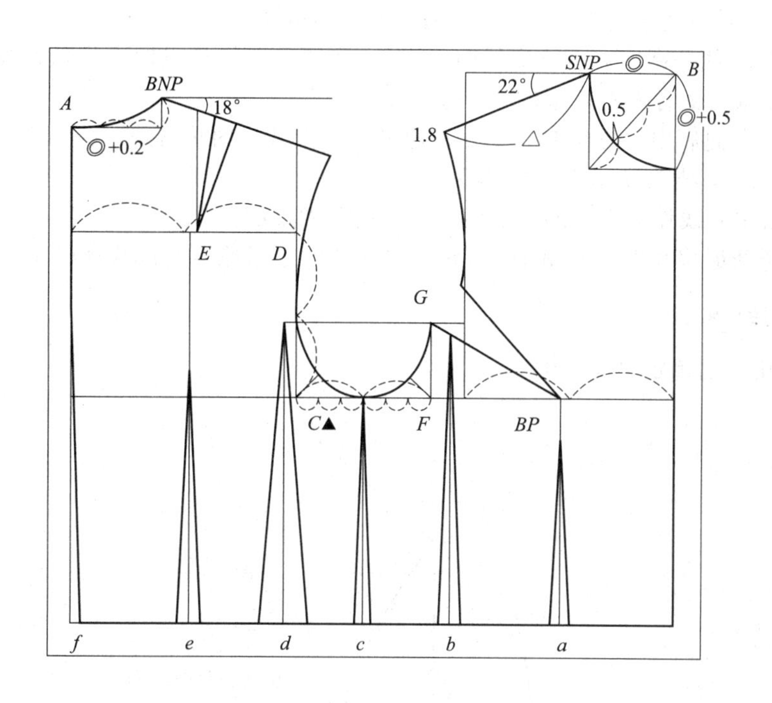

图 1-8　文化式女子新原型完成线

① 绘制前领口弧线，由 B 点沿水平线取 $B/24+3.4$cm＝◎（前领口宽），得 SNP 点；由 B 点沿前中心线取◎＋0.5cm（前领口深），画领口矩形，依据对角线上的下 1/3 点移 0.5cm 作参考点，画顺前领口弧线。

② 绘制前肩线，以 SNP 为基准点取∠22°得前肩倾斜角度，与胸宽线相交后延长 1.8cm 形成前肩宽度（△）。

③ 绘制后领口弧线，由 A 点沿水平线取◎＋0.2cm（后领口宽），取其 1/3 作为后领口深的垂直线长度，并确定 BNP 点，画顺后领口弧线。

④ 绘制后肩线，以 BNP 为基准点取∠18°的后肩倾斜角度，在此斜线上取△＋后肩省（$B/32-0.8$cm）作为后肩宽度。

⑤ 绘制后肩省，通过 E 点，向上作垂直线与肩线相交，由交点位置向肩点方向取 1.5cm 作为省道的起始点，并取 $B/32-0.8$cm 作为省道大小，连接省道线。

⑥ 绘制后袖窿弧线，由 C 点作 45°倾斜线，在线上取▲＋0.8cm（C 点至 F 点的 1/6）作为袖窿参考点，以背宽线作袖窿弧线的切线，通过肩点经过袖窿参考点画圆顺后袖窿弧线。

⑦ 绘制前袖窿弧下部及胸省，由 F 点作 45°倾斜线，在线上取▲＋0.5cm 作为袖窿参考点，经过袖窿深点、袖窿参考点和 G 点画圆顺前袖窿弧线下部；以 G 点和 BP 点的连线为基准线，向上取（$B/4-2.5$cm）°夹角作为胸省量。

⑧ 通过胸省省长的位置点与肩点画圆顺前袖窿弧线上半部分，注意胸省合并时，袖窿弧线应保持圆顺。

⑨ 绘制腰省，省道的计算方法及放置位置如下所示：

总省量＝$B/2+6\text{cm}-(W/2+3\text{cm})$

a 省：由 *BP* 点向下 2～3cm 作为省尖点，并向下作 *WL* 线的垂直线作为省道的中心线，*a* 省占总省量的 14％。

b 省：由 *F* 点向前中心方向取 1.5cm 作垂直线与 *WL* 相交，作为省道的中心线，*b* 省占总省量的 15％。

c 省：将侧缝线作为省道的中心线，*c* 省占总省量的 11％。

d 省：参考 *G* 线的高度，由背宽线向后中心方向取 1，由该点向下作垂直线交于 *WL* 线，作为省道的中心线，*d* 省占总省量的 35％。

e 省：由 *E* 点向后中心方向取 0.5cm，通过该点作 *WL* 的垂直线，作为省道的中心线，*e* 省占总省量的 18％，省尖超出胸围线 2cm。

f 省：将后中心线作为省道的中心线，*f* 省占总省量的 7％。

文化式女子新原型基础线如图 1-7 所示，文化式女子新原型完成线如图 1-8 所示。

（二）袖原型制图

1. 原型袖山高的确定（图 1-9）

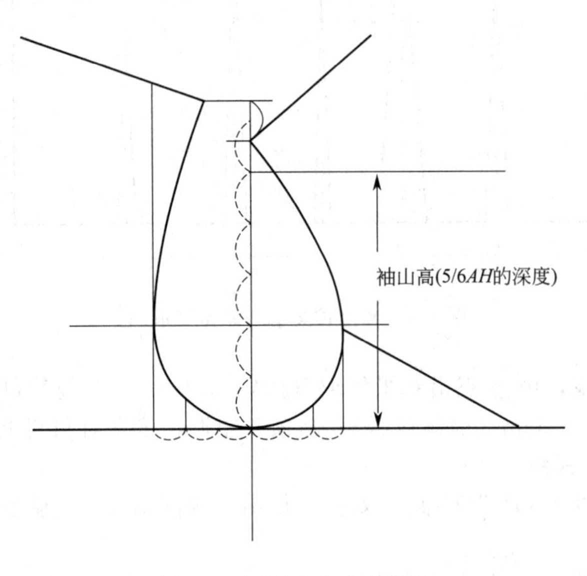

图 1-9　原型袖山高的确定

① 在绘制好的上衣原型袖窿部分进行修正。

② 将前片胸窿省以 *BP* 点为基点合并。

③ 将原型侧缝线垂直向上延长。

④ 在前后肩点作平行线，与侧缝线的垂直延长线相交，将其间形成的小垂线平分确立一个点。

⑤ 将上述确立的点至胸围线的垂直线段平分 6 等分。

⑥ 取其中 5/6 线段长作为袖原型的袖山高，以此确定袖山高点。

2. 原型袖片制图（图 1-10）

① 从袖山高点向下画袖长中线。

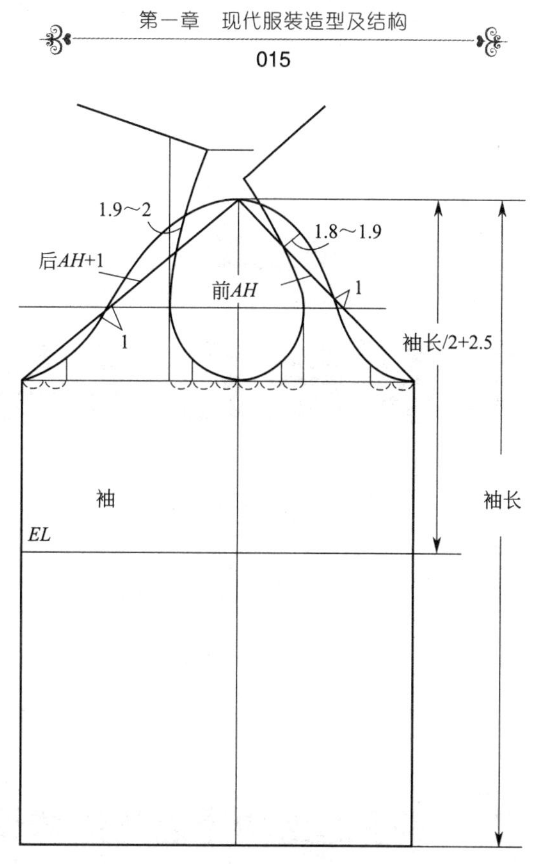

图 1-10 原型袖片制图

② 从袖山高点以前袖窿弧线（前 AH）长相交于胸围横线，以此确立前袖肥，从袖山高点与后袖窿弧线（后 $AH+1$）长相交于胸围横线，以此确立后袖肥，并画两侧缝垂线。

③ 在前后两斜线上部参照前 $AH/4$ 线处段长分别作辅助垂线 1.8～1.9cm 和 1.9～2cm，设置辅助点。

④ 在参照原型制图时的袖窿底的 2/6 处的垂线交点及辅助点线形成的交点上下各 1cm 设辅助点。

⑤ 从袖山高点以确定的上述辅助点为基点画前后袖山弧线。

⑥ 从袖山高点向下以“袖长/2＋2.5cm”确定袖肘高度，并画袖肘平行线 EL。

四、计算机服装辅助设计（服装 CAD）基本方法

在服装生产中运用计算机进行辅助设计，简称服装 CAD。服装 CAD 是通过人与计算机交流来完成服装的制板过程。服装 CAD 系统包含服装款式设计、纸样设计、推板、排料和工艺文件处理等模块。操作人员可利用服装 CAD 系统界面上提供的各种制图工具，采用原型制图法、比例制图法或基型制图法，绘制出所需款式的服装裁片图形，然后利用输出设备打印或剪切出样板。

目前，服装 CAD 系统所能提供的仅仅是制图工具和计算工作，还无法代替人的思维，制板的正确、合理与否，还是取决于服装 CAD 操作人员的技术水平。所以，从事服装 CAD 制板的操作人员必须熟练掌握结构设计原理与制板技术。服装 CAD 制板在产销型服装企业和加工型服装企业中应用较为广泛。特别对一些变化较多的复杂时装款式，利用 CAD 计算机进行结构设计制板、推板是非常便捷的。

本书的裁剪图基本都是采用 CAD 制图完成。

第二章

裙子类制板方法与实例

第一节　裙子的结构特点与纸样设计

在现代女装中，裙子是非常重要的一个种类，其形式多样。

裙子的结构包括三个围度：腰围、臀围、摆围；两个长度：即腰围至臀围的长度（臀高）和裙子的长度。任何一款裙子都涉及这些部位，它牵扯到具体人的体型和下肢的运动功能。因此，必须配合腰部、臀部及下肢部位的形体特点和各种用途及生活的需要进行纸样设计。例如，不同体型和臀腰差的设计决定了省的大小、省的位置、省的长度、省的形状，同时根据造型，省也可以转移分散使用。以省塑型在裙装的结构设计中依然非常重要，可以通过各种不同造型的纸样设计充分理解其中的构成原理。

裙子的造型分类主要为直身裙（紧身裙）、喇叭裙、斜裙（圆摆裙）、节裙（塔裙）、多片裙（拼接裙）等，在此基础上可以组合变化出多种款式。

第二节　直身裙（紧身裙）类纸样设计

直身裙是裙子的基本造型，通过基础裙制图方法的学习能够初步理解衣片与人体体型的塑造关系，任何款式的裙子都可以由此派生变化出来。

一、直身基础裙纸样设计

（一）直身基础裙效果图

直身基础裙效果图如图 2-1 所示。

（二）成品规格

按国家号型 160/68A 确定，成品规格如表 2-1 所示。

图 2-1　直身基础裙效果图

表 2-1　成品规格　　　　单位：cm

部位	裙长	腰围	臀围	腰头宽	臀高
尺寸	63	68	96	3	18

直身基础裙合体度比较高，净臀围加放 6cm 松量。腰围不变，裙长至膝盖下。为活动方便设有后开衩，面料可采用悬垂感较好的各类质地面料。

（三）制图步骤

制图步骤如图 2-2 所示。

（1）裙长减腰头宽 60cm，画前中直线并画上下平行线。

（2）臀高为 1/10 总体高＋2cm，画平行线确定臀围线，在臀围线上确定臀围肥。

① 前片臀围肥 $H/4+1$cm。

② 后片臀围肥 $H/4-1$cm。

（3）成品尺寸臀腰差为 28cm，在腰围线上确定前、后片的腰围肥度。

① 前片腰围侧缝线收省 2cm，实际前片腰围肥为 $W/4+1$cm＋5cm 省。

② 后片腰围侧缝线收省 2cm，实际后片腰围肥为 $W/4-1$cm＋5cm 省。

（4）下摆与臀围肥相同的直筒式，为便于活动，后中线下部设开衩 20cm，后中线拉链开口至臀围下 2cm。

（5）腰头宽 3cm，长 68cm，搭门 2.5cm。

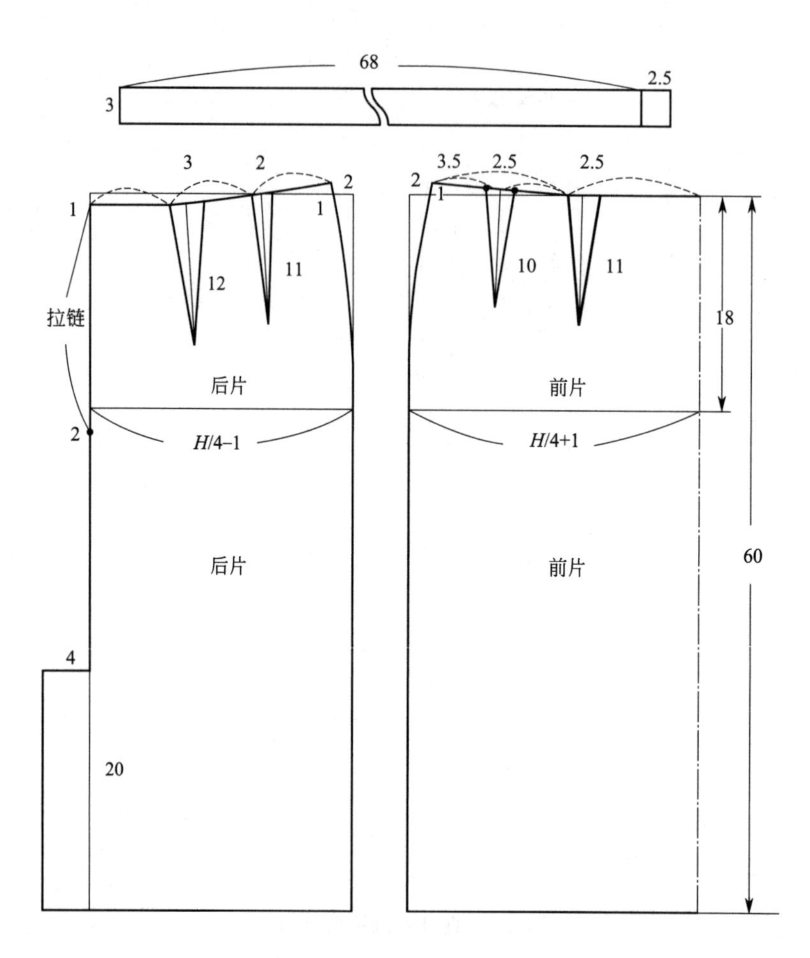

图 2-2　直身基础裙结构制图

二、马面裙（直身裙变化）纸样设计

（一）马面裙效果图

马面裙效果图如图 2-3 所示。

（二）成品规格

按国家号型 160/68A 确定成品规格如表 2-2 所示。

表 2-2　成品规格　　单位：cm

部位	裙长	腰围	臀围	腰头宽	臀高
尺寸	63	68	96	3	18

马面裙合体度比较高，净臀围加放 6cm 松量。腰围不变，裙长至膝盖下。为活动方便设有后开衩，面料可采用悬垂感较好的棉、毛、麻和化纤等质地的面料。

（三）制图步骤

制图步骤如图 2-4 所示。

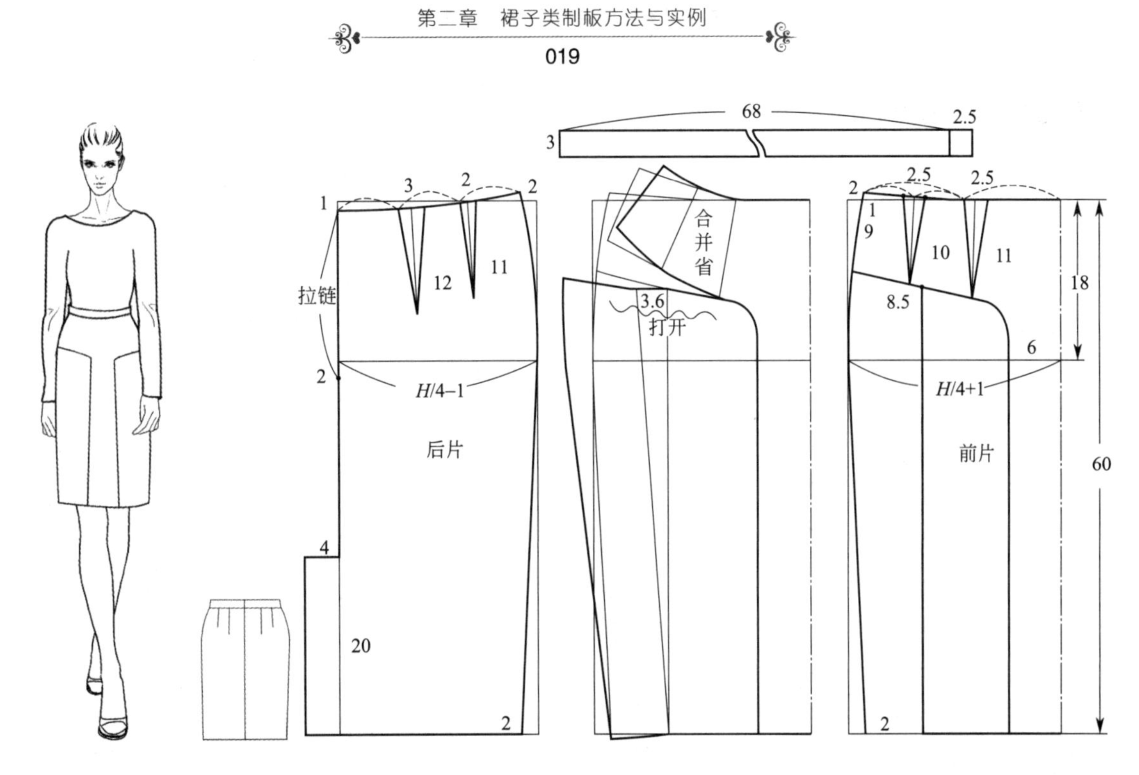

图 2-3　马面裙效果图　　　　图 2-4　马面裙结构制图

（1）裙长减腰头宽 60cm，画前中直线并画上下平行线。

（2）臀高为 1/10 总体高＋2cm，画平行线确定臀围线，在臀围线上确定臀围肥。

① 前片臀围肥 $H/4+1$cm。

② 后片臀围肥 $H/4-1$cm。

（3）成品尺寸臀腰差为 28cm，在腰围线上确定前后片的腰围肥度。

① 前片腰围侧缝线收省 2cm，实际前片腰围肥为 $W/4+1$cm＋5cm 省。

② 后片腰围侧缝线收省 2cm，实际后片腰围肥为 $W/4-1$cm＋5cm 省。

（4）下摆侧缝前后各收进 2cm，后中线拉链开口至臀围下 2cm。

（5）前片设款式分割线，合并两腰省，下部打开 3.6cm 左右的缩褶量。

（6）腰头宽 3cm，长 68cm，搭门 2.5cm。

三、高腰前片搭叠褶式裙（直身裙变化）纸样设计

（一）高腰前片搭叠褶式裙效果图

高腰前片搭叠褶式裙效果图如图 2-5 所示。

（二）成品规格

按国家号型 160/68A 确定成品规格如表 2-3 所示。

表 2-3　成品规格　　单位：cm

部位	裙长	腰围	臀围	腰头宽	臀高
尺寸	67.5	68	96	7.5	18

此款高腰前片搭叠褶式裙合体度比较高，有左前片搭过右片腰下开口，便于活动，净臀围加放 6cm 松量。腰围不变，裙长至膝盖下 5～6cm，面料可采用悬垂感较好的棉、毛、丝

麻和化纤等质地的面料。

图 2-5 高腰前片搭叠褶式裙效果图

（三）制图步骤

制图步骤如图 2-6 所示。

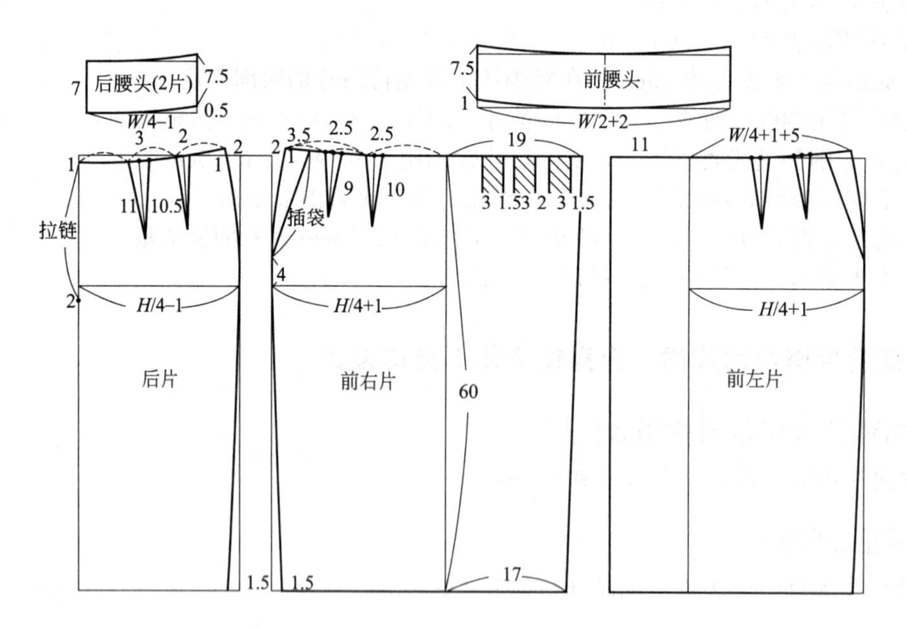

图 2-6 高腰前片搭叠褶式裙结构制图

（1）裙长减腰头宽 60cm，画前中直线并画上下平行线。

（2）臀高为 1/10 总体高＋2cm，画平行线确定臀围线，在臀围线上确定臀围肥。

① 前片臀围肥 $H/4+1$cm。

② 后片臀围肥 $H/4-1$cm。

（3）成品尺寸臀腰差为 28cm，在腰围线上确定前后片的腰围肥度。

① 前片腰围侧缝线收省 2cm，实际前片腰围肥为 $W/4+1\text{cm}+5\text{cm}$ 省。

② 后片腰围侧缝线收省 2cm，实际后片腰围肥为 $W/4-1\text{cm}+5\text{cm}$ 省。

（4）下摆侧缝前后各收进 1.5cm，后中线拉链开口至臀围下 2cm。

（5）前右片中线放出 19cm，腰部根据造型设三个倒褶平均各 3cm。前左片中线放出 11cm。

（6）高腰头宽 7.5cm，长 68cm。

第三节　喇叭裙类纸样设计

一、小 A 字裙纸样设计

（一）小 A 字裙效果图

小 A 字裙效果图如图 2-7 所示。

图 2-7　小 A 字裙效果图

（二）成品规格

按国家号型 160/68A 确定成品规格如表 2-4 所示。

表 2-4　成品规格　　单位：cm

部位	裙长	腰围	臀围	腰头宽	臀高
尺寸	65	68	96	3	18

此款小 A 字裙款臀腰合体，下摆活动较好，净臀围加放 6cm 松量。腰围不变，裙长至膝盖下 5～6cm，面料可采用悬垂感较好的棉、丝、麻和化纤等质地的面料。

（三）制图步骤

制图步骤如图 2-8 所示。

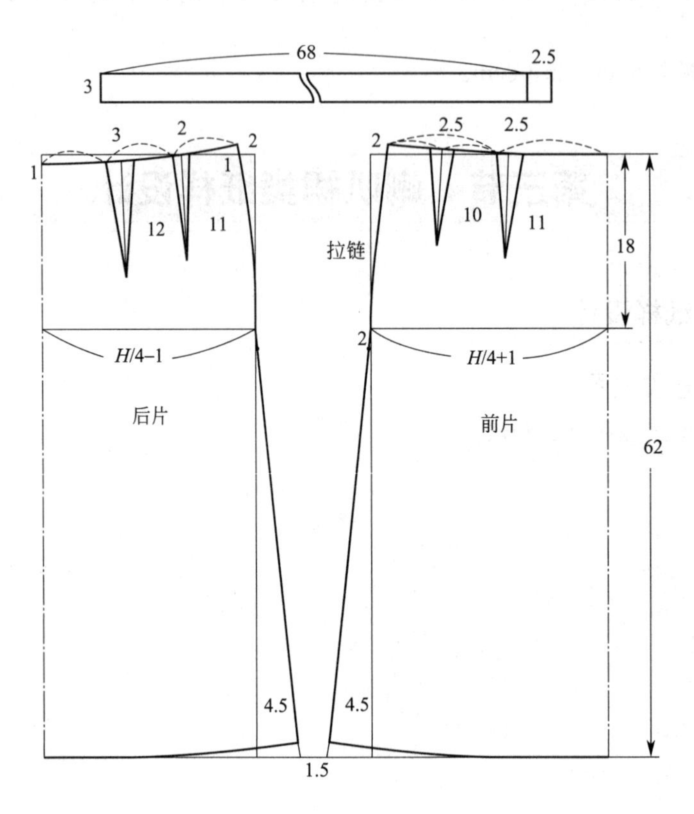

图 2-8　小 A 字裙结构制图

（1）裙长减腰头宽 62cm，画前中直线并画上下平行线。

（2）臀高为 1/10 总体高＋2cm，画平行线确定臀围线，在臀围线上确定臀围肥。

① 前片臀围肥 $H/4+1$cm。

② 后片臀围肥 $H/4-1$cm。

（3）成品尺寸臀腰差为 28cm，在腰围线上确定前后片的腰围肥度。

① 前片腰围侧缝线收省 2cm，实际前片腰围肥为 $W/4+1$cm＋5cm 省。

② 后片腰围侧缝线收省 2cm，实际后片腰围肥为 $W/4-1$cm＋5cm 省。

（4）下摆侧缝前后各放出 4.5cm，侧缝线拉链开口至臀围下 2cm。

（5）腰头宽 3cm，长 68cm，搭门 2.5cm。

二、连腰大摆喇叭时装裙纸样设计

（一）连腰大摆喇叭时装裙效果图

连腰大摆喇叭时装裙效果图如图 2-9 所示。

（二）成品规格

按国家号型 160/68A 确定成品规格如表 2-5 所示。

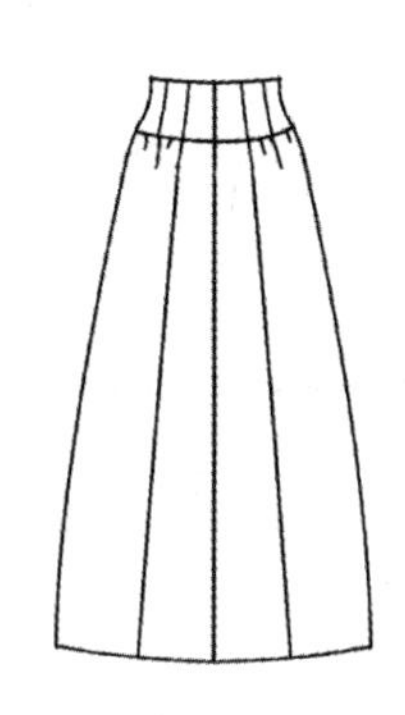

图 2-9　连腰大摆喇叭时装裙效果图

表 2-5　成品规格　　　　单位：cm

部位	裙长	腰围	基础臀围	腰头宽	臀高	下摆
尺寸	76	68	94	4	18	207

此款连腰大摆喇叭时装裙，造型时尚，可参照基础裙加以变化；裙长较长，下摆活动量非常大，面料可采用悬垂感较好的棉、毛、丝、麻和化纤等质地的面料。

（三）制图步骤

制图步骤如图 2-10 所示。

（1）裙长连腰头宽 76cm，画前中直线并画上下平行线。

（2）臀高为 1/10 总体高＋2cm，画平行线确定臀围线，在臀围线上确定臀围肥。

① 前片臀围肥 $H/4+1$cm。

② 后片臀围肥 $H/4-1$cm。

（3）成品尺寸臀腰差为 26cm，在腰围线上确定前、后片的腰围肥度。

① 前片腰围侧缝线收省 1.5cm，实际前片腰围肥为 $W/4+1$cm＋5cm 省。

② 后片腰围侧缝线收省 1.5cm，实际后片腰围肥为 $W/4-1$cm＋5cm 省。

（4）下摆侧缝前后各放出 10cm，侧缝线拉链开口至臀围下 2cm，后中放 5cm 摆量。

（5）前片中腰省分放 8cm 摆量，前中放褶裥 6cm。

（6）后片中腰省分放 7.5cm 摆量。

（7）腰头宽 4cm，长 68cm，搭门 2.5cm。

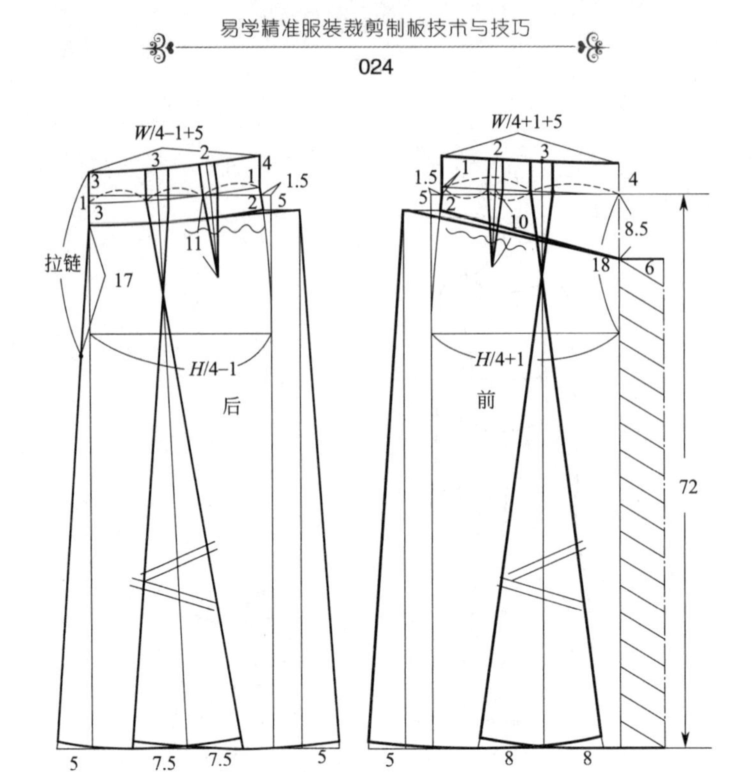

图 2-10　连腰大摆时装裙结构制图

第四节　斜裙类纸样设计

一、 360° 大圆摆裙纸样设计

（一） 360° 大圆摆裙效果图

360°大圆摆裙效果图如图 2-11 所示。

图 2-11　360°大圆摆裙效果图

（二）成品规格按国家号型 160/68A 确定

按国家号型 160/68A 确定成品规格如表 2-6 所示。

表 2-6 成品规格 单位：cm

部位	裙长	腰围	腰头宽
尺寸	70	68	3

此款 360°大圆摆裙，有非常大的摆量，适合生活中或舞蹈时穿用，裙长可任意设计，面料一定要采用悬垂感较好的棉、毛、丝、麻和化纤等质地的面料。

（三）制图步骤

制图步骤如图 2-12 所示。

（1）按照腰围周长求正圆半径：68/2π，画出腰围弧长。

（2）再以裙长减腰头尺寸为半径画摆围弧线长。

（3）裁剪时可以将裙片分两片或四片，注意经纱向的应用。

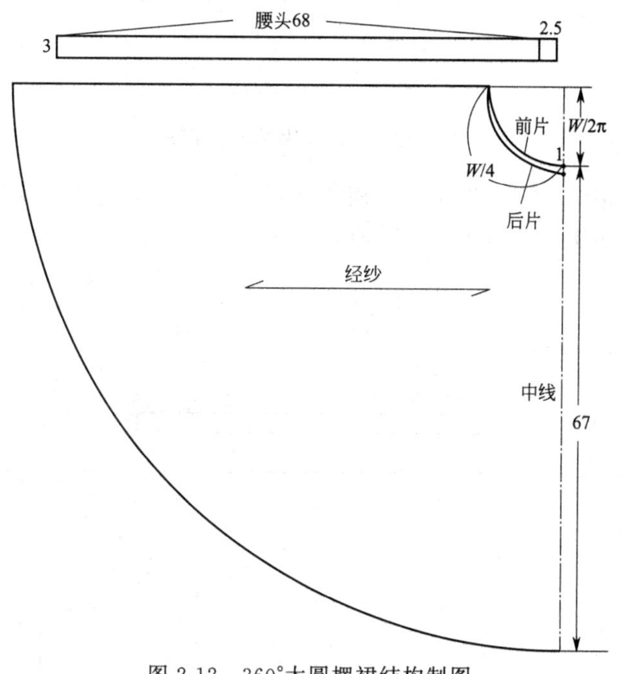

图 2-12 360°大圆摆裙结构制图

二、180° 两片斜裙纸样设计

（一）180° 两片斜裙效果图

180°两片斜裙效果图如图 2-13 所示。

（二）成品规格

按国家号型 160/68A 确定成品规格如表 2-7 所示。

表 2-7 成品规格 单位：cm

部位	裙长	腰围	腰头宽
尺寸	70	68	3

图 2-13　180°两片斜裙效果图

此款 180°两片斜裙，为正角斜裙，下摆活动好，非常适合生活中穿着，面料一定要采用悬垂感较好的棉、毛、丝、麻和化纤等质地的面料。

（三）制图步骤

制图步骤如图 2-14 所示。

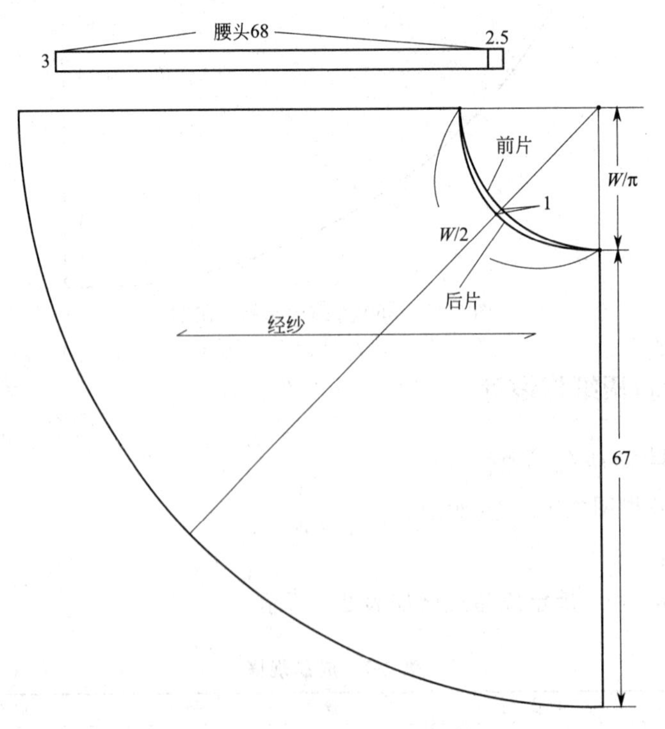

图 2-14　180°两片斜裙结构制图

（1）按照腰围周长求半圆半径：68/π，画出腰围弧长。

（2）再以裙长减腰头尺寸为半径画摆围弧线长。

（3）裁剪时可以将裙片分两片为正角斜裙或分四片，注意经纱向的应用，裙长可任意设计。

三、任意摆围四片裙纸样设计

（一）任意摆围四片裙效果图

任意摆围四片裙效果图如图 2-15 所示。

图 2-15　任意摆围四片裙效果图

（二）成品规格

按国家号型 160/68A 确定成品规格如表 2-8 所示。

表 2-8　成品规格　　单位：cm

部位	裙长	腰围	腰头宽	圆摆
尺寸	70	68	3	380

此款任意摆围四片裙，摆围可依据需要随意设计，活动方便，面料一定要采用悬垂感较好的棉、毛、丝、麻和化纤等质地的面料。

（三）制图步骤

制图步骤如图 2-16 所示。

（1）依据数学弧度制的计算方法，求裙摆围弧线要求的半径，即（裙长×W/4)/(摆围/4－W/4)。

（2）以裙长减腰头尺寸为半径，画摆围弧线长。

（3）裁剪时根据设计注意经纱向的应用。

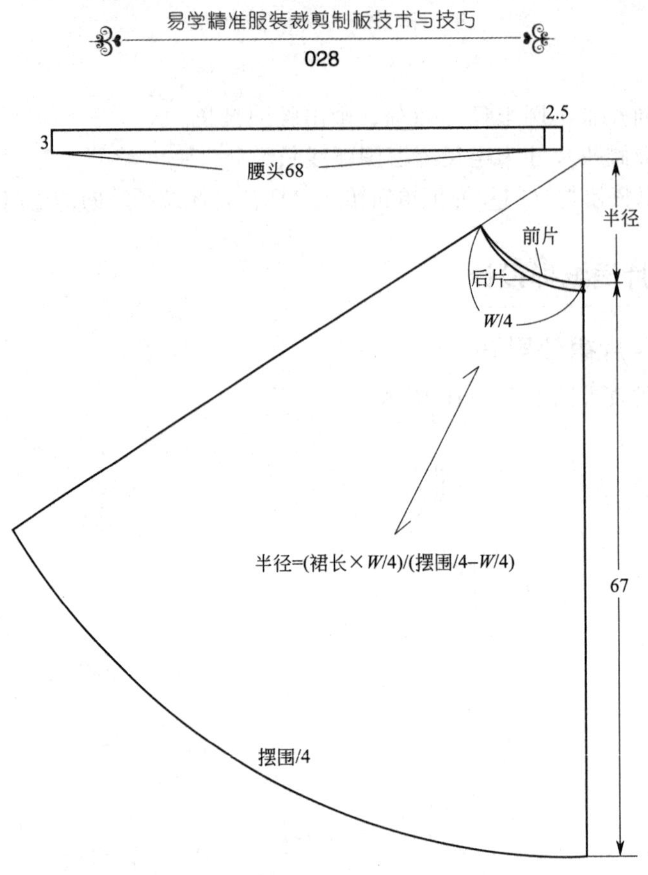

图 2-16 任意摆围四片裙结构制图

第五节 节裙类纸样设计

一、时装侧边节裙纸样设计

（一）时装侧边节裙效果图

时装侧边节裙效果图如图 2-17 所示 。

图 2-17 时装侧边节裙效果图

（二）成品规格

按国家号型 160/88A 确定成品规格如表 2-9 所示。

表 2-9　成品规格　　单位：cm

部位	裙长	腰围	基础臀围	臀高
尺寸	80	68	94	18

此款节裙的造型具有较强的时尚感，裙长拖地，摆浪丰富，面料一定要采用悬垂感较好的棉、丝、麻纱类和化纤等质地的面料。

（三）制图步骤

制图步骤如图 2-18、图 2-19 所示。

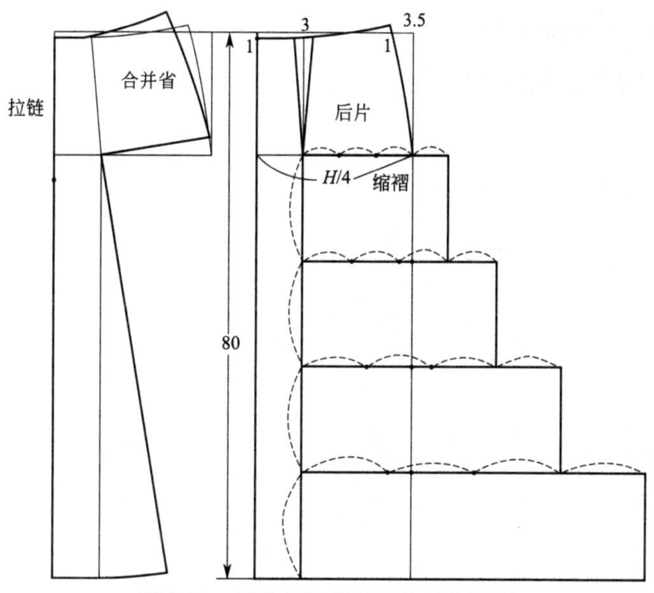

图 2-18　时装侧边节裙后片结构制图

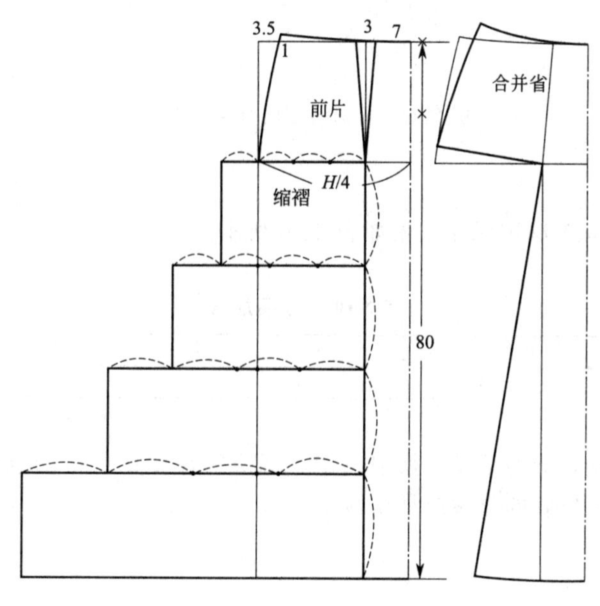

图 2-19　时装侧边节裙前片结构制图

（1）无腰头裙长 80cm，画前后中直线并画上下平行线。

（2）臀高为 1/10 总体高＋2cm，画平行线确定臀围线，在臀围线上确定臀围肥。

① 前片臀围肥 $H/4$。

② 后片臀围肥 $H/4$。

（3）成品尺寸臀腰差为 26cm，在腰围线上确定前后片的腰围肥度。

① 前片腰围侧缝线收省 3.5cm，实际前片腰围肥为 $W/4+3$cm 省。

② 后片腰围侧缝线收省 3.5cm，实际后片腰围肥为 $W/4+3$cm 省。

（4）前后片以腰省臀围线剪开收省。

（5）臀围下分为四等分，再按照等分围度的 1/3 比例分别放缩褶量成梯形。

二、生活装三层节裙纸样设计

（一）生活装三层节裙效果图

生活装三层节裙效果图如图 2-20 所示。

图 2-20　生活装三层节裙效果图

（二）成品规格

按国家号型 160/68A 确定成品规格如表 2-10 所示。

表 2-10　成品规格　　单位：cm

部位	裙长	腰围	腰头宽
尺寸	73	68	3

此款是三层的节裙，造型活泼，摆浪自然，每层的长度比例可随意设计，控制好每层的褶量比例，采用悬垂感较好的丝质或纱质薄型面料。

（三）制图步骤

制图步骤如图 2-21 所示。

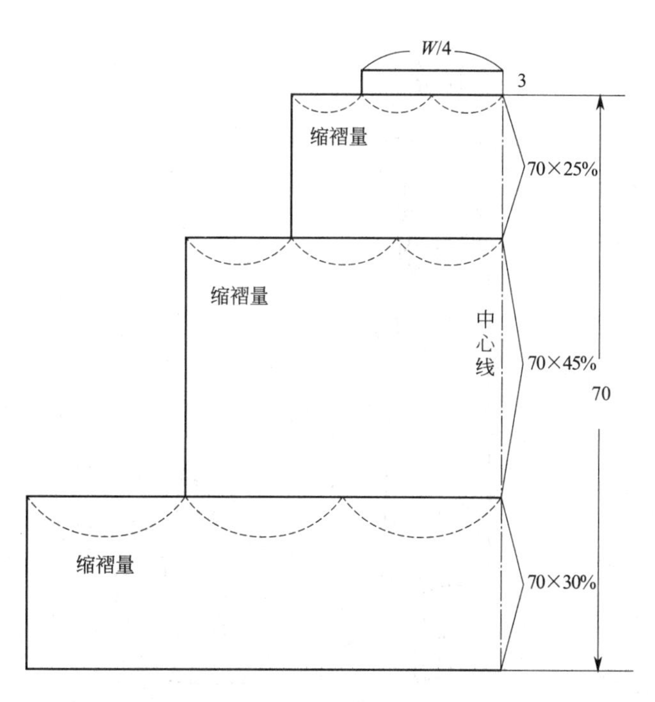

图 2-21　生活装三层节裙结构制图

（1）第一层的缩褶量参照腰围/4 的 1/2 加放。

（2）第二层的缩褶量参照第一层长度的 1/2 加放。

（3）第三层的缩褶量参照第二层长度的 1/2 加放。

（4）节裙里的衬裙按照基础裙的制图方法，衬裙一般在净臀围上加放 4cm 放松量。

第六节　变化的组合类裙子纸样设计

一、臀腰紧身前中褶皱长裙纸样设计

（一）臀腰紧身前中褶皱长裙效果图

臀腰紧身前中褶皱长裙效果图如图 2-22 所示。

（二）成品规格

按国家号型 160/68A 确定成品规格如表 2-11 所示。

表 2-11　成品规格　　单位：cm

部位	裙长	腰围	臀围	腰头宽	臀高
尺寸	83	68	94	3	18

此款是臀腰紧身前中褶皱长裙，臀腰部位合体，裙长较长，适合礼仪场合，采用悬垂感较好的丝质或纱质薄型面料。

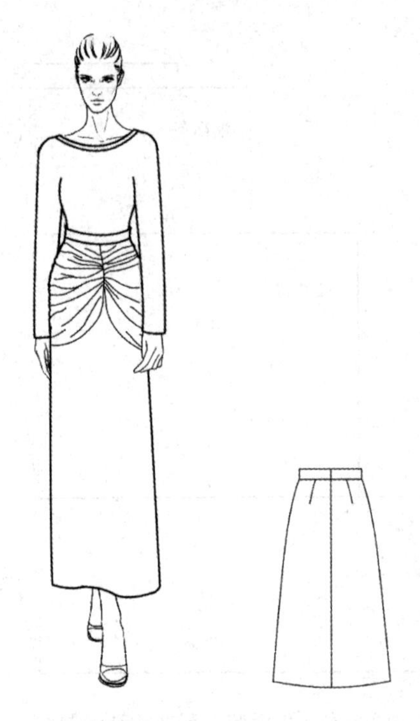

图 2-22 臀腰紧身前中褶皱长裙效果图

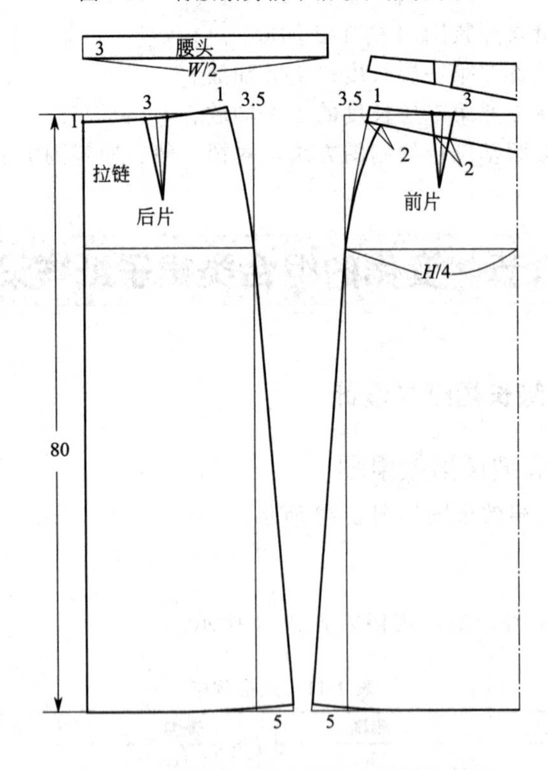

图 2-23 臀腰紧身前中褶皱长裙结构制图

（三）制图步骤

制图步骤如图 2-23、图 2-24 所示。

(1) 裙长减腰头宽 80cm，画前后中直线并画上下平行线。

（2）臀高为 1/10 总体高＋2cm，画平行线确定臀围线，在臀围线上确定臀围肥。

（3）前后片臀围肥均以 $H/4$ 计算。

（4）成品尺寸臀腰差为 26cm，在腰围线上确定前后片的腰围肥度。

（5）前后片腰围侧缝线收省 3.5cm，实际前后片腰围肥均为 $W/4+3$cm 省。

（6）下摆侧缝前后各放出 5cm 摆量，后中缝设拉链开口至臀围下 2cm。

（7）前片腰上部设一款式分割线，前中下 5cm、侧缝 3cm 左右，剪开后将省合并成为一个整片。

（8）前片根据款式造型侧缝与前中平均分 6 条放褶分割线，从前中剪开分别放出 4cm 的褶绺量。

（9）腰头宽 3cm，长 68cm。

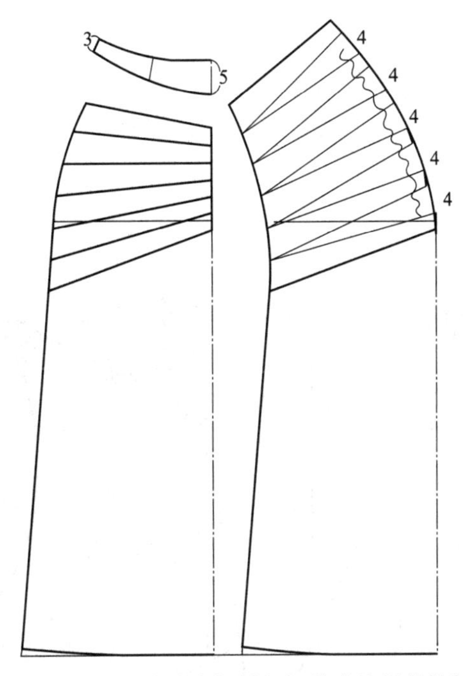

图 2-24　臀腰紧身前中褶皱长裙前片放褶结构制图

二、时装装饰裙纸样设计

（一）时装装饰裙效果图

时装装饰裙效果图如图 2-25 所示。

（二）成品规格

按国家号型 160/88A 确定成品规格如表 2-12 所示。

表 2-12　成品规格　　单位：cm

部位	裙长	腰围	臀围	腰头宽	臀高
尺寸	83	68	94	3	18

此款为造型时装装饰裙，通过基础裙进行变化而来，裙长较长，摆浪丰富，面料一定要采用悬垂感较好的棉、丝、麻纱类和化纤等质地的面料。

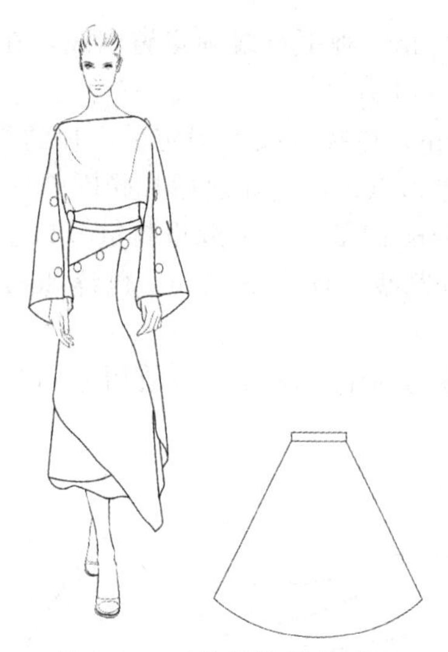

图 2-25 时装装饰裙效果图

（三）制图步骤

制图步骤如图 2-26 所示。

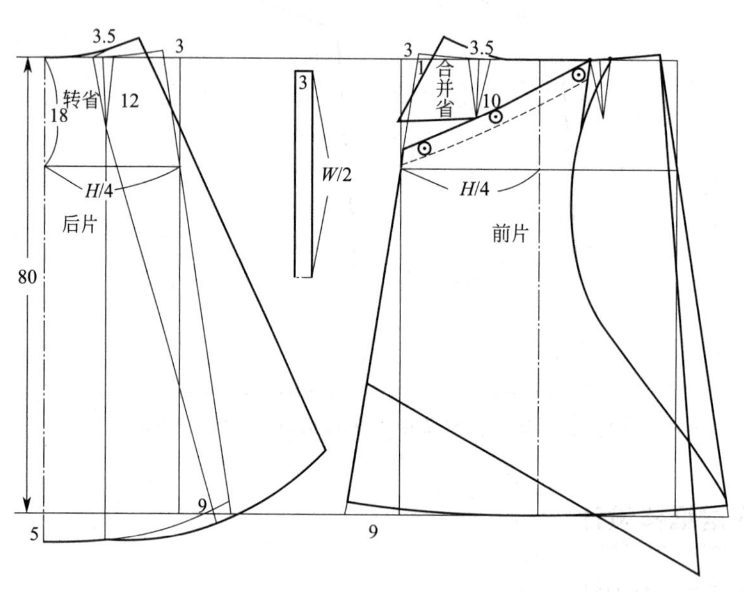

图 2-26 时装装饰裙结构制图

（1）裙长减腰头宽为 80cm，画前后中直线并画上下平行线，后中延长 5cm。
（2）臀高为 1/10 总体高＋2cm，画平行线确定臀围线，在臀围线上确定臀围肥。
（3）前后片臀围肥均以 $H/4$ 计算。
（4）成品尺寸臀腰差为 26cm，在腰围线上确定前、后片的腰围肥度。
（5）前后片腰围侧缝线收省 3cm，实际前、后片腰围肥均为 $W/4+3.5$cm 省。
（6）下摆侧缝前后各放出 9cm 摆量，侧缝设拉链开口至臀围下 2cm。
（7）前整片是款式造型主体，前片右腰上部设一分割线，剪开后将省合并。
（8）前片根据款式造型有重叠片设计，下摆各放 9cm 摆量。
（9）后片侧缝放摆 9cm，通过收腰省方法再打开下摆量。
（10）腰头宽 3cm，长 68cm。

第三章

男女裤子类制板方法与实例

第一节　裤子的结构特点与纸样设计

在现代男女装中，裤子是非常重要的一个服装种类，形式多样。裤子的结构远比裙子要复杂得多，它包括五个围度：腰围、臀围、横裆围、中裆围、裤口围；四个长度：纵向即腰围至臀围的长度（臀高）、腰围至大腿根横裆围的长度（立裆）、横裆至膝围的长度、腰围至裤口围的裤子长度。任何一款的裤子都涉及这些部位，它牵扯到具体人的体型和下肢的运动功能。因此，必须配合腰部、臀部及下肢部位的形体特点和各种用途及生活中活动的需要，进行纸样设计。

第二节　西裤类纸样设计

一、标准男西裤纸样设计

（一）标准男西裤效果图

标准男西裤效果图如图 3-1 所示。

（二）成品规格

按国家号型 170/74A 确定成品规格如表 3-1 所示。

表 3-1　成品规格　　单位：cm

部位	裤长	臀围	腰围	立裆	裤口	腰头宽
尺寸	100	106	76	28.5	22	3.5

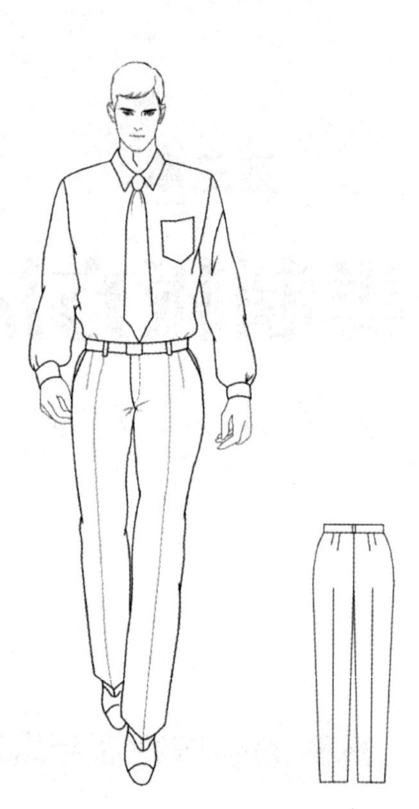

图 3-1 标准男西裤效果图

此款是配西服的标准男西裤，净臀围加放 14cm，净腰围加放 2cm，净立裆加放 1cm，可采用纯毛或混纺等面料。

（三）制图步骤

(1) 标准男西裤前片制图方法 标准男西裤前片结构制图如图 3-2 所示。

① 裤长减腰头宽画上下平线。

② 立裆减腰头宽画横裆线，平行于上平线。

③ 横裆至裤口的 1/2 向上 5cm 处画中裆平行线。

④ 总体高/10＋1.5cm 或参照立裆的 2/3 处画臀高平行线。

⑤ $H/4-1$cm 确定前片臀围肥。

⑥ 小裆宽计算公式为 $H/20-0.5$cm。

⑦ 小裆宽加前片臀围肥的 1/2 画前裤线。

⑧ 前裆角平分线 3cm。

⑨ 裤口减 2cm，由裤线向两边平分。

⑩ 前裤口加 2cm 为中裆围，再由裤线向两边平分。

⑪ 连接外侧裤口至中裆到臀围及腰部侧缝线。

⑫ 连接内侧裤口至中裆到小裆终点。

⑬ $W/4-1$cm＋5cm（褶省）为前腰围肥，侧缝收省 1.5cm，前中收省 1cm（撇肚量），以裤线位置为基准设后倒褶 3cm，腰省 2cm。

⑭ 圆顺腰围至臀围到脚口处侧缝弧线，横裆侧缝处进 0.5cm，横裆至中裆处收 0.5cm，侧插袋斜向 15cm。

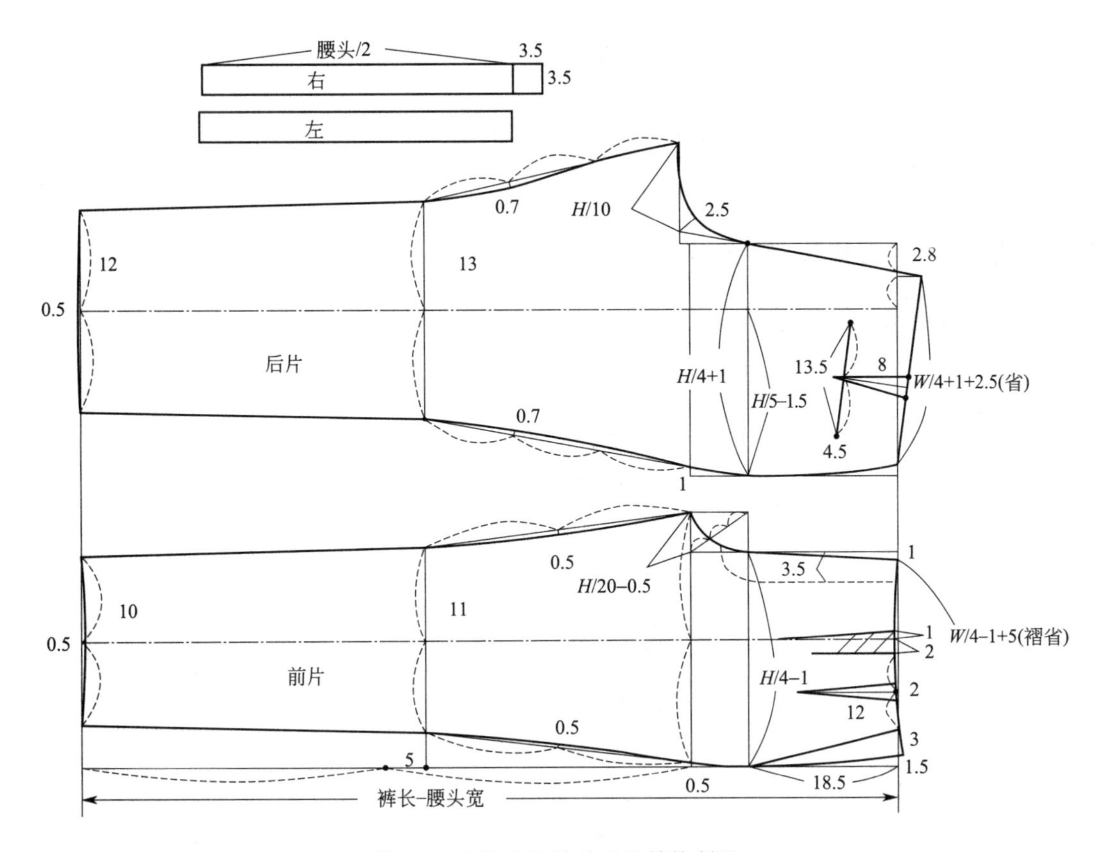

图 3-2　标准男西裤前后片结构制图

⑮ 圆顺腰至臀围及小裆弧线。

⑯ 圆顺小裆至中裆到裤口内侧缝弧线，小裆至中裆处收 0.5cm。

⑰ 前脚口中线收进 0.5cm，画顺裤口线。

⑱ 门襟宽 3.5cm。

(2) 标准男西裤后片制图方法　标准男西裤后片结构制图如图 3-2 所示。

① 后片裤长、立裆、中裆、臀高均同前片尺寸。

② $H/4+1$cm 确定后片臀围肥。

③ 后片横裆平行下落 1cm。

④ 后裤线位置计算公式为 $H/5-1.5$cm。

⑤ 画纵向裤片中线。

⑥ 裤线至后中线的 1/2 处为大裆起翘点，垂直起翘 $H/20-2.5$cm。

⑦ 大裆起翘点与后中臀围肥的臀高点连接画斜线交于落裆线上。

⑧ 大裆宽为臀围肥的 1/10，在大裆斜线与落裆交点处外延画大裆宽线段长。

⑨ 后腰围尺寸为 $W/4+1$cm$+2.5$cm（省），由大裆起翘点位画起与上平线相交。

⑩ 裤口+2cm 为后裤口，由后裤线向两边平分。

⑪ 后裤口+2cm 为后中裆围，由后裤线向两边平分。

⑫ 连接外侧裤口至中裆到臀围肥至腰部侧缝线。

⑬ 连接内侧裤口至中裆到大裆宽终点。

⑭ 平行于后上腰口线间距 8cm 画后袋口线，袋口长 13.5cm，袋口位置距侧缝 4.5cm；袋中画后腰省位置，省长 8.5cm。

⑮ 大裆处角平分线 2.3～2.5cm。

⑯ $W/4$＋1cm＋2.5cm（省）为后腰肥，腰口 1 个省，宽度各为 2.5cm，省长 8.5cm，超过袋口 0.5cm。

⑰ 圆顺腰围至臀围到裤口外侧缝弧线，横裆侧缝处进 1cm，横裆至中裆处收 0.7cm。

⑱ 圆顺大裆斜线至大裆弧线。

二、标准女西裤纸样设计

（一）标准女西裤效果图

标准女西裤效果图如图 3-3 所示。

图 3-3　标准女西裤效果图

（二）成品规格

按国家号型 170/68A 确定成品规格如表 3-2 所示。

表 3-2　成品规格　　单位：cm

部位	裤长	腰围	臀围	臀高	立裆	腰头宽	裤口
尺寸	100	70	100	18	28.5	3	20

此款是与女西服配套设计的裤型，是标准西裤型，其松量在净臀围的基础上加放 8～10cm，净腰围加放 2cm，净立裆加放 1cm。可采用悬垂感较好的薄型面料。

（三）制图步骤

制图步骤如图 3-4 所示。

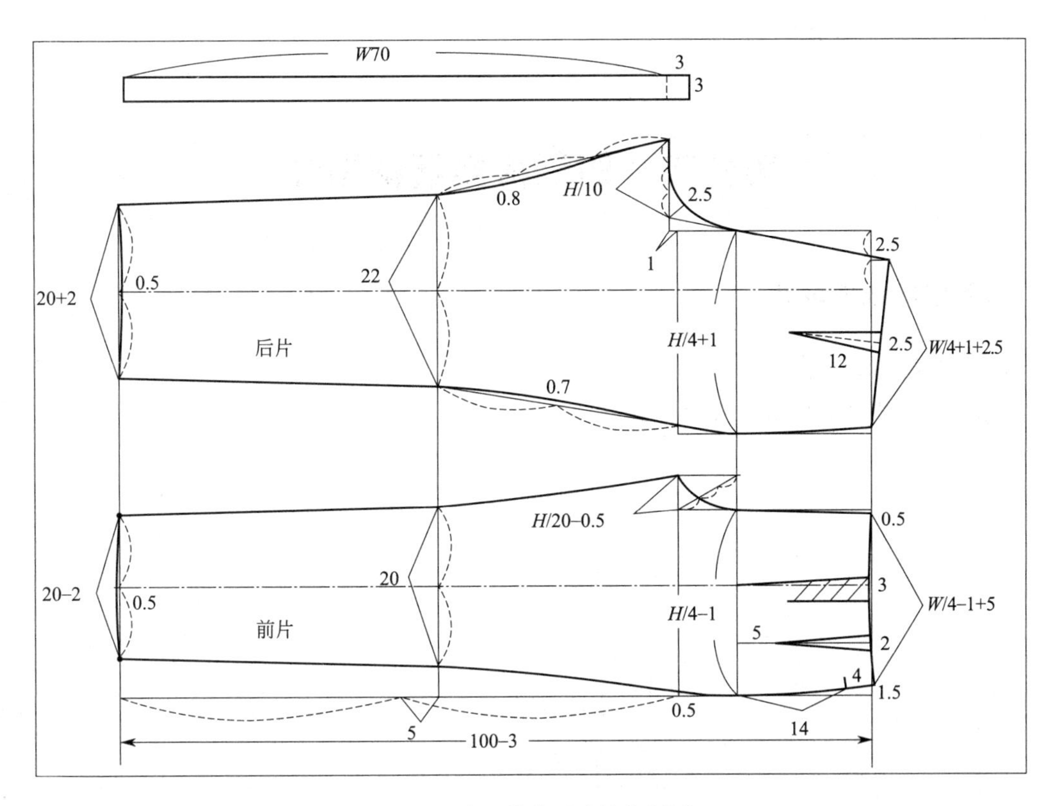

图 3-4　女西裤前后片结构制图

（1）裤子前片制图

① 裤长减腰头宽画上下平行基础线

② 立裆减腰头宽从上平线向下画横裆线。

③ 臀高为 18cm。

④ 前片臀围肥为 $H/4-1$cm。

⑤ 前小裆宽为 $H/20-0.5$cm，画小裆弧线的辅助线，画小裆弧线。

⑥ 横裆宽的 1/2 为裤中线。

⑦ 前片腰围肥为 $W/4-1$cm$+5$cm（省），中线倒褶 3cm，省 2cm。画侧缝弧线，侧缝横裆进 0.5cm，在侧缝设直插口袋，长 14cm。

⑧ 前裤口为裤口尺寸－2cm，裤线两边平分。

⑨ 中裆线位置为横裆至裤口线的 1/2 上移 5cm，肥度为前裤口＋2cm。

⑩ 前裤口裤线上提 0.5cm，保证脚足面需要。

（2）裤子后片制图

① 裤长、立裆、臀高尺寸同前片。

② 后片臀围肥为 $H/4+1$cm。

③ 后裤线位置为 $H/5-1.5$cm，从侧缝基础线向内。

④ 大裆斜线位置为裤线至后中线的 1/2 处，垂直起翘 2.5cm。

⑤ 横裆下落 1cm，大裆斜线相交于落裆，此处起始画大裆宽线为 $H/10$。画大裆弧线的辅助线 2.5cm，再画大裆弧线。

⑥ 后片腰围肥为 $W/4+1$cm$+2.5$cm（省），一个省。画侧缝弧线侧缝横裆进 1cm。

⑦ 后裤口为裤口尺寸＋2cm，裤线两边平分。

⑧ 中裆线位置为横裆至裤口线的 1/2 上移 5cm，肥度为后裤口＋2cm。

⑨ 后裤口裤中线下移 0.5cm。

(3) 腰头长 70cm，宽 3cm，搭门 3cm。

第三节　时装裤类纸样设计

一、男多褶裤纸样设计

（一）男多褶裤效果图

男多褶裤效果图如图 3-5 所示。

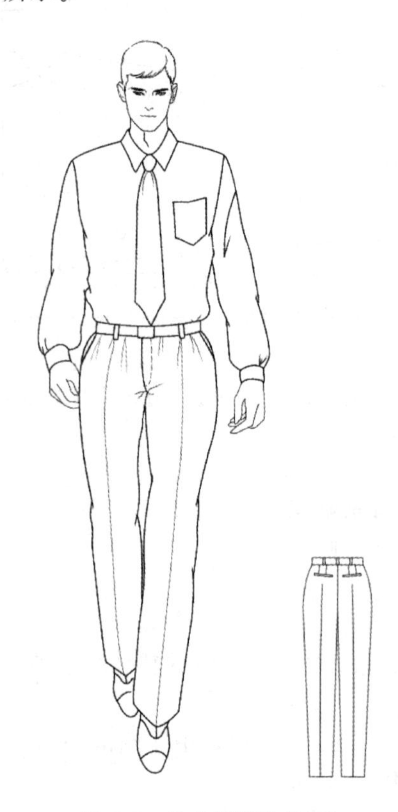

图 3-5　男多褶裤效果图

（二）成品规格

按国家号型 170/74A 确定成品规格如表 3-3 所示。

表 3-3　成品规格　　单位：cm

部位	裤长	臀围	腰围	立裆	裤口	腰头宽
尺寸	98	108	76	29	18	3

此款强调腰部多褶造型，故净臀围加放 18cm，净腰围加放 2cm，净立裆加放 1.5cm。可采用混纺、棉麻等面料。

（三）制图步骤

制图步骤如图 3-6 所示。

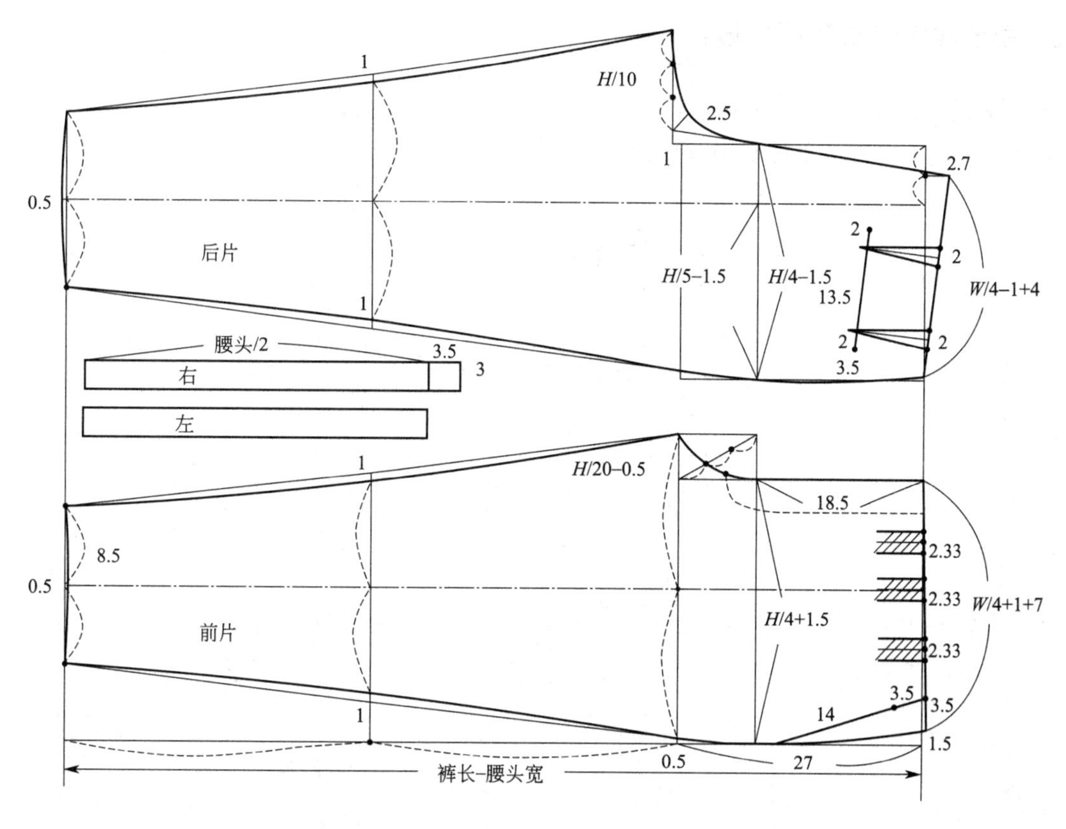

图 3-6　男多褶裤结构制图

（1）男多褶裤前片制图方法

① 裤长减腰头宽画上下平行线

② 立裆减腰头宽从上平线向下画横裆线。

③ 臀高为 18.5cm。

④ 前裤片臀围与腰围计算公式为 $H/4+1.5$cm、$W/4+1$cm，前片臀腰差共 8.5cm。侧缝收 1.5cm 省，其余 7cm 平均设三个褶，均衡于前腰口。

⑤ 斜插袋长 14cm。

⑥ 中裆为横裆至裤口的 1/2 处，前裤口为裤口－1cm 均分于裤线两边。中裆参照连接侧缝后的实际尺寸进 1cm 均分于裤线两侧。后裤口裤中线上移 0.5cm。

（2）男多褶裤后片制图方法

① 裤长、立裆、臀高尺寸同前片。

② 后裤片臀围与腰围计算公式为 $H/4-1.5$cm、$W/4-1$cm，后片臀腰差共 7.5，后片实际腰围 $W/4-1$cm$+4$cm（省）。

③ 后裤线位置为 $H/5-1.5$cm，大裆斜线位置参照裤线至后中线的 1/2，大裆斜线起翘量计算公式为 $H/20-2.7$cm。

④ 落裆 1cm，大裆 $H/10$cm。

⑤ 后裤口为裤口尺寸＋1cm，裤线两边平分。

⑥ 中裆线位置为横裆至裤口线的 1/2，肥度参照侧缝线进 1cm 至裤线的尺寸，裤线两边相等。

⑦ 后裤口裤中线下移 0.5cm。两省长分别为 11cm 和 10.5cm，省宽各为 2.5cm。

⑧ 腰头长 76cm、宽 3cm、底襟 3.5cm。

二、高连腰锥形女裤纸样设计

（一）高连腰锥形女裤效果图

高连腰锥形女裤效果图如图 3-7 所示。

图 3-7 高连腰锥形女裤效果图

（二）成品规格

按国家号型 160/68A 确定成品规格如表 3-4 所示。

表 3-4 成品规格 单位：cm

部位	裤长	腰围	臀围	臀高	立裆	腰头宽	裤口
尺寸	103.5	70	106	18	28	6.5	14

此款是臀部较宽松、连腰腰头褶量较大、裤口收紧的造型。在净臀围的基础上加放 16cm、净腰围加放 2cm、净立裆加放 3cm，属于时装裤型。采用悬垂感较好的薄型面料。

（三）制图步骤

制图步骤如图 3-8 所示。

(1) 裤子前片制图

① 腰头宽 6.5cm，画上平行线，从腰口线画裤长减腰头宽尺寸为下平行基础线。

② 立裆减腰头宽从腰口线向下画横裆线。

③ 臀高为 18cm，中裆线为横裆至裤口长的 1/2。

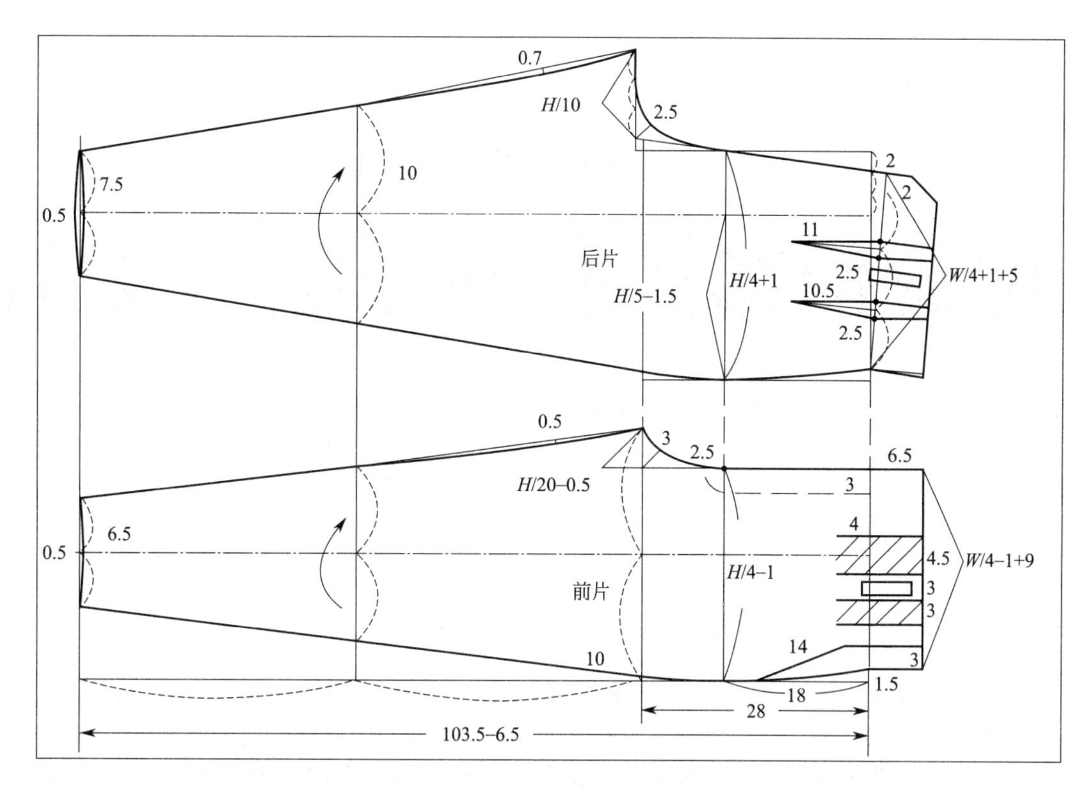

图 3-8　高连腰锥形女裤结构制图

④ 前片臀围肥为 $H/4-1$cm。

⑤ 前小裆宽为 $H/20-0.5$cm，画小裆弧线的辅助线为 3cm。

⑥ 横裆宽的 1/2 为裤中线。

⑦ 前片腰围肥为：$W/4-1$cm$+9$cm（省褶），设两个省褶。侧缝省 1.5cm 画侧缝弧线，在侧缝设斜插口袋，长 14cm。

⑧ 前裤口为裤口尺寸－1cm，裤线两边平分，裤线上移 0.5cm。

⑨ 中裆线位置为横裆至裤口线的 1/2，肥度参照侧缝线至裤线的尺寸，裤线两边相等。

（2）裤子后片制图

① 腰头宽、裤长、立裆、臀高同前片。

② 后片臀围肥为 $H/4+1$cm。

③ 后裤线位置为 $H/5-1.5$cm，从侧缝基础线向内。

④ 大裆斜线位置为裤线至后中线的 1/3 处，起翘 2cm。

⑤ 横裆下落 1cm，大裆斜线相交于落裆，此处起始画大裆宽线为 $H/10$。画大裆弧线的辅助线 2.5cm，再画大裆弧线。

⑥ 后片腰围肥为 $W/4+1$cm$+5$cm（省），两个省。画侧缝弧线。

⑦ 后裤口为裤口尺寸＋1cm，裤线两边平分，裤线下移 0.5cm。

⑧ 中裆线位置为横裆至裤口线的 1/2，肥度参照侧缝线至裤线的尺寸，裤线两边相等。

⑨ 腰头宽 6.5cm，后腰口上线省及侧缝略放些松量。

第四章

男女衬衫类制板方法与实例

标准男衬衫定型于19世纪中叶，是为配合西服而产生的，其造型简练，无装饰，高高竖起的领子翻折下来，形成现在衬衫的特点。目前衬衫的种类繁多，衬衫的款式变化也是与当前社会的经济、文化状况密不可分，衬衫的着装形式也受流行趋势的影响，时时体现出新时代的审美观。由于流行的意识已渗透到服饰的各个方面、各个部位，就连衬衫的纽扣式样、衣袋的位置、领形等也都无不带有流行的印记，都会自觉或不自觉地随着流行趋势而改变。人们在选择衬衫的时候，总要考虑自己的着装要具有时代美感；同时，也要结合自身的条件及着装的时间、场合、地点而认真考虑和选择。这需要衬衫专业的设计师紧跟时代的脉搏，研究现代人的社会、心理状态，使自己的设计作品极大地满足各个阶层穿着的需要。现代衬衫主要分类如下。

（1）从款式上分：有正装长袖衬衫、正装短袖衬衫、无袖衬衫、无领衬衫、套头衬衫、休闲衬衫、内外兼用衬衫等。

（2）从用途上分：高级礼服衬衫、标准西服配套衬衫、高级华丽时装衬衫。

（3）从功能上分：有特种功能的衬衫，各种劳动保护的衬衫，防火、防酸、防碱衬衫等。

女衬衫的款式造型最早来源于男士衬衫，至现代则有较大变化，有与女西服配套的正装衬衫及时装类、休闲类的各种款式衬衫，以满足不同场合、不同时间、不同环境时的穿着需要。其纸样设计原理应根据整体廓形和舒适性的要求选择具体的构成方法，但对于变化较大和合体性较高造型的款式最好采用原型的制图方法，较快地获得准确的立体性结构，形成标准纸样。

第一节　男衬衫的结构特点与纸样设计

一、普通生活装标准男衬衫纸样设计

（一）普通生活装标准男衬衫效果图

普通生活装标准男衬衫效果图如图4-1所示。

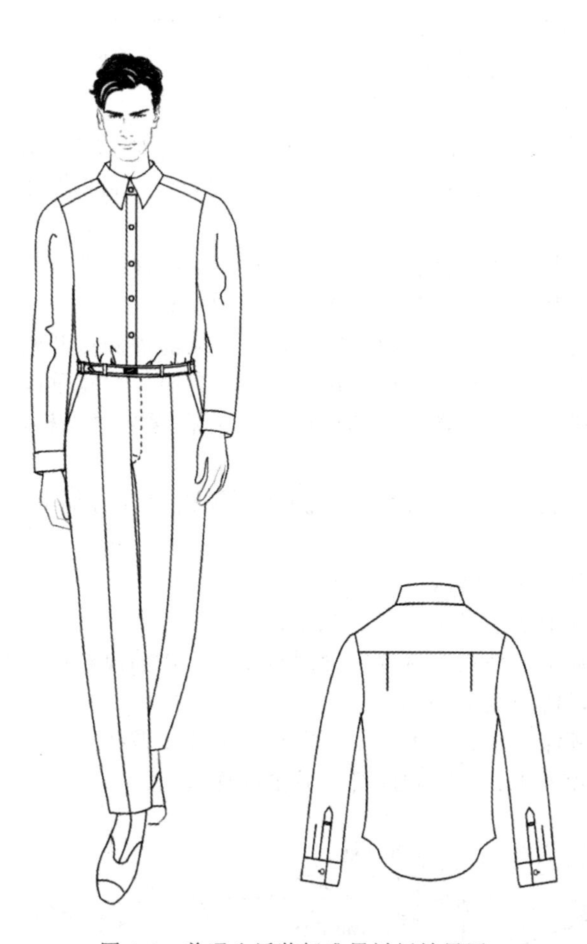

图 4-1　普通生活装标准男衬衫效果图

（二）成品规格

按国家号型 170/88A 确定成品规格如表 4-1 所示。

表 4-1　成品规格　　单位：cm

部位	后衣长	胸围	腰围	领围	腰节	总肩宽	袖长	袖口	袖头宽
尺寸	74	106	106	40	43	44.5	60	24	6

此款为普通生活装标准男衬衫，直身型，在净胸围的基础上加放 18cm，净腰围加放 26cm，袖长在全臂长基础上加放 4.5cm，袖子采用收袖头的一片袖结构。可采用垂感较好的薄型棉、化纤等各类面料。

（三）制图步骤

1. 普通生活装标准男衬衫衣片结构制图（图 4-2）

（1）画后中线，按后衣长尺寸画纵向线、上下画平行线。

（2）画腰节长，从上平线向下的长度。尺寸计算公式为衣长/2＋6cm，以此长度画腰围水平线。

（3）袖窿深，其尺寸计算公式为 $B/5+5$cm，据此画胸围水平线。

（4）四开身前后片胸围肥为 $B/4$。

（5）后背宽，其尺寸计算公式为 $B/5-1$cm，画后背宽垂线。

（6）前胸宽，其尺寸计算公式为 $B/5-2$cm，画前胸宽垂线。

（7）画后领宽线，其尺寸计算公式 $N/5$。

（8）画后领深线，其尺寸计算公式为 $B/40-0.15$cm，画后领窝弧线。

（9）画后落肩线，其尺寸计算公式为 $B/40+1.85$cm。后冲肩量为 1.5cm，以此确定后肩端点。

（10）画前领宽线，其尺寸计算公式为 $N/5-0.3$cm，领深 $N/5+0.5$cm。

（11）画前落肩线，其尺寸计算公式为 $B/40+2.35$cm。

（12）画前小肩斜线，量取后小肩斜线实际长度，从前颈侧点开始交至前落肩线。

（13）从胸围线向上画后袖窿与前袖窿弧的辅线，参照前后宽垂线的 1/3 处。

（14）画后袖窿弧线，从后肩端点开始画弧线，与后背宽垂线相切过后角平分线 3cm 至袖窿谷点即 $B/4$ 处。

（15）画前袖窿弧，从前肩端点开始与前胸宽垂线相切过前角平分线 2.5cm 至袖窿谷点即 $B/4$ 处。

（16）画后片育克分割线，领深下 6cm。

（17）画前片育克分割线平行小肩下 3.3cm。

（18）参照后片胸围 1/2 处在育克位置设倒褶 2cm，在袖窿处放出 2cm。

（19）画前止口线，搭门宽 1.7cm。

（20）定扣位上扣领深下 6cm，下扣 1/4 衣长，平分 5 粒扣。

（21）直身下摆前片下 1cm，画顺底摆，后中线连裁。

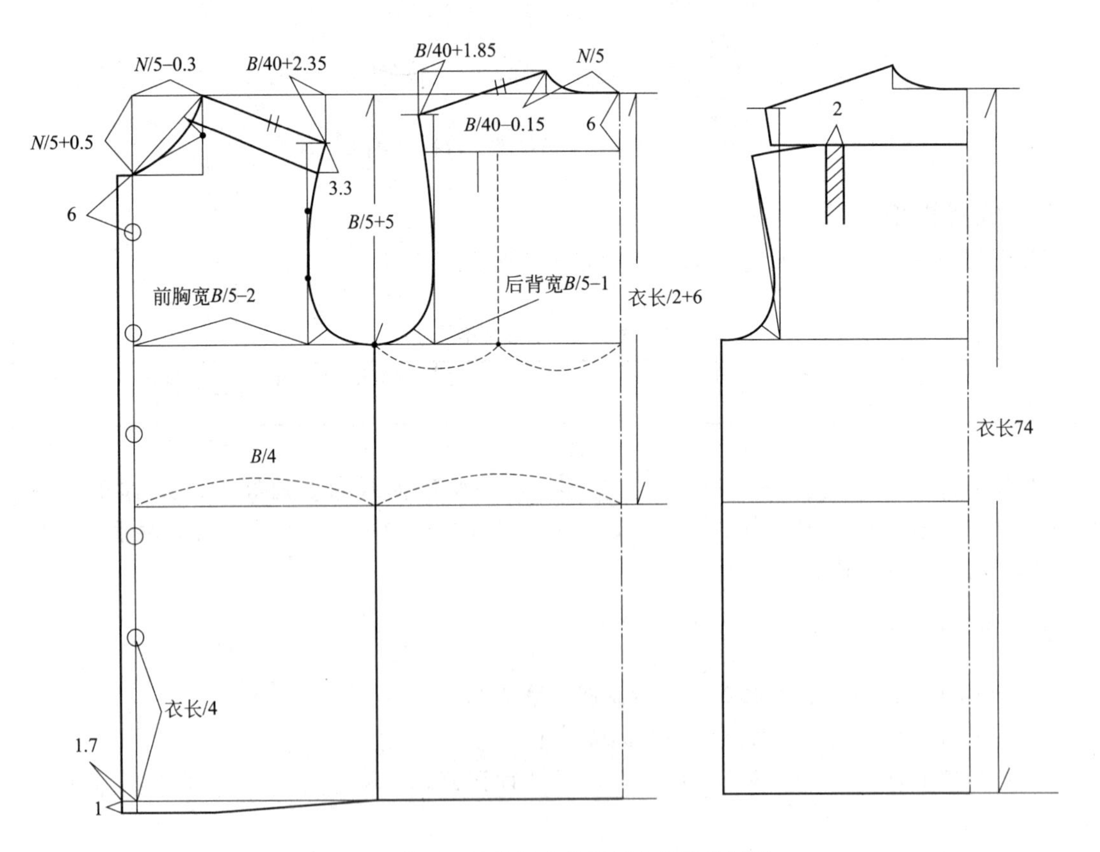

图 4-2　普通生活装标准男衬衫衣片结构制图

2. 普通生活装标准男衬衫袖子结构制图（图 4-3）

（1）画袖子，袖长减袖头宽 6cm，袖山高为 $AH/2\times0.5$，以前后 $AH/2$ 的长确定前后袖肥；在前后 AH 的斜线上，通过辅助线画前后袖山弧线。

（2）确定袖口肥 24cm＋6cm 倒褶量，通过前后袖肥的 1/2 分割辅助线收袖口，取得正确的袖肥和袖口关系；袖开衩位置参照后袖肥 1/2 处后移 1cm，在此作袖口垂线定开衩长 10cm，倒褶宽 3cm，共 2 个。

（3）袖头宽 6cm，袖头长 24cm＋2cm＝26cm。

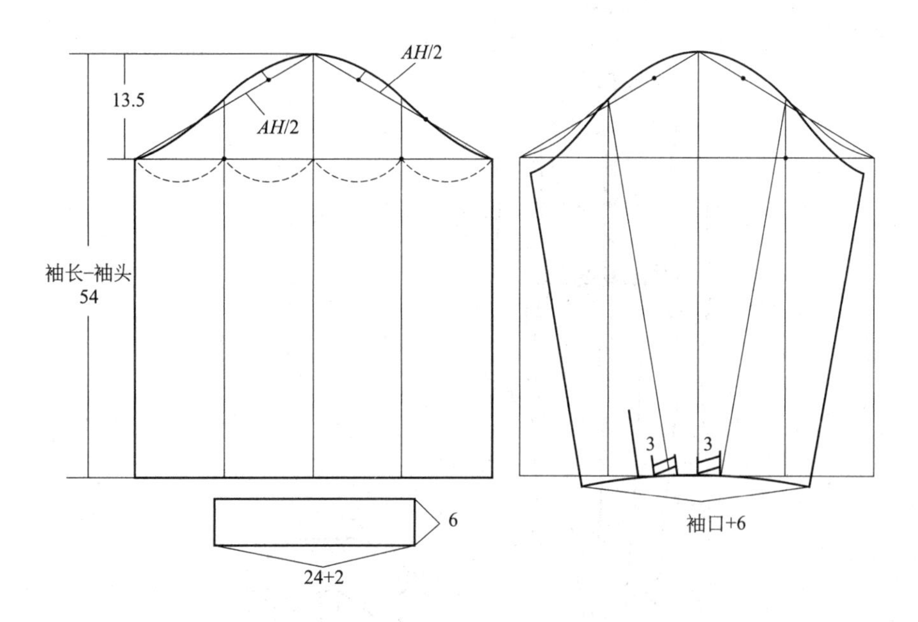

图 4-3　普通生活装标准男衬衫袖子结构制图

3. 普通生活装标准男衬衫领子结构制图（图 4-4）

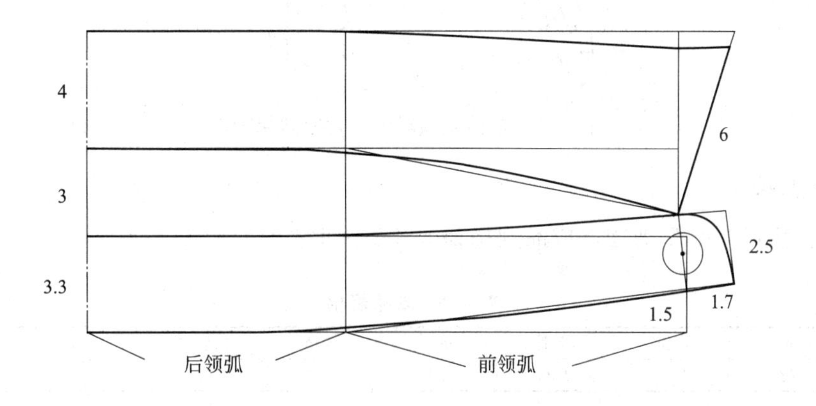

图 4-4　普通生活装标准男衬衫领子结构制图

（1）画领子，总领宽 7cm，底领 3.3cm，翻领 4cm。

（2）前后领弧线长与底领宽画基础矩形，前领起翘 1.5cm，延长 1.7cm，作垂线高度 2.5cm，画顺上下弧线。

（3）后中起翘 3cm，根据辅助线画领尖 6cm ，画顺翻领上下领弧线。

二、短袖立领时装男衬衫制图纸样设计

（一）短袖立领时装男衬衫效果图

短袖立领时装男衬衫效果图如图 4-5 所示。

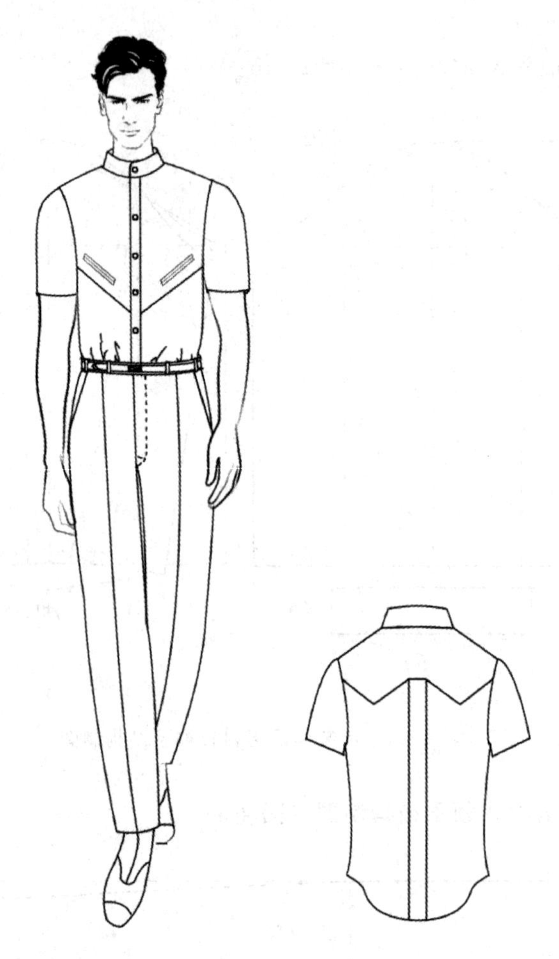

图 4-5　短袖立领时装男衬衫效果图

（二）成品规格

按国家号型 170/88A 确定，成品规格如表 4-2 所示。

表 4-2　成品规格　　单位：cm

部位	后衣长	胸围	腰围	领围	腰节	总肩宽	袖长	袖口
尺寸	78	106	100	40	43	44.5	25	36

此款为短袖立领时装男衬衫，略收腰，圆摆；在净胸围的基础上加放 18cm，净腰围加放 26cm，袖子采用一片袖结构。可采用垂感较好的薄型棉、化纤等各类面料。

（三）制图步骤

1. 短袖立领时装男衬衫衣片结构制图（图 4-6）

（1）画后中线，按后衣长尺寸画纵向线、上下画平行线。

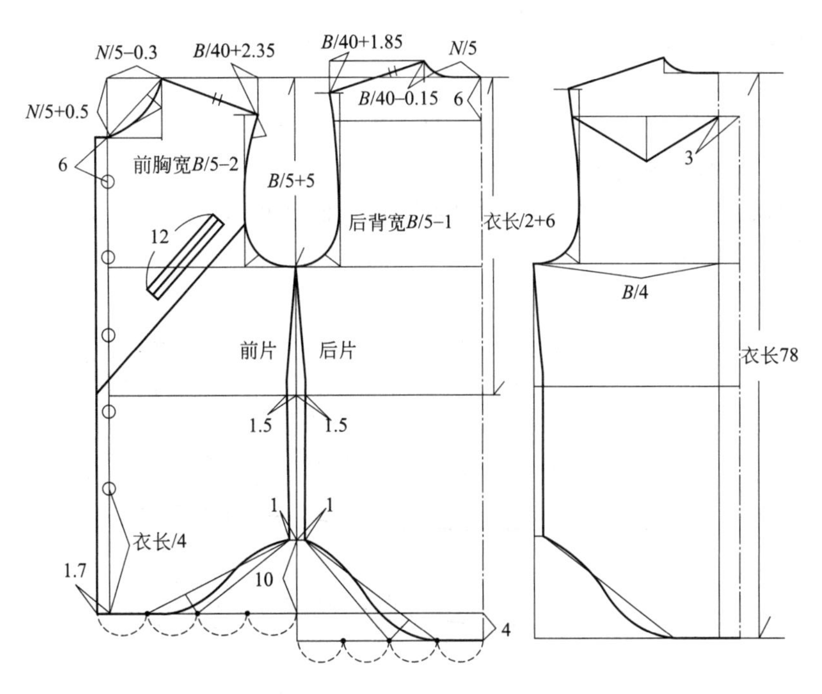

图 4-6　短袖立领时装男衬衫衣片结构制图

（2）画腰节长，从上平线向下的长度。尺寸计算公式为衣长/2＋6cm，以此长度画腰围水平线。

（3）袖窿深，其尺寸计算公式为 B/5＋5cm，据此画胸围水平线。

（4）四开身前后片胸围肥为 B/4。

（5）后背宽，其尺寸计算公式为 B/5－1cm，画后背宽垂线。

（6）前胸宽，其尺寸计算公式为 B/5－2cm，画前胸宽垂线。

（7）画后领宽线，其尺寸计算公式为 N/5。

（8）画后领深线，其尺寸计算公式为 B/40－0.15cm，画后领窝弧线。

（9）画后落肩线，其尺寸计算公式为 B/40＋1.85cm。后冲肩量为 1.5cm，以此确定后肩端点。

（10）画前领宽线，其尺寸计算公式为 N/5－0.3cm，领深 N/5＋0.5cm。

（11）画前落肩线，其尺寸计算公式为 B/40＋2.35cm。

（12）画前小肩斜线，量取后小肩斜线实际长度，从前颈侧点开始交至前落肩线。

（13）从胸围线向上画后袖窿与前袖窿弧的辅助线，参照前后宽垂线的 1/3 处。

（14）画后袖窿弧线　从后肩端点开始画弧线，过袖窿弧辅助点及后角平分线 3cm 至袖窿谷点即 B/4 处。

（15）画前袖窿弧，从前肩端点开始与袖窿弧辅助线相切，过前角平分线 2.5cm 至袖窿谷点即 B/4 处。

（16）画后片育克分割线，领深下 6cm。

（17）后中设褶裥 3cm。

（18）腰部侧缝前后各收 1.5cm，下摆收 1cm。

（19）前衣片比后片短 4cm。

（20）前后片画圆下摆。

（21）前衣片设斜线分割造型线，斜插袋长 12cm。

（22）画前止口线，搭门宽 1.7cm。

（23）定扣位，上扣领深下 6cm，下扣 1/4 衣长，平分 5 粒扣。

（24）后中线连裁。

2. 短袖立领时装男衬衫领子结构制图（图 4-7）

（1）画领子，立领总领宽 3.5cm。

（2）用前后领弧线长与底领宽尺寸画基础矩形，前领起翘 1.5cm，延长 2cm，作垂线高度 2.5cm，画顺上下弧线。

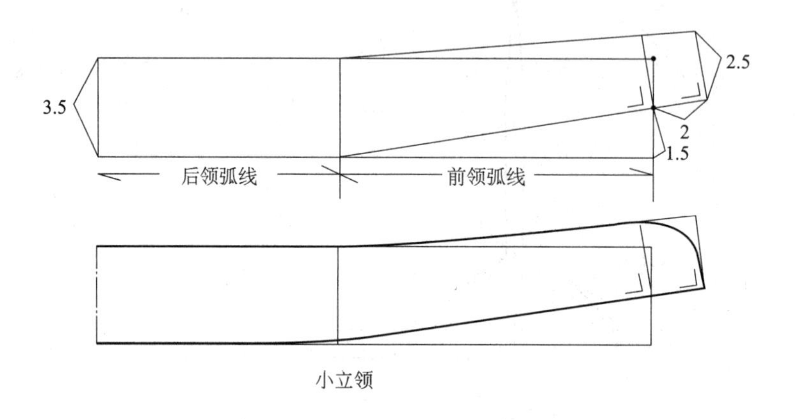

图 4-7　短袖立领时装男衬衫领子结构制图

3. 短袖立领时装男衬衫袖子结构制图（图 4-8）

（1）画袖子，袖长 25cm，袖山高为 $AH/2\times0.6$，以前后 $AH/2$ 的长确定前后袖肥，在前后 AH 的斜线上，通过辅助线画前后袖山弧线。

（2）确定袖口肥 36cm，中线两侧平分后 16cm，通过前后袖肥的 1/2 分割辅助线收袖口，取得正确的袖肥和袖口关系。

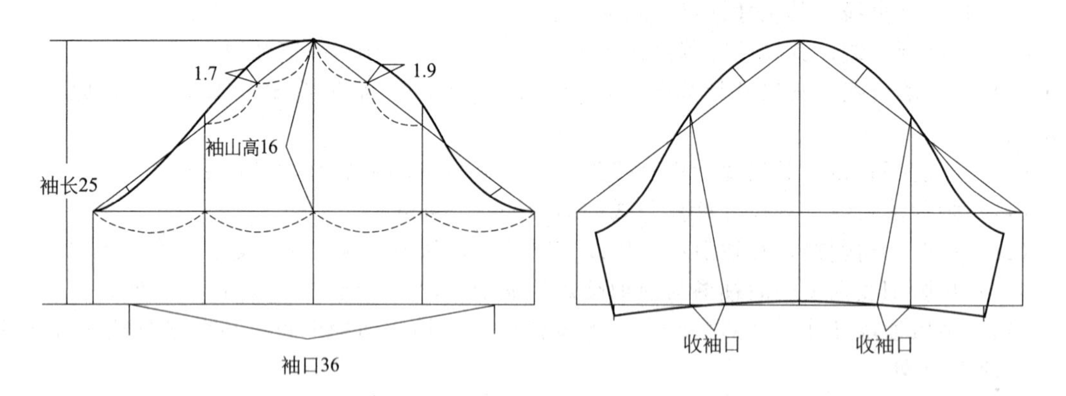

图 4-8　短袖立领时装男衬衫袖子结构制图

三、礼服男衬衫制图纸样设计

（一）礼服男衬衫效果图

礼服男衬衫效果图如图 4-9 所示。

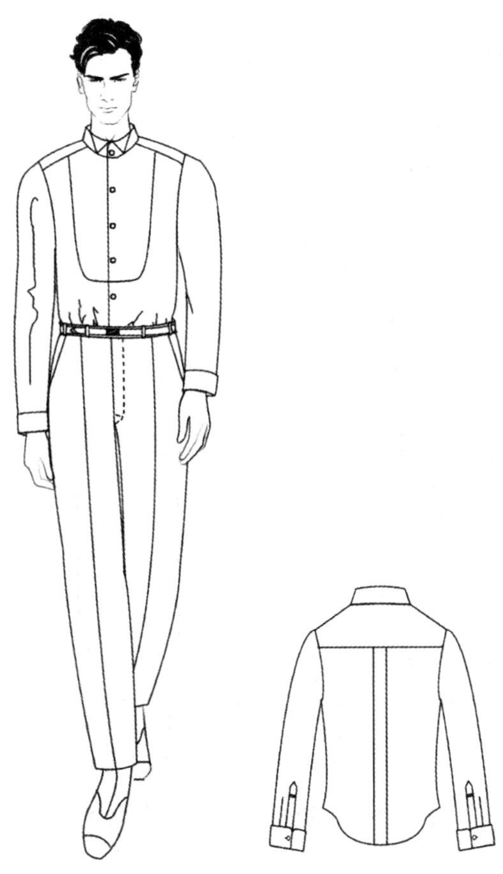

图 4-9　礼服男衬衫效果图

（二）成品规格

按国家号型 170/88A 确定，成品规格如表 4-3 所示。

表 4-3　成品规格　　单位：cm

部位	后衣长	胸围	腰围	领围	腰节	总肩宽	袖长	袖头长	袖头宽
尺寸	78	106	106	40	43	44.5	60	22	13.5

此款为礼服男衬衫，略收腰，圆摆，在净胸围的基础上加放 18cm，净腰围加放 26cm，前衣身设 U 字形胸挡，袖子采用一片袖结构双折袖头，可采用垂感较好的薄型棉、化纤等各类面料。

（三）制图步骤

1. 礼服男衬衫衣片结构制图（图 4-10）

（1）画后中线，按后衣长尺寸画纵向线、上下画平行线。

（2）画腰节长，从上平线向下的长度。尺寸计算公式为衣长/2＋6cm，以此长度画腰围水平线。

（3）袖窿深，其尺寸计算公式为 $B/5+5$cm，据此画胸围水平线。

（4）四开身前后片胸围肥为 $B/4$。

（5）后背宽，其尺寸计算公式为 $B/5-1$cm，画后背宽垂线。

（6）前胸宽，其尺寸计算公式为 $B/5-2$cm，画前胸宽垂线。

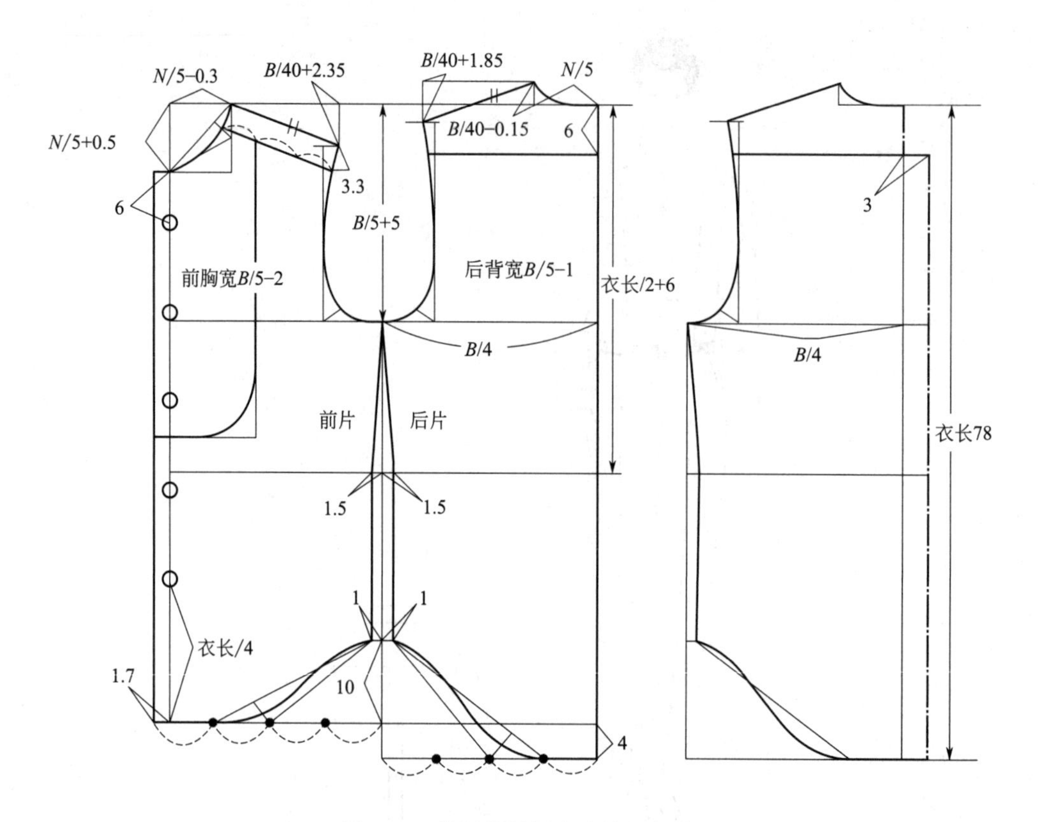

图 4-10 礼服男衬衫衣片结构制图

(7) 画后领宽线，其尺寸计算公式 $N/5$。

(8) 画后领深线，其尺寸计算公式为 $B/40-0.15$cm，画后领窝弧线。

(9) 画后落肩线，其尺寸计算公式为 $B/40+1.85$cm。后冲肩量为 1.5cm，以此确定后肩端点。

(10) 画前领宽线，其尺寸计算公式为 $N/5-0.3$cm，领深 $N/5+0.5$cm。

(11) 画前落肩线，其尺寸计算公式为 $B/40+2.35$cm。

(12) 画前小肩斜线，量取后小肩斜线实际长度，从前颈侧点开始交至前落肩线。

(13) 从胸围线向上画后袖窿与前袖窿弧的辅助线，参照前后宽垂线的 1/3 处。

(14) 画后袖窿弧线　从后肩端点开始画弧线，过袖窿弧辅助点及后角平分线 3cm 至袖窿谷点即 $B/4$ 处。

(15) 画前袖窿弧，从前肩端点开始与袖窿弧辅助线相切过前角平分线 2.5cm 至袖窿谷点即 $B/4$ 处。

(16) 画前片育克分割线，平行小肩下 3.3cm。

(17) 画后片育克分割线，领深下 6cm。

(18) 后中设褶裥 3cm。

(19) 腰部侧缝前后各收 1.5cm，下摆收 1cm。

(20) 前衣片比后片短 4cm。

(21) 前后片画圆下摆。

(22) 前衣片设 U 字形胸挡。

(23) 画前止口线，搭门宽 1.7cm。

(24) 定扣位，上扣领深下 6cm，下扣 1/4 衣长，平分 5 粒扣。

（25）后中线连裁。

2. 礼服男衬衫袖子、领子结构制图（图 4-11）

（1）画袖子，袖长减袖头宽 6cm，袖山高为 $AH/2\times0.5$，以前后 $AH/2$ 的长确定前后袖肥，在前后 AH 的斜线上，通过辅助线画前后袖山弧线。

（2）确定袖口肥 20cm＋6cm 倒褶量，通过前后袖肥的 1/2 分割辅助线收袖口，取得正确的袖肥和袖口关系；袖开衩位置后袖肥 1/2 处后移 1cm，长 14cm。

（3）袖头宽 13.5cm，袖头长 22cm，双折袖头。

（4）画双翼领领子，总领宽 5cm 及前后领弧长画基础矩形，领前部起翘 1.5cm，延长 1.7cm，作垂线高度 2.5cm；修正上下领口弧线，上口设翼领高度 3.5cm，同时画好翼领折线。

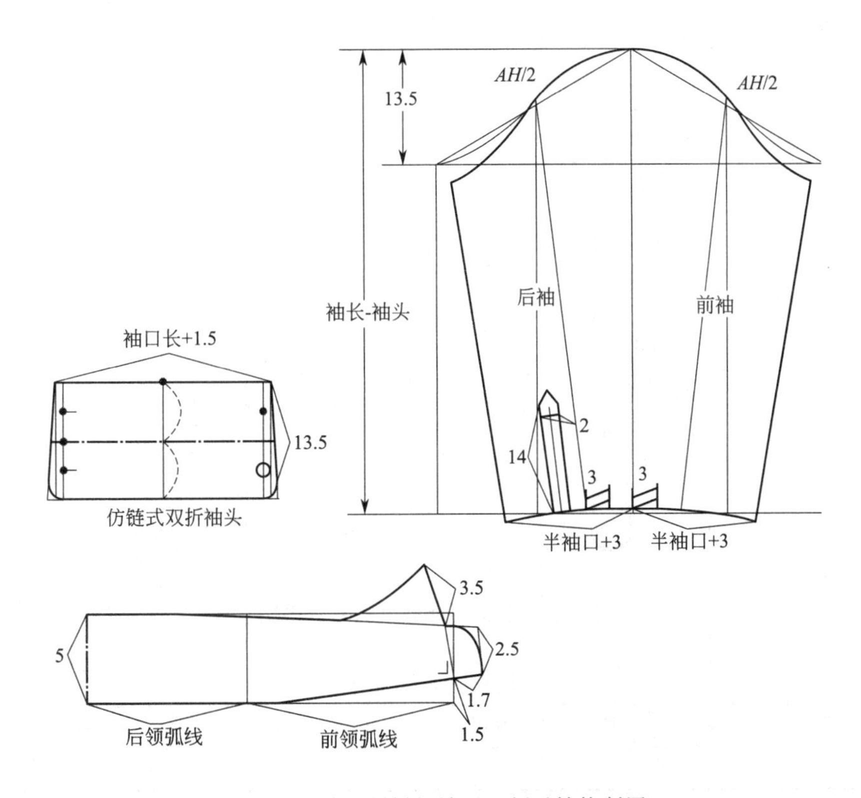

图 4-11　礼服男衬衫袖子、领子结构制图

第二节　正装翻领式女衬衫的结构特点与纸样设计

一、正装翻领式女衬衫纸样设计

（一）正装翻领式女衬衫效果图

正装翻领式女衬衫效果图如图 4-12 所示。

（二）成品规格

按国家号型 160/84A 确定，成品规格如表 4-4 所示。

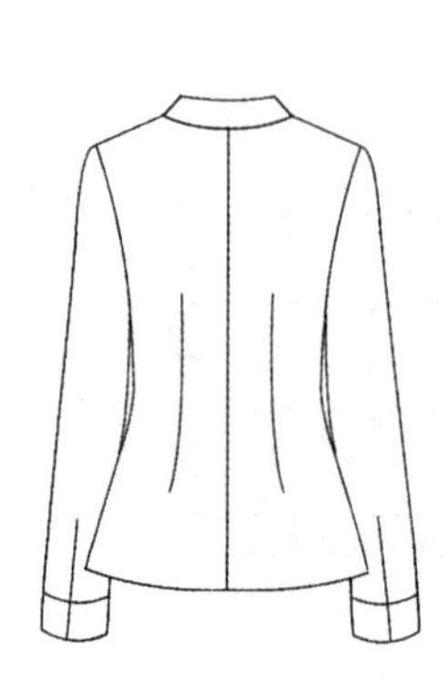

图 4-12 正装翻领式女衬衫效果图

表 4-4 成品规格

单位：cm

部位	后衣长	胸围	腰围	摆围	腰节	总肩宽	袖长	袖头长	袖头宽
尺寸	64	94	74	102	38	38	53.5	20	4

此款为正装翻领式女衬衫，胸腰差 20cm，在净胸围的基础上加放 10cm，净腰围加放 6cm，袖长在全臂长基础上加放 3cm，袖子采用收袖头的一片袖结构。可采用垂感较好的薄型棉、化纤等各类面料。

（三）制图步骤

1. 制图方法（采用原型裁剪法）

首先按照号型 160/84A 制作文化式女子新原型图，具体方法如前文化式女子新原型制图，然后依据原型制作纸样。

2. 正装翻领式女衬衫前后片结构制图方法（图 4-13）

（1）将原型的前后片画好，前后腰线置同一水平线。

（2）从原型后中心线画衣长线 64cm。

（3）原型胸围前后片为 $B/2+6$cm。

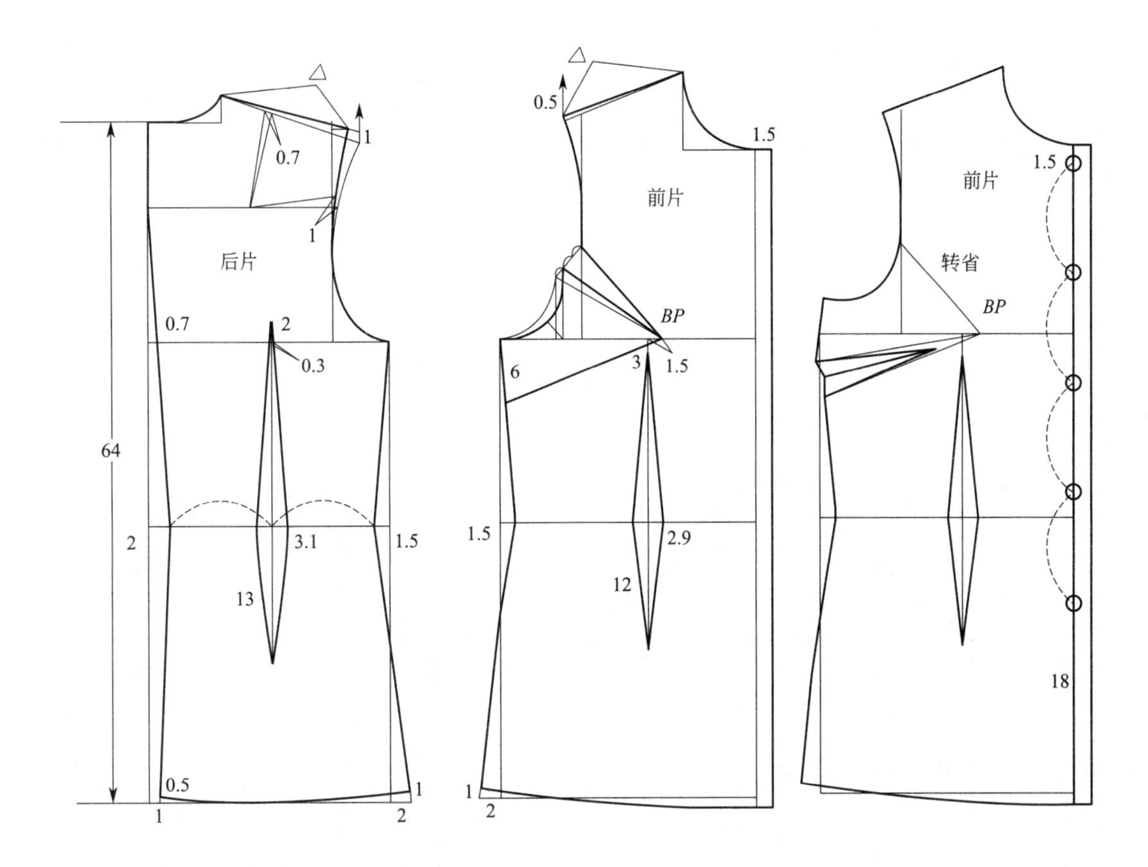

图 4-13 正装翻领式女衬衫前后片结构制图

（4）前后宽不动以保障符合成品尺寸。

（5）依据原型基础前后领宽不动。

（6）保留后肩省 0.7cm，剩余转移至后袖窿。

（7）后片根据款式在胸围线分别收掉 0.7cm 省量和 0.3cm 省量（成品胸围/2－1cm）保证成品胸围松量。

（8）制图中衣片，总省量/2 为 11cm，后片腰部分别收掉省量 2cm、3.1cm、1.5cm；前片腰部收省量 1.5cm，前中腰收省量 2.9cm。

（9）根据臀围尺寸适量放出侧缝摆量 2cm，后下摆中线放出 1cm，保障造型所需松量。

（10）将前衣片胸凸省的 1cm 转至袖窿以保证袖窿的活动需要，剩余省量转移至侧胁缝，设省塑胸。

（11）前肩点上移 0.5cm，以保障衣片肩斜线符合人体肩棱倾斜状态；前小肩依据后小肩尺寸减掉 0.7cm 确定。

（12）单排五枚扣，搭门宽 1.5cm。

3. 正装翻领式女衬衫袖子及领子结构制图（图 4-14）

（1）画袖子，袖长 53.5cm，袖山高为前后肩点至胸围线平均深度的 3/4 或 $AH/2\times0.6$；以前后 AH 的长确定前后袖肥，在前后 AH 的斜线上，通过辅助线画前后袖山弧线。

（2）袖长减掉 4cm 袖头宽，确定袖口肥，按 20cm＋6cm 缩褶量，通过前后袖肥的 1/2

分割辅助线收袖口，取得正确的袖肥和袖口关系，袖开衩 8cm 长。

（3）袖头宽 4cm，袖头长 20cm。

（4）画领子，总领宽 7cm，底领 3cm、翻领 4cm，依据翻领减底领宽除以总领宽再乘以 70°的计算公式；在前后领弧线的分割线展开 10°取得领翘，领尖 7.5cm，修正上下领口弧线；同时，画好领折线。

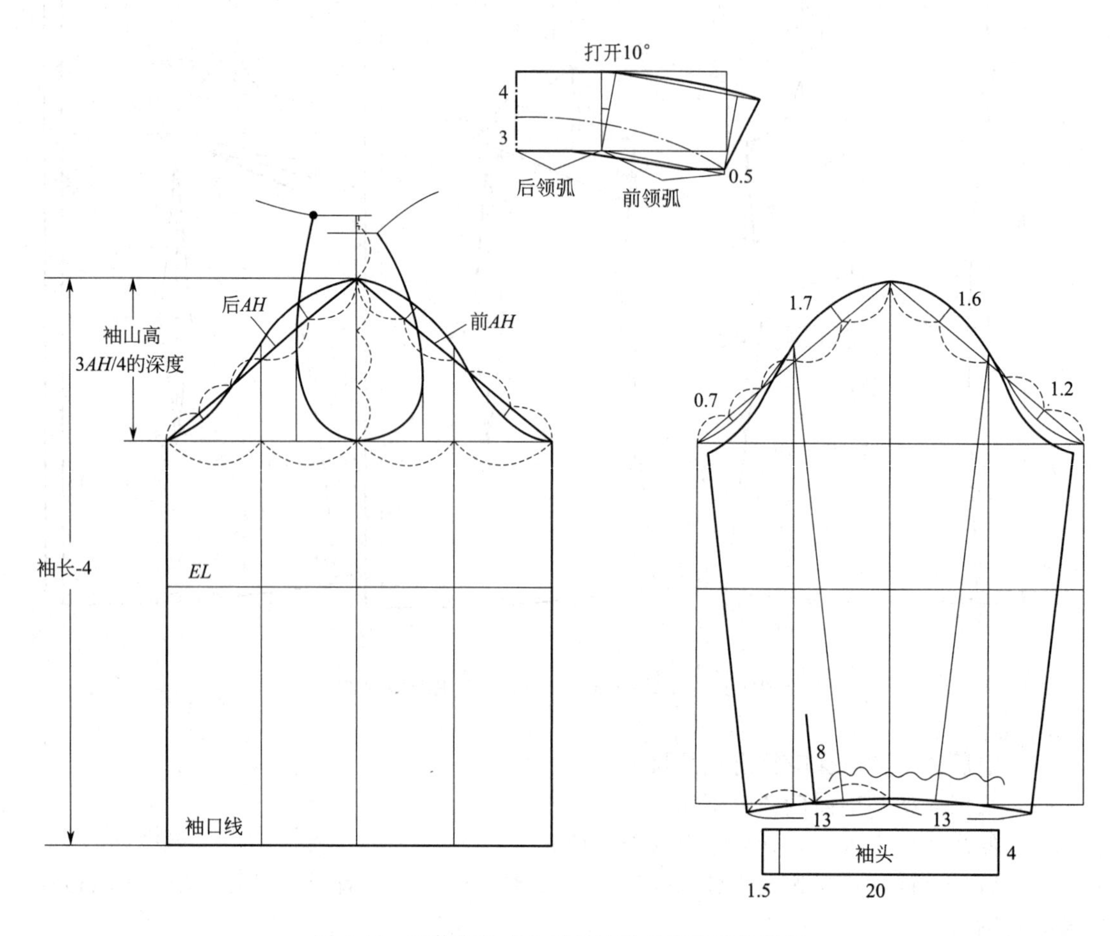

图 4-14　正装翻领式女衬衫袖子及领子结构制图

二、领口处缩褶式女长衬衫纸样设计

（一）领口处缩褶式女长衬衫效果图

领口处缩褶式女长衬衫效果图如图 4-15 所示。

（二）成品规格

按国家号型 160/84A 确定，成品规格如表 4-5 所示。

表 4-5　成品规格　　单位：cm

部位	衣长	胸围	腰围	总肩宽	下摆	基础袖长	袖口
尺寸	64	96	90	38	102	54	20

此款为时装女衬衫，胸腰差 6cm，在净胸围的基础上加放 12cm，净腰围加放 22cm，袖

图 4-15　领口处缩褶式女长衬衫效果图

长在全臂长基础上加放 3.5cm，袖子采用插肩袖结构。可采用垂感较好的薄型棉、丝、麻、化纤等各类面料。

（三）制图步骤

1. 制图方法（采用原型裁剪法）

首先按照号型 160/84A 制作文化式女子新原型图，具体方法如前文化式女子新原型制图，然后依据原型制作纸样。

2. 领口处缩褶式女长衬衫前后片基础结构制图（图 4-16）

（1）将原型的前后片画好，前后腰线置同一水平线。

（2）从原型后中心线画衣长线 64cm。

（3）原型胸围前后片为 $B/2+6$cm。

（4）前后宽不动以保障符合成品尺寸。

（5）依据原型基础前后领宽展开 1.5cm。

（6）保留后肩省 0.7cm，其余忽略。

（7）后片根据款式保证成品胸围松量不动。

（8）制图中衣片，总省量/2 为 3cm，前后片腰部各收 1.5cm 省。

（9）根据臀围尺寸适量放出侧缝摆量 1.5cm。

（10）将前衣片胸凸省的 1cm 转至袖窿以保证袖窿的活动需要，剩余省量转移至侧胁缝设省塑胸。

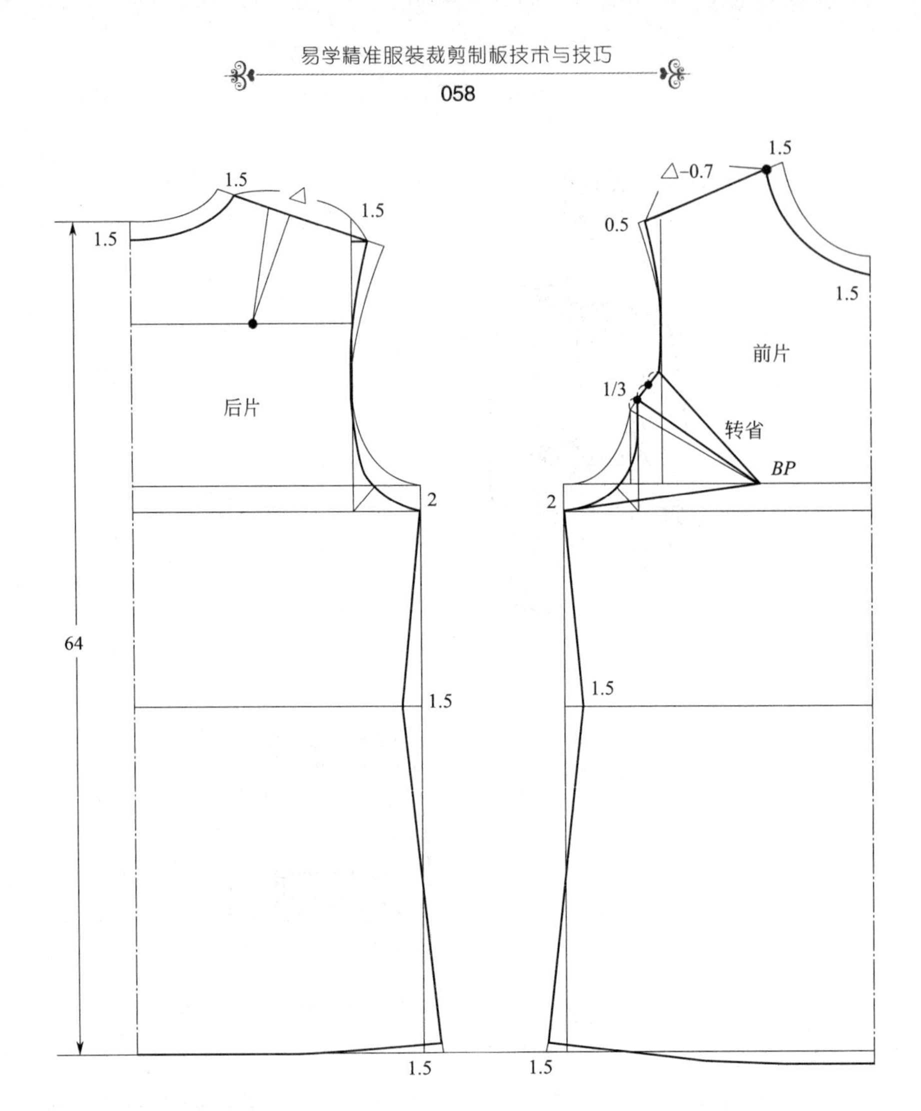

图 4-16　领口处缩褶式女长衬衫前后片基础结构制图

（11）前小肩依据后小肩尺寸减掉 0.7cm 确定。

3. 袖子及领口结构制图（图 4-17）

（1）画插肩袖，在前片肩端点画 10cm 的等腰直角三角形，在斜边的 1/2 处为基点画袖长 54cm−4cm，以前 AH 的 1/2 点从肩画斜线，其长为前 AH 长；以此终点作为袖中线的垂线确立袖山高及前袖肥。

（2）画直筒袖袖口缩褶至袖头，袖头宽 4cm、长 10cm。

（3）画前领口条宽 4cm，依据前宽垂线的 1/3 处，画插肩袖的分割线。

（4）在后片肩端点画 10cm 的等腰直角三角形，在斜边的 1/2 处为基点画袖长 54cm−4cm，以前袖山高尺寸定后袖山高，以后 AH 线长从肩点画斜线确立后袖肥；以此画直筒袖，袖口缩褶至袖头，袖头宽 4cm，长 10cm。后袖口设开衩长 6cm。

（5）画后领口条宽 4cm，依据后宽垂线的 1/3 处画插肩袖的分割线。

4. 确定领口前后缩褶完成结构制图（图 4-18）

（1）前片在袖子上部打开 5cm 左右的缩褶量。衣身片将侧缝的胸省转移至领口、前中线再展宽 5cm，全部作为缩褶量至前领口条处。

（2）后片在袖子上部打开 5cm 左右的缩褶量。后中线再展宽 5cm，全部作为缩褶量至后领口条处。

（3）后中上领条处设拉链开口。

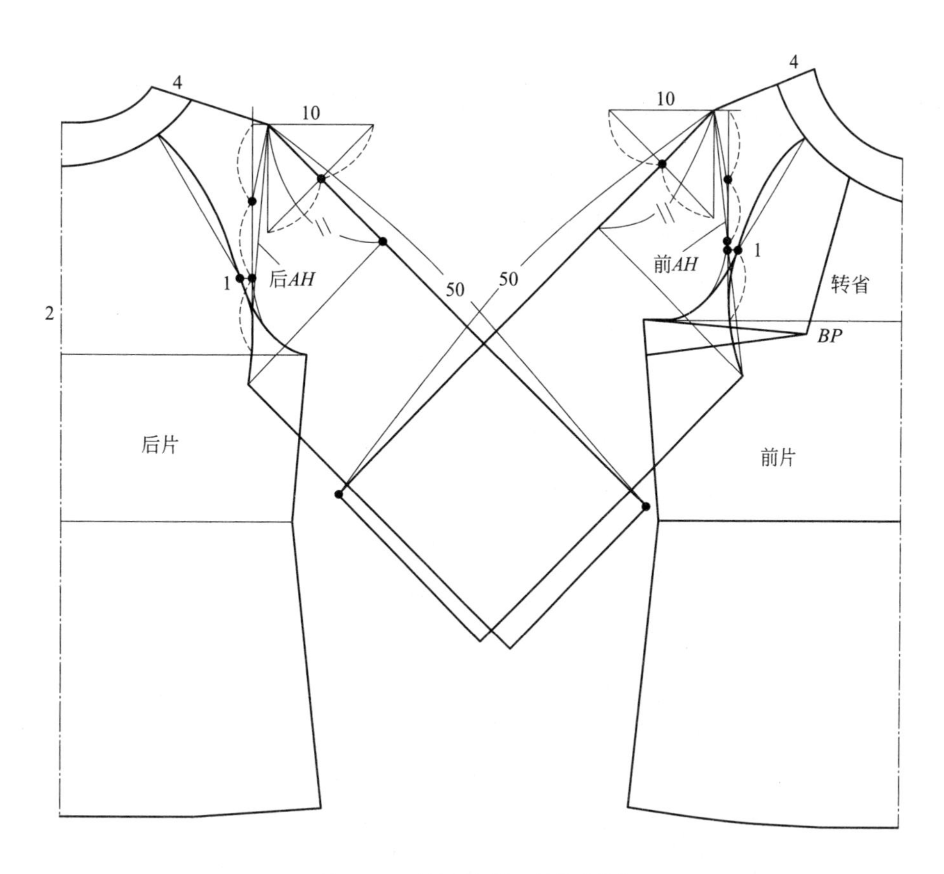

图 4-17　袖子及领口结构制图

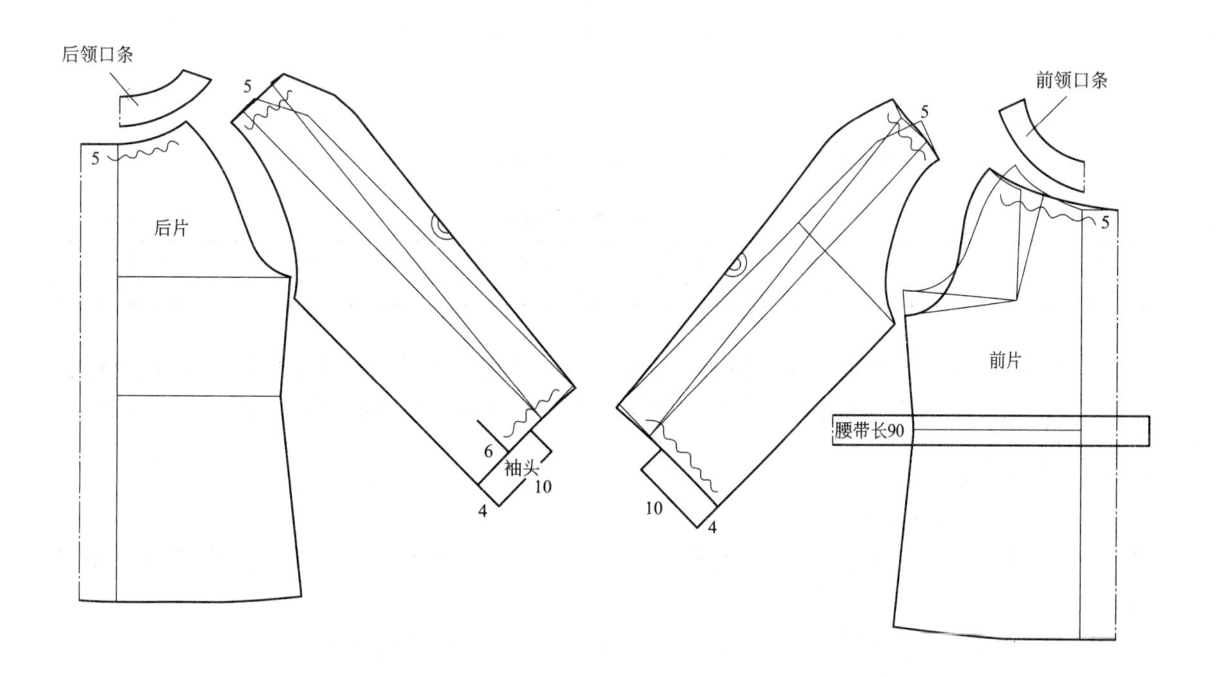

图 4-18　确定领口前后缩褶完成结构制图

（4）腰部设 5cm 宽、长 90cm 的腰带一条。

三、仿男式立领长袖头女长衬衫纸样设计

（一）仿男式立领长袖头女长衬衫效果图

仿男式立领长袖头女长衬衫效果图如图 4-19 所示。

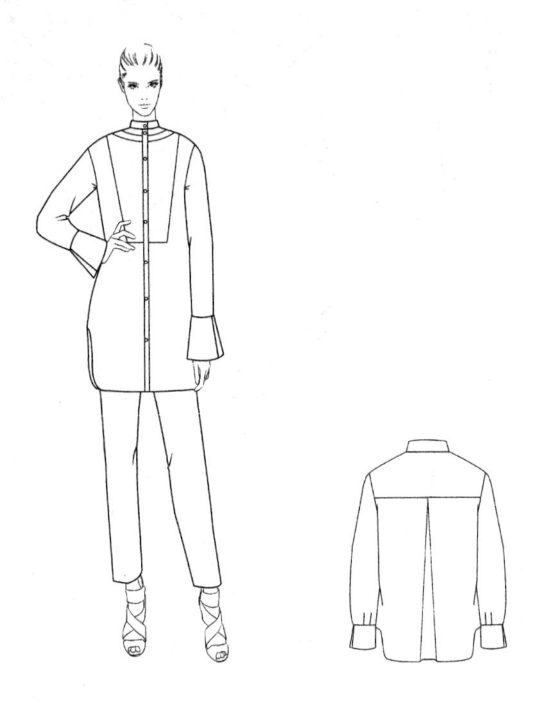

图 4-19 仿男式立领长袖头女长衬衫效果图

（二）成品规格

按国家号型 160/84A 确定，成品规格如表 4-6 所示。

表 4-6 成品规格 单位：cm

部位	衣长	胸围	总肩宽	下摆	袖长	袖口	袖头
尺寸	75	106	40.5	106	60	20	15

此款为仿男式立领长袖头女长衬衫，直身型在净胸围的基础上加放 22cm，袖长在全臂长 50.5cm 的基础上加放 5.5cm，袖头较长。可采用垂感较好的薄型棉、丝、麻、化纤等各类面料。

（三）制图步骤

1. 制图方法（采用原型裁剪法）

首先按照号型 160/84A 制作文化式女子新原型图，具体方法如前文化式女子新原型制图，然后依据原型制作纸样。

2. 仿男式立领长袖头女长衬衫前后片结构制图（图 4-20，图 4-21）

（1）将原型的前后片画好，腰线置同一水平线。

（2）从原型后中心线画衣长线 75cm。

（3）原型胸围前后片为 $B/2+6$cm，再加放 5cm；前后宽各再加放 1.25cm，胸围线再挖

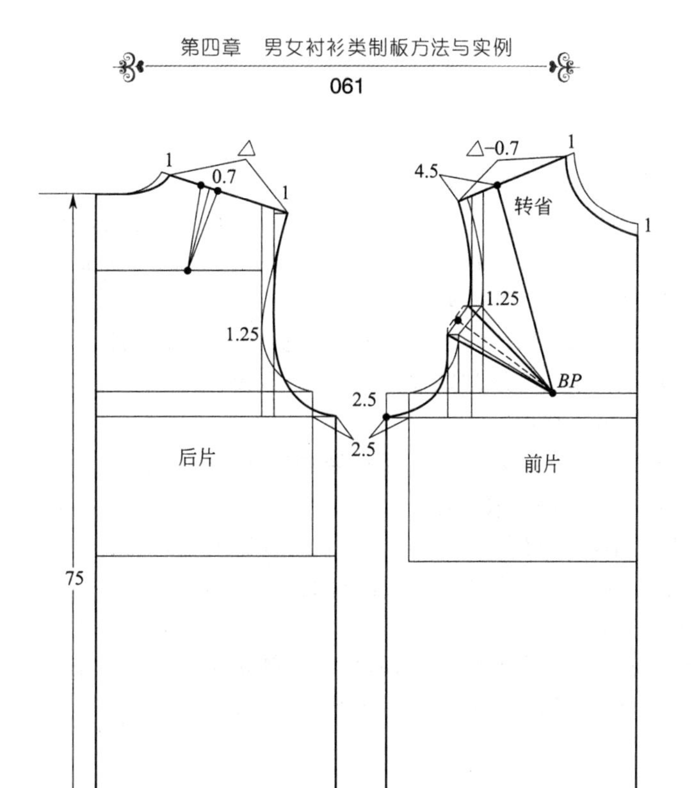

图 4-20　仿男式立领长袖头女长衬衫前后片结构制图（一）

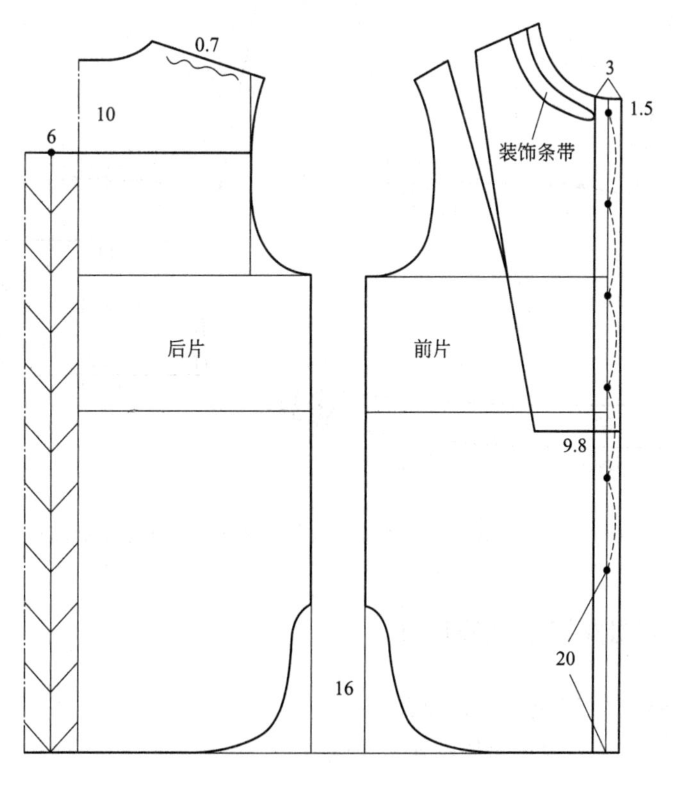

图 4-21　仿男式立领长袖头女长衬衫前后片结构制图（二）

深 2.5cm。

（4）依据原型基础前后领宽展开 1cm。

（5）后片保留后肩省 0.7cm，其余忽略；冲肩 1cm 确定尖端点，修正后袖窿弧线。

（6）前片袖窿省量修正后，其中 1/2 放置袖窿作为松量；确立前小肩斜线长后，在前小肩斜线 4.5cm 处设转省位置并将胸省转至肩部。

（7）后片领口下 10cm 处设育克线，后中线展宽 6cm 作为褶裥，下摆画圆摆。

（8）前片以省位画前胸款式分割线至腰节下 2.5cm，距前中止口 9.8cm，搭门 1.5cm；明门襟 3cm 宽，设 6 粒扣，圆摆。

3. 仿男式立领长袖头女长衬衫袖子及领子结构制图（图 4-22）

（1）袖长减袖头 15cm，画袖长 45cm。

（2）袖山高采用中袖山 $AH/2\times0.5$；取得袖肥后先画直筒袖。

（3）通过前后袖肥的 1/2 基础线收前后袖口肥，1/2 袖口尺寸再各加 4cm 袖口倒褶；开衩 10cm。画袖头宽 20cm，高 15cm。

（4）领子先根据前后领口弧线长及立领高 3cm 画矩形基础形，前端起翘 1.5cm；同时，延长出搭门宽 1.5cm，作垂线高 2cm，修顺领子上下口弧线造型。

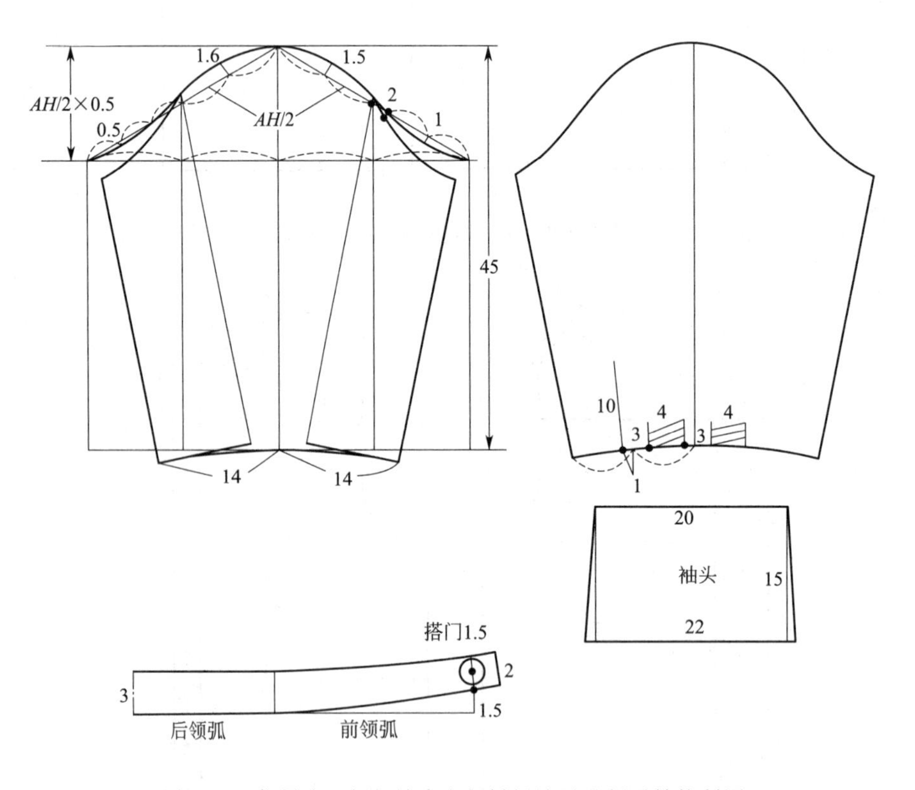

图 4-22　仿男式立领长袖头女长衬衫袖子及领子结构制图

四、立翻领胸褶宽松女衬衫纸样设计

（一）立翻领胸褶宽松女衬衫效果图

立翻领胸褶宽松女衬衫效果图如图 4-23 所示。

图 4-23　立翻领胸褶宽松女衬衫效果图

（二）成品规格

按国家号型 160/84A 确定，成品规格如表 4-7 所示。

表 4-7　成品规格　　单位：cm

部位	衣长	胸围	总肩宽	下摆	袖长	袖口	袖头
尺寸	69	100	38.5	98	54	21	5

此款为立翻领胸褶宽松女衬衫，直身型在净胸围的基础上加放 16cm，袖长在全臂长 50.5cm 基础上加放 3.5cm，前胸缩褶后片育克下设有倒褶。可采用垂感较好的薄型棉、丝、麻、化纤等各类面料。

（三）制图步骤

1. 立翻领胸褶宽松女衬衫前后片结构制图（图 4-24）

（1）将原型的前后片画好，腰线置同一水平线。

（2）从原型后中心线画衣长线 69cm。

（3）原型胸围前后片为 $B/2+6$cm，再加放 2cm；前后宽各再加放 0.5cm，胸围线再挖深 1.5cm。

（4）依据原型基础前后领宽展开 0.5cm。

（5）后片保留后肩省 0.7cm，其余忽略。冲肩 1.5cm 确定尖端点，修正后袖窿弧线。

（6）后中线下 10cm 设育克分割线，下部放出 4cm 倒褶量。

（7）前片袖窿省量修正后，其中 1/2 放置袖窿作为松量；以后小肩减 0.7cm 修正前小肩斜线长。前领深下 4.5cm 处设育克分割线，将 1/2 胸省转移至分割线缩褶塑胸部。

（8）在前领口画立翻领，底领 3cm、翻领 4cm、领翘 3.5cm、领尖 7cm。

2. 立翻领胸褶宽松女衬衫袖子结构制图（图 4-25）

（1）袖长减袖头 5cm，画袖长 49cm。

（2）袖山高采用中袖山 $AH/2\times0.5$，取得袖肥后先画直筒袖。

（3）通过前后袖肥的 1/2 基础线收前后袖口肥，1/2 袖口尺寸再各加 3cm 袖口倒褶，开衩 12cm；画袖头宽 21cm，高 5cm。

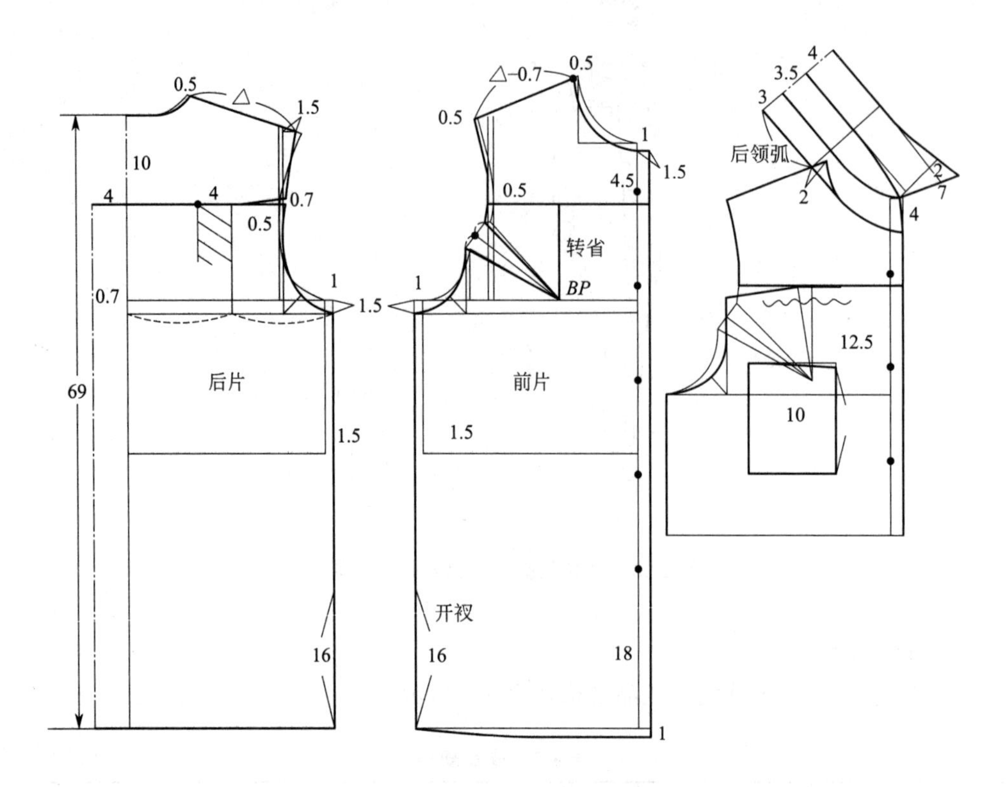

图 4-24　立翻领胸褶宽松女衬衫前后片结构制图

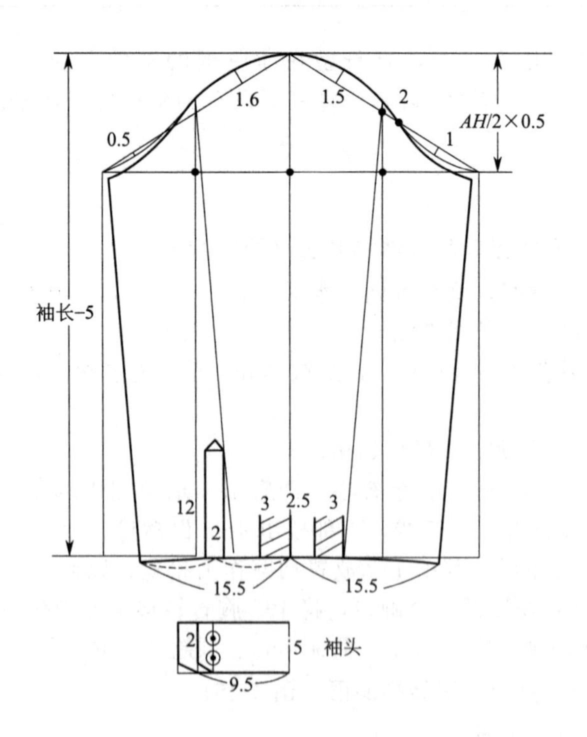

图 4-25　立翻领胸褶宽松女衬衫袖子结构制图

五、连袖式女短袖衬衫纸样设计

（一）连袖式女短袖衬衫效果图

连袖式女短袖衬衫效果图如图 4-26 所示。

图 4-26　连袖式女短袖衬衫效果图

（二）成品规格

按国家号型 160/84A 确定，成品规格如表 4-8 所示。

表 4-8　成品规格　　单位：cm

部位	衣长	胸围	总肩宽	腰围	袖长
尺寸	60	91	38	74	12.5

此款为连袖式女短袖衬衫，在净胸围的基础上加放 17cm，前后片腰部收倒褶，立领。可采用垂感较好的薄型棉、丝、麻、化纤等各类面料。

（三）制图步骤。

1. 制图方法（采用原型裁剪法）

首先按照号型 160/84A 制作文化式女子新原型图，具体方法如前文化式女子新原型制图，然后依据原型制作纸样。

2. 连袖式女短袖衬衫前后片及立领结构制图（图 4-27）

（1）将原型的前后片画好，腰线置同一水平线。

（2）从原型后中心线画衣长线 60cm。

（3）原型胸围前后片为 $B/2+6$cm，再加放 2.5cm；胸围线再挖深 3cm，展宽 5cm。

（4）依据原型基础前后领宽展开 1cm。

（5）原型前后肩端点上抬 1cm，后冲肩 1.5cm，确立小肩宽后加长 12.5cm 以确立袖长，然后与胸围线延长的 5cm 连接画袖口。

（6）腰部收倒褶省，后片两省各 2.5cm，前片两省共 3.5cm。

（7）前片下摆加长 12cm 画尖摆，前后下摆侧缝各放 3.5cm 摆。

（8）立领高 2.8cm 上口抱脖，前端起翘 1.5cm，画顺领上下口弧线。

（9）搭门宽 2cm，设 7 粒扣。

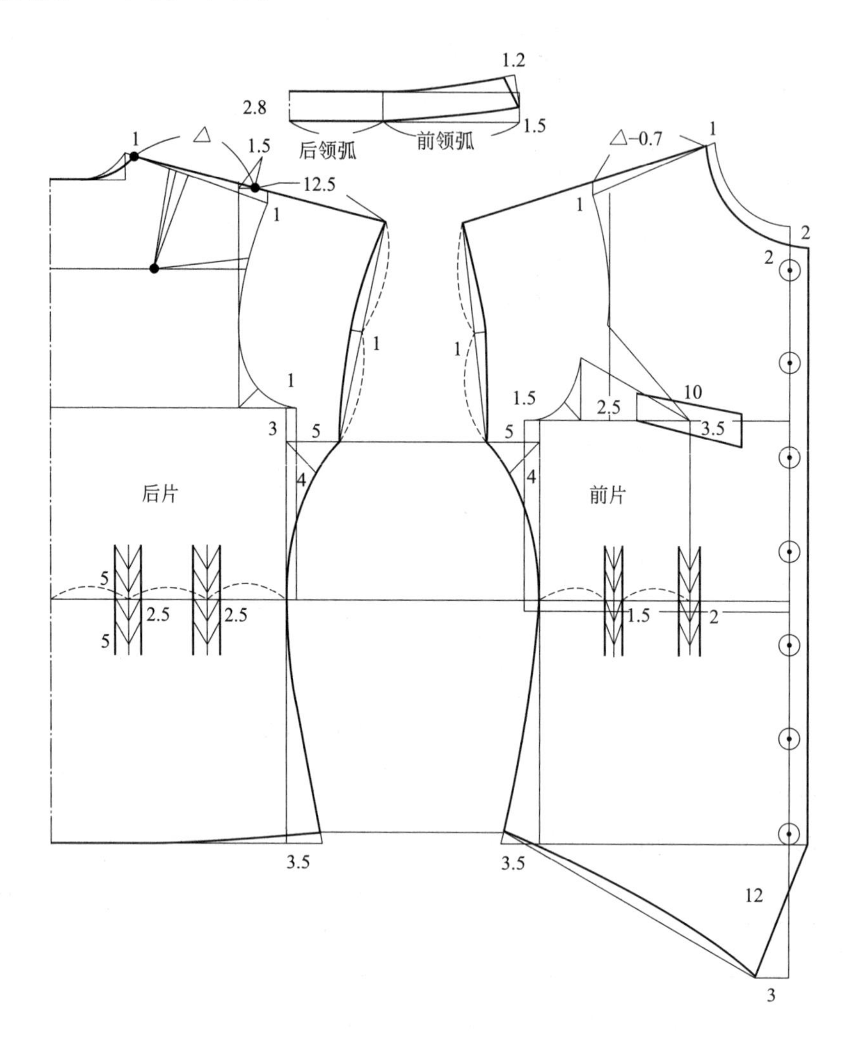

图 4-27 连袖式女短袖衬衫前后片及立领结构制图

第五章

男女上衣制板方法与实例

第一节　男上衣纸样设计

一、双排六枚扣戗驳领男西服纸样设计

（一）双排六枚扣戗驳领男西服效果图

双排六枚扣戗驳领男西服效果图如图 5-1 所示。

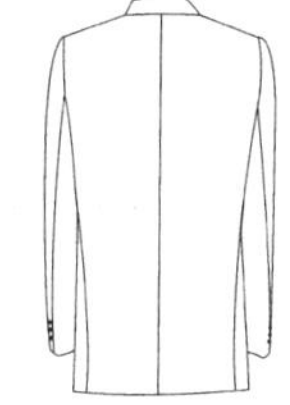

图 5-1　双排六枚扣戗驳领男西服效果图

（二）成品规格

按国家号型 170/88A 确定，成品规格如表 5-1 所示。

表 5-1　成品规格　　单位：cm

部位	衣长	胸围	腰围	臀围	背长	总肩宽	袖长	袖口	领大（衬衫）
尺寸	76	110	94	102	44	45.7	58.5	15.5	40

双排六枚扣戗驳领男西服是男士正式场合穿着的正装西服，可以更加突显男人倒梯形体型的特征；在净胸围的基础上加放 20～22cm，净腰围加放 16～18cm，净臀围加放 10～12cm。与标准衬衫配合穿着，为取得较好的西服领大，在成品规格中设计了标准衬衫领大 40cm（颈根围加放 2cm）。

（三）制图步骤

制图步骤如图 5-2 所示。

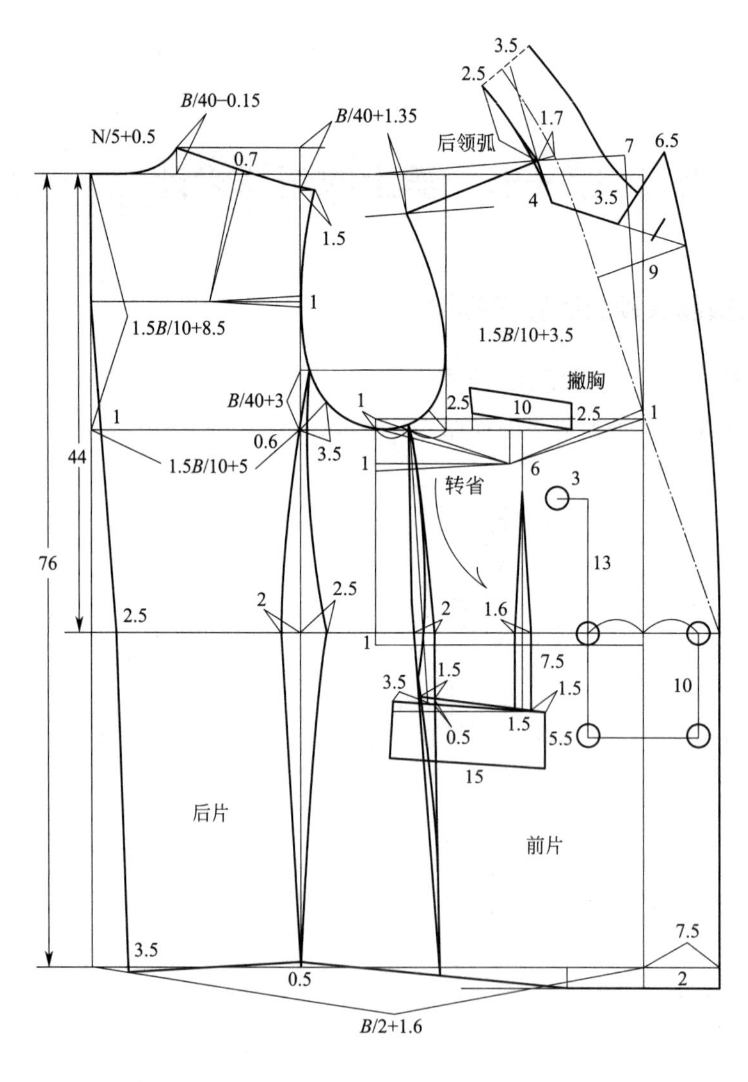

图 5-2　双排六枚扣戗驳领男西服结构制图

1. 采用比例法三开身衣片制图

（1）画后中线，按后衣长尺寸画纵向线，上下画平行线。

（2）以 $B/2+1.6$cm（省）画横向围度宽。

（3）画腰节长（从上平线向下的长度）。尺寸计算公式为衣长/2＋6cm，以此长度画腰围水平线。

（4）袖窿深，其尺寸计算公式为 $1.5B/10+8.5$cm，据此画胸围水平线。

（5）后背宽，其尺寸计算公式为 $1.5B/10+(4.5\sim5)$cm。

（6）画背宽垂线，同时后背宽横线为袖窿深的1/2，画水平线。

（7）前胸宽，其尺寸计算公式为 $1.5B/10+3.5$cm，画前胸宽垂线。

（8）前中线做撇胸处理，以袖窿谷点（$B/4$）为基准，将前胸围及中线向上倾倒，在前胸围中线抬起 2cm 呈垂线，上平线同时抬起 2cm 并作出垂线。

（9）画后领宽线，其尺寸计算公式为基本领围（衬衫领大）/5＋0.5cm。

（10）画后领深线，其尺寸计算公式为 $B/40-0.15$cm，画后领窝弧线。

（11）画后落肩线，其尺寸计算公式为 $B/40+1.35$cm（包括垫肩量 1.5cm 左右）；后冲肩量为 1.5cm；以此确定后肩端点。

（12）画前领宽线，同后领宽，从撇胸线上画起。

（13）画前落肩线，其尺寸计算公式为 $B/40+1.35$cm（包括垫肩量 1.5cm 左右）。

（14）画前小肩斜线，量取后小肩斜线实际长度，减 0.7cm 省量，从前颈侧点开始交至前落肩线。

（15）从胸围线向上画后袖窿与前袖窿弧的辅线，尺寸计算公式为 $B/40+3$cm。

（16）画后袖窿弧线，从后肩端点开始画弧线，与后背横宽线点自然相切；过袖窿弧辅助点及后角平分 3.5cm 至袖窿谷点。

（17）画前袖窿弧，从前肩端点开始与袖窿弧辅助线相切过前角平分线 2.5cm 至袖窿谷点。

（18）画后中缝线，胸围线收 1cm，腰部收 2.5cm，下摆收 3.5cm。

（19）画腋下后片侧缝线，中腰收省 2cm。

（20）画腋下前片侧缝线，中腰收省 2.5cm。

（21）画前止口线，搭门宽 7.5cm。

（22）画前下摆止口辅助线，下摆下移 2cm，从后侧缝画下摆线。

（23）从腰节画双排扣间距 10cm。

（24）确定前大口袋位置，为前胸宽的 1/2、腰节向下 7.5cm。

（25）口袋长 15cm，后端起翘 1cm 作垂线，画袋盖高度 5.5cm。

（26）确定腋下省中线位置，上端点为袖窿谷点到前宽线的 1/2，下端点为袋盖后端点进 3.5cm，两端点连线。

（27）画腋下省前片分割线，按腰部收省量 2cm 均分后的位置点，从上端点开始自然圆顺画线至腰部后再垂直于下摆平行线。

（28）画腋下片分割线，从上端点开始自然圆顺画线至腰省位后，再向前倾斜与前片分割线相交于下摆线。

（29）从前袋口进 1.5cm 处画前片中腰省 1.5cm，垂直向上腰部 1.6cm 省，省尖距胸围线 6cm，肚省 0.5cm 修正画腋下片分割线。

（30）确定上驳口位底领宽的 2/3 为 1.7cm，小肩斜线从前颈侧点顺延 1.7cm 为上驳口位。

（31）画驳口线，连接上驳口位至下驳口位（即上扣位）。

（32）画前领口线平行于驳口线，长 4cm。

（33）前领深 10cm，确定串线位置，确定驳领宽 8.5cm，画戗驳领尖长 6.5cm，领尖 3.5cm。

（34）画领子，前衣片颈侧点顺延向上，其长为后领口弧线长；将此线倒伏 20°后，画后领宽线 6cm，其底领 2.5cm，翻领 3.5cm，设驳领宽 4cm，领尖 3.5cm，然后画顺领外口弧线，同时修正领下口弧线。

（35）距离前宽垂线横行 2.5cm，参照胸围线画船头形手巾袋，高 2.5cm，长 10cm，起翘 1.5cm，相交于胸围线。

（36）依据驳领设插花眼 2.5cm 长。

2. 双排六枚扣戗驳领男西服袖子基础结构制图（图 5-3）

（1）按袖长尺寸，画上下平行线。

（2）袖肘长度计算公式为袖长/2+5cm，画袖肘线。

（3）袖山高尺寸计算公式为 $AH/2\times0.7$ 或参照前后袖窿平均深度的 5/6［即前肩端点至胸围线的垂线长加后肩端点至胸围线的垂线长的（1/2）×（5/6）］。两种公式所形成的袖山高与袖窿圆高哪个越接近，越符合结构设计的合理性。

（4）以 $AH/2$ 从袖山高点画斜线交于袖肥基础线来确定实际袖肥量。此线与袖肥线形成

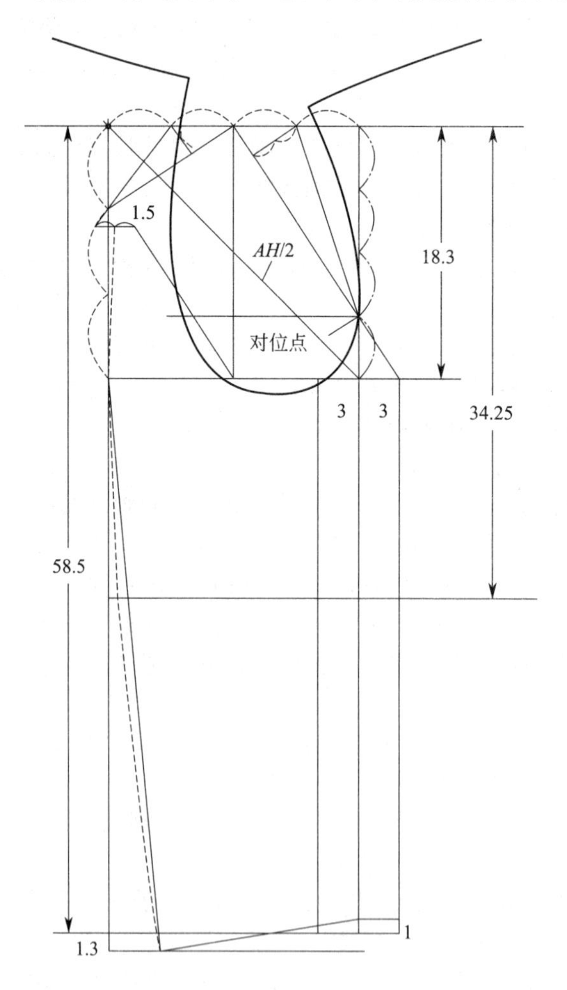

图 5-3　双排六枚扣戗驳领男西服袖子基础结构制图

的夹角约 45°。

（5）画大袖前缝线（辅助线），由前袖肥前移 3cm。

（6）画小袖前缝线，由前袖肥后移 3cm。

（7）将前袖山高分为 4 等分作为辅助点。

（8）在上平线上将袖肥分为 4 等分作为辅助点。

（9）将后袖山高分为 3 等分作为辅助点。

（10）在后袖山高 2/3 处点平行向里进大小袖互借 1.5cm，画小袖弧辅助线。

（11）从下平线下移 1.3cm 处画平行线。

（12）在大袖前缝线上提 1cm，前袖肥中线上提 1cm，两点相连，再从中线点画袖口长 15cm 线交于下平行线。

（13）连接后袖肥点与袖口后端点。

3. 双排六枚扣戗驳领男西服袖子结构完成线（图 5-4）

（1）按辅助线画前袖山弧线。前袖山高分为 4 等分的下 1/4 辅助点为绱袖对位点。

（2）按辅助线画后袖山弧线。上平线袖山高中点前移 0.5～1cm 为绱袖时与肩点的对位点。

（3）前袖肘处进 1cm，画大袖前袖缝弧线。

（4）按辅助线画后袖缝弧线，袖开叉长 10cm，宽 4cm。

（5）前袖肘处进 1cm，画小袖前袖缝弧线。

（6）按辅助线将小袖山弧线画顺。

（7）袖开叉长 10cm，宽 4cm。

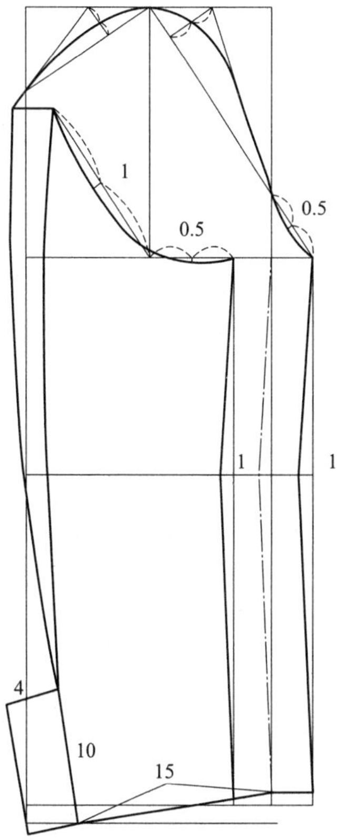

图 5-4　双排六枚扣戗驳领男西服袖子结构完成线

二、腰下双排扣休闲男西服纸样设计

（一）腰下双排扣休闲男西服效果图

腰下双排扣休闲男西服效果图如图 5-5 所示。

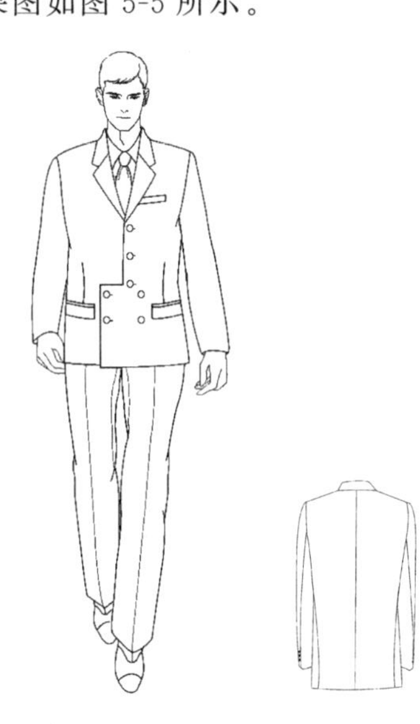

图 5-5　腰下双排扣休闲男西服效果图

（二）成品规格

按国家号型 170/88A 确定，成品规格如表 5-2 所示。

表 5-2　成品规格　　单位：cm

部位	衣长	胸围	总肩宽	腰围	袖长	袖口	领大	腰节
尺寸	76	106	44.5	90	58.5	15	40	44

此款是依据双排扣休闲男西服结构变化款，是男士非正式场合穿着的休闲西装，可在净胸围的基础上加放 18cm，净腰围加放 16cm，净臀围加放 10cm。与标准衬衫配合穿着，为取得较好的西服领大，在成品规格中设计了标准衬衫领大 40cm（颈根围加放 2cm）。

（三）制图步骤

1. 腰下双排扣休闲男西服采用比例法三开身衣片基础制图（图 5-6）

（1）画后中线，按后衣长尺寸画纵向线、上下画平行线。

（2）以 $B/2+1.6$cm（省）画横向围度宽。

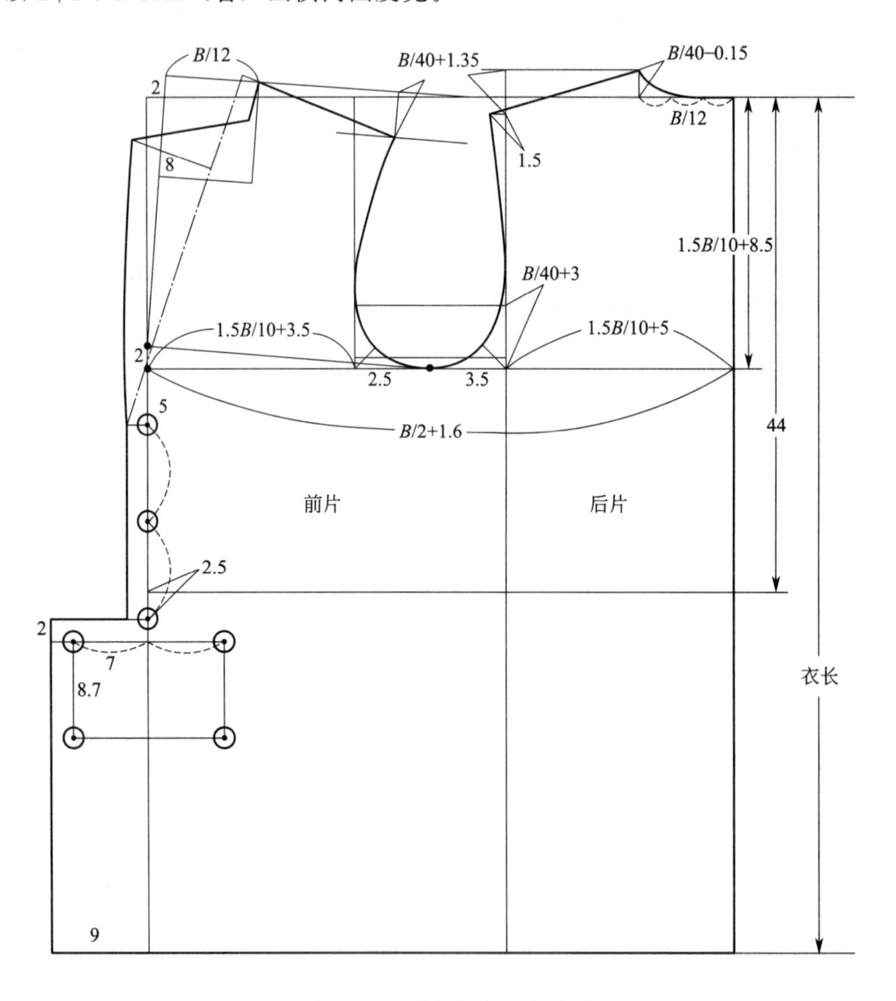

图 5-6　三开身衣片基础制图

（3）画腰节长，从上平线向下的长度。尺寸计算公式为衣长/2＋6cm，以此长度画腰围水平线。

（4）袖窿深，其尺寸计算公式为 1.5B/10＋8.5cm，据此画胸围水平线。

（5）后背宽，其尺寸计算公式为 1.5B/10＋5cm。

（6）画背宽垂线，同时后背宽横线为袖窿深的 1/2，画水平线。

（7）前胸宽，其尺寸计算公式为 1.5B/10＋3.5cm，画前胸宽垂线。

（8）前中线做撇胸处理，以袖窿谷点 B/4 为基准，将前胸围及中线向上倾倒，在前胸围中线抬起 2cm 呈垂线，上平线同时抬起 2cm 并作出垂线。

（9）画后领宽线，其尺寸计算公式为基本领围（衬衫领大）/5＋0.5cm，或 B/12 决定后领宽。

（10）画后领深线，其尺寸计算公式为 B/40－0.15cm，画后领窝弧线。

（11）画后落肩线，其尺寸计算公式为 B/40＋1.35cm（包括垫肩量 1.5cm 左右）。后冲肩量为 1.5cm，以此确定后肩端点。

（12）画前领宽线，同后领宽，从撇胸线上画起。

（13）画前落肩线，其尺寸计算公式为 B/40＋1.35cm（包括垫肩量 1.5cm 左右）。

（14）画前小肩斜线，量取后小肩斜线实际长度，减 0.7cm 省量，从前颈侧点开始交至前落肩线。

（15）从胸围线向上画后袖窿与前袖窿弧的辅线，尺寸计算公式为 B/40＋3cm。

（16）画后袖窿弧线，从后肩端点开始画弧线，与后背横宽线点自然相切，过袖窿弧辅助点及后角平分线 3.5cm 至袖窿谷点。

（17）画前袖窿弧，从前肩端点开始与袖窿弧辅助线相切，过前角平分线 2.5cm 至袖窿谷点。

（18）画前止口搭门宽 2cm 至腰节线下 2.5cm 止，设单排扣，其下部设双排扣搭门宽 9cm 至下摆。

（19）前上止口搭门宽 2cm 部分，从胸围线下 5cm 处设三枚扣，其下部设双排四枚扣。

（20）确定上驳口位底领宽的 2/3 为 1.7cm，前颈侧点顺延 1.7cm 为上驳口位。

（21）画驳口线，连接上驳口位至下驳口位（即上扣位）。

（22）画前领口线平行于驳口线，长 3.5cm。

（23）上平线下 5cm，确定串线位置；确定驳领宽 8cm，画驳领止口弧线。

2. 腰下双排扣休闲男西服采用比例法三开身衣片完成线制图（图 5-7）

（1）根据 1/2 胸腰差收省，画后中缝胸围线收 1cm，腰部收 2.5cm，下摆收 4cm。

（2）画腋下后片侧缝线，中腰收省 2cm。

（3）画腋下前片侧缝线，中腰收省 2.5cm。

（4）画前下摆止口辅助线，下摆下移 1.5cm，从后侧缝画下摆线。

（5）确定前大口袋位置，为前胸宽的 1/2、腰节向下 7.5cm。

（6）口袋长 15cm，后端起翘 1cm 作垂线，画袋盖高度 5.5cm。

（7）确定腋下省中线位置，上端点为袖窿谷点到前宽线的 1/2，下端点为袋盖后端点进 3.5cm，两端点连线。

（8）画腋下省前片分割线，按腰部收省量 2cm，均分后的位置点，从上端点开始自然圆顺画线至腰部后再垂直于下摆平行线。

（9）画腋下片分割线，从上端点开始自然圆顺画线至腰省位后，再向前倾斜与前片分割线相交于下摆线。

（10）从前袋口进 1.5cm 处画前片中腰省 1.5cm，垂直向上腰部 1.6cm 省，省尖距胸围线 5cm，肚省 0.5cm 修正画腋下片分割线。

（11）确定上驳口位底领宽的 2/3 为 1.7cm，小肩线从前颈侧点顺延 1.7cm 为上驳口位。

（12）画驳口线，连接上驳口位至下驳口位（即上扣位）。

（13）画前领口线平行于驳口线，长 3cm。

（14）前领深 4cm，确定串口线位置；确定驳领宽 8cm，画平驳领尖长 4cm，领尖 3cm。

（15）画领子，前衣片颈侧点顺延向上，其长为后领口弧线长；将此线倒伏 20°后，作出垂线，画后领宽线 6cm；其底领 2.5cm，翻领 3.5cm，然后画顺领外口弧线；同时，修正领下口弧线。

（16）距离前宽垂线横向 2.5cm，参照胸围线画船头形手巾袋高 2.5cm、长 10cm，起翘 1.5cm 相交于胸围线。依据平驳领与串口平行设插花眼 2.5cm 长。

（17）注意：以上纸样制作为左衣片，右衣片下部止口顺直画即可。

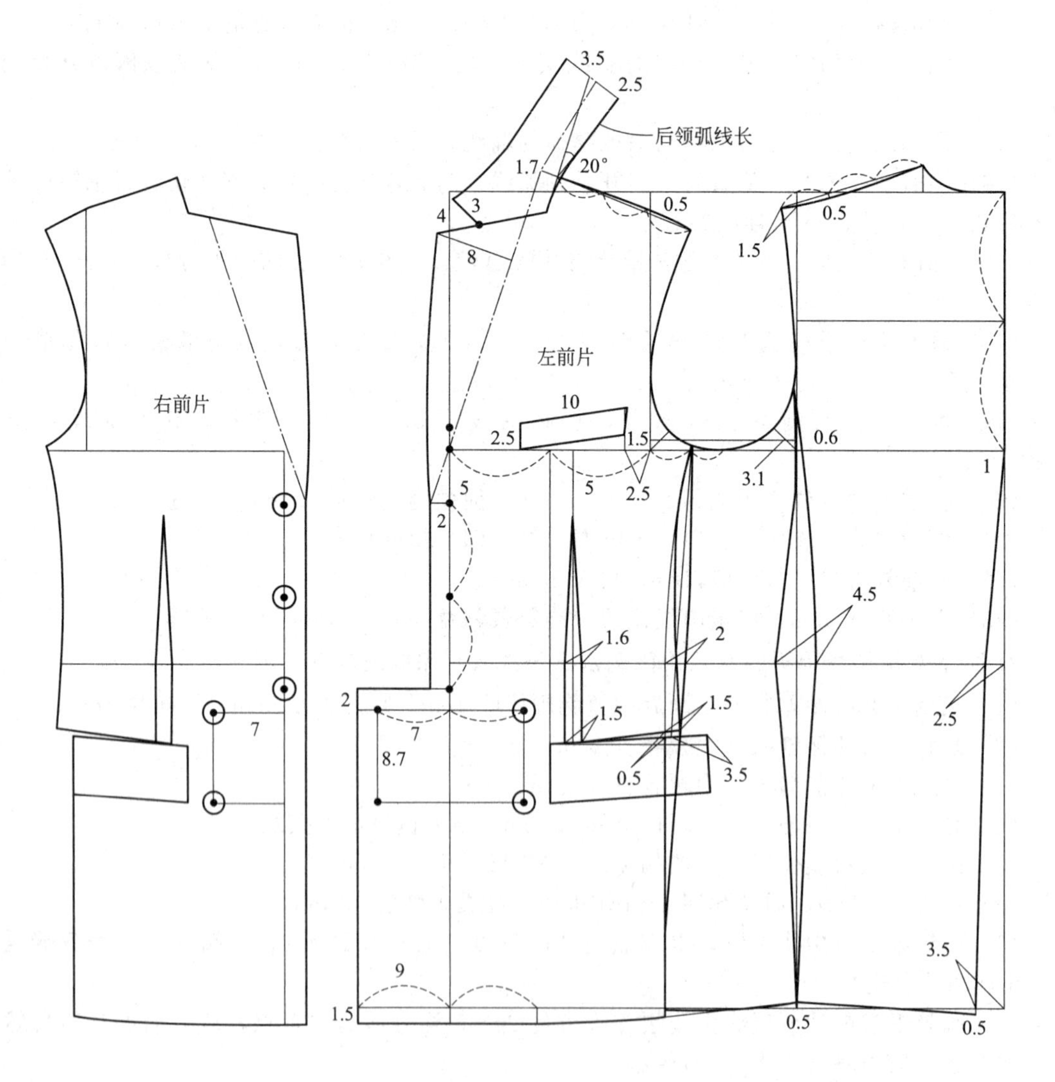

图 5-7　三开身衣片完成线制图

3. 腰下双排扣休闲男西服袖子结构制图（图 5-8）

袖子采用两片袖子结构，具体制图步骤方法请参照双排六枚扣戗驳领男西服袖子结构制图。

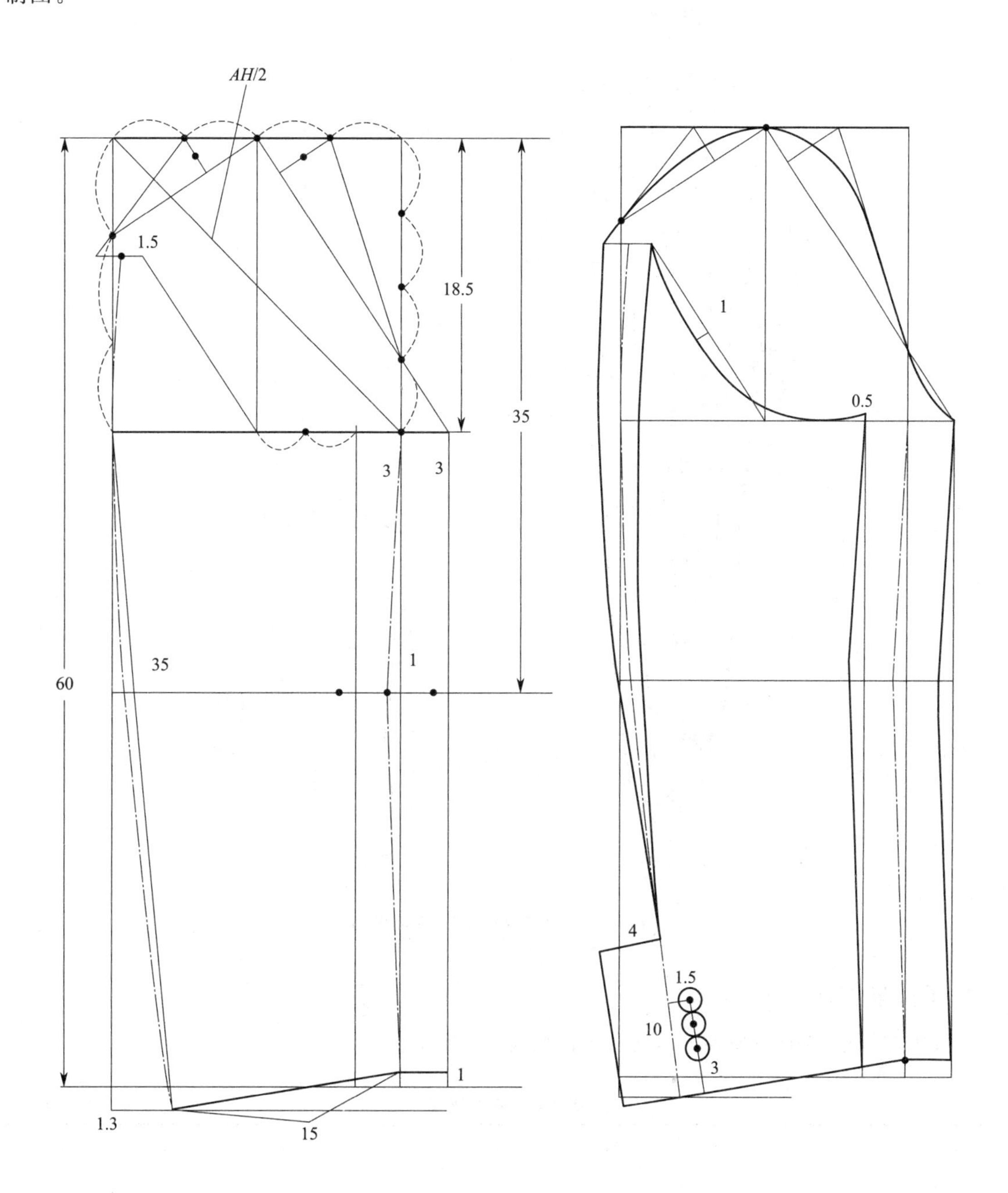

图 5-8　腰下双排扣休闲男西服袖子结构制图

三、贴口袋休闲男西服纸样设计

（一）贴口袋休闲男西服效果图

贴口袋休闲男西服效果图如图 5-9 所示。

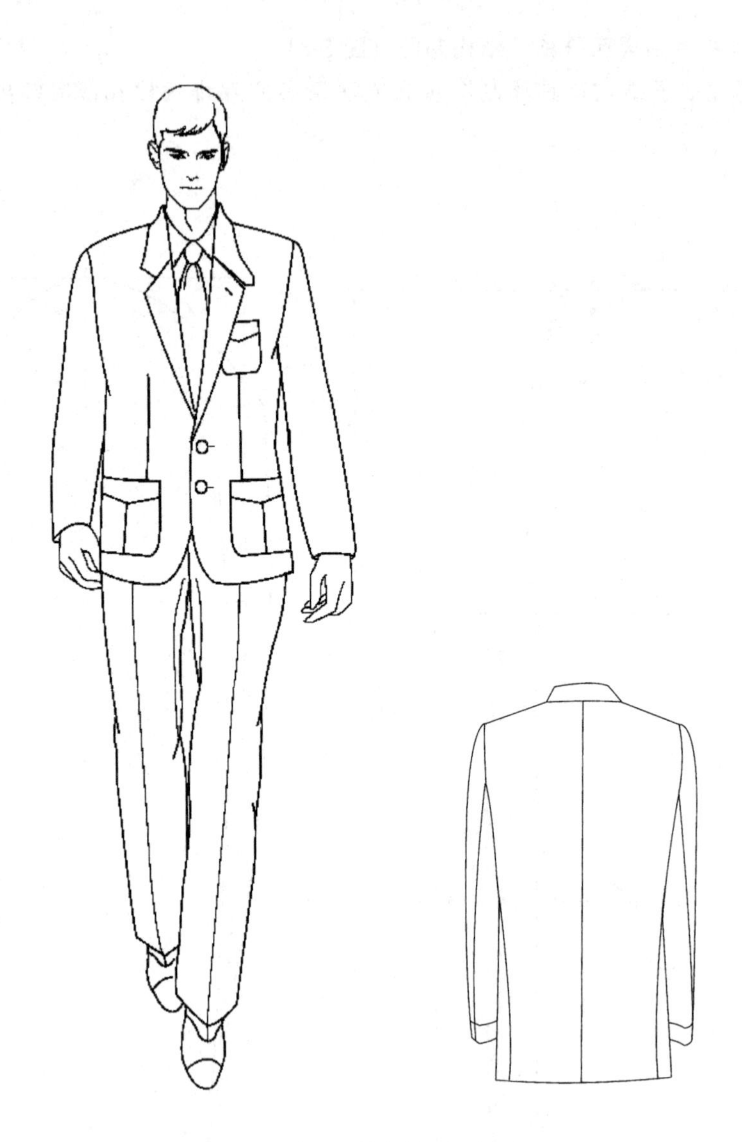

图 5-9 贴口袋休闲男西服效果图

（二）成品规格

按国家号型 170/88A 确定，成品规格如表 5-3 所示。

表 5-3 成品规格 单位：cm

部位	衣长	胸围	总肩宽	腰围	臀围	袖长	袖口	腰节
尺寸	76	106	44.5	90	98	58.5	15	44

此款贴口袋休闲男西服是单排扣男西服结构变化款，是男士非正式场合穿着的休闲装，可在净胸围的基础上加放 18cm，净腰围加放 16cm，净臀围加放 10cm。与标准衬衫配合穿着，为取得较好的西服领大，在成品规格中设计了标准衬衫领大 40cm（颈根围加放 2cm）。可以采用棉、麻、丝、毛质、化纤等面料制作。

（三）制图步骤

1. 贴口袋单排扣休闲男西服采用比例法三开身衣片结构制图（图 5-10）

（1）画后中线，按后衣长尺寸画纵向线、上下画平行线。

（2）以 $B/2+1.6$cm（省），画横向围度宽。

（3）画腰节长，从上平线向下的长度。尺寸计算公式为衣长/2＋6cm，以此长度画腰围。水平线。

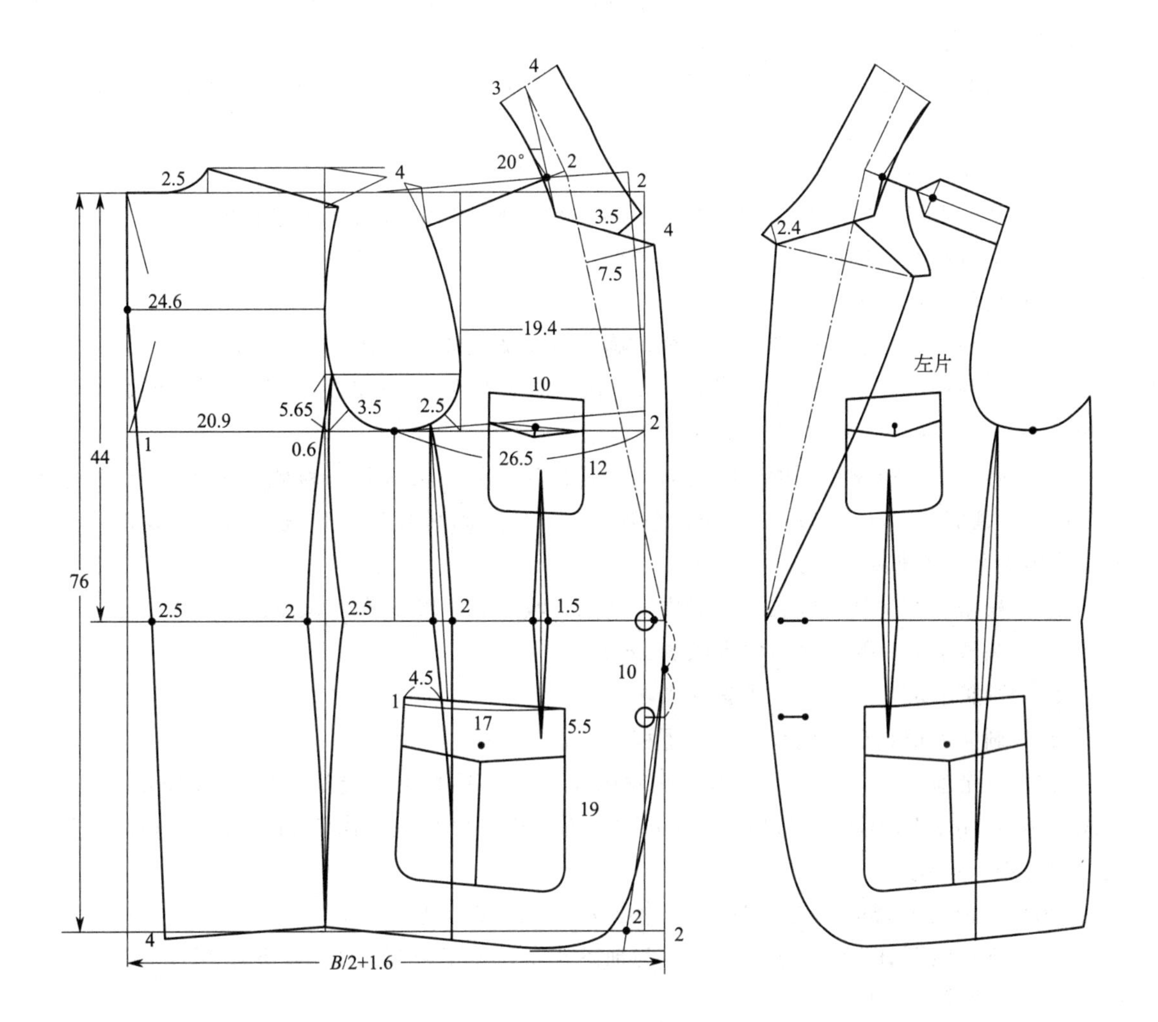

图 5-10　三开身衣片结构制图（一）

（4）袖窿深，其尺寸计算公式为 $1.5B/10+8.5$cm，据此画胸围水平线。

（5）后背宽，其尺寸计算公式为 $1.5B/10+5$cm。

（6）画背宽垂线，同时后背宽横线为袖窿深的 1/2 画水平线。

（7）前胸宽，其尺寸计算公式为 $1.5B/10+3.5$cm，画前胸宽垂线。

（8）前中线做撇胸处理，以袖窿谷点 $B/4$ 为基准，将前胸围及中线向上倾倒；在前胸围中线抬起 2cm 呈垂线，上平线同时抬起 2cm 并作出垂线。

（9）画后领宽线，其尺寸计算公式为 $B/12$。

（10）画后领深线，其尺寸计算公式为 $B/40-0.15$cm，画后领窝弧线。

（11）画后落肩线，其尺寸计算公式为 $B/40+1.35$cm（包括垫肩量 1.5cm 左右）。后冲肩量为 1.5cm，以此确定后肩端点。

（12）画前领宽线，同后领宽，从撇胸线上画起。

（13）画前落肩线，其尺寸计算公式为 $B/40+1.35$cm（包括垫肩量 1.5cm 左右）。

（14）画前小肩斜线，量取后小肩斜线实际长度，减 0.7cm 省量；从前颈侧点开始交至前落肩线。

（15）从胸围线向上画后袖窿与前袖窿弧的辅线，尺寸计算公式为 $B/40+3$cm。

（16）画后袖窿弧线，从后肩端点开始画弧线，与后背横宽线点自然相切；过袖窿弧辅助点及后角平分线 3.5cm 至袖窿谷点。

（17）画前袖窿弧，从前肩端点开始与袖窿弧辅助线相切过前角平分线 2.5cm 至袖窿谷点。

（18）画前止口搭门宽 2cm 设单排两枚扣。

（19）确定上驳口位底领宽的 2/3 为 2cm，前颈侧点顺延 2cm 为上驳口位。

（20）画驳口线，连接上驳口位至下驳口位（即上扣位）。

（21）画前领口线平行于驳口线，长 3.5cm。

（22）上平线下 6cm，确定串线位置，确定驳领宽 7.5cm，画驳领止口弧线。

（23）画平驳领驳尖长 4cm，领尖 3.5cm。左衣片领尖与串口等长前端三角宽 2.4cm 左右。

（24）画领子，前衣片颈侧点顺延向上，其长为后领口弧线长，将此线倒伏 20°后，作出垂线；画后领宽线 7cm，其底领 3cm，翻领 4cm，然后画顺领外口弧线；同时，修正领下口弧线；领尖左右为非对称形式。

（25）根据 1/2 胸腰差收省，画后中缝胸围线收 1cm，腰部收 2.5cm，下摆收 4cm。

（26）画腋下后片侧缝线，中腰收省 2cm。

（27）画腋下前片侧缝线，中腰收省 2.5cm。

（28）画前下摆止口辅助线，下摆下移 2cm，画圆摆。

（29）确定前大贴口袋位置，为前胸宽的 1/2cm，距下摆弧线基本平行上 4cm，袋口高 19cm，长 17cm，圆角造型；设袋盖 5cm 宽，胸部设小贴口袋，高 12cm，长 10cm，圆角造型，设袋盖 4cm 宽。

（30）口袋长 17cm，后端起翘 1cm 作出垂线，画袋盖高度 5.5cm。

（31）确定腋下省中线位置，上端点为袖窿谷点到前宽袋线的 1/2，下端点为袋盖后端点进 4.5cm，两端点连线。

（32）画腋下省前片分割线，按腰部收省量 2cm 均分后的位置点，从上端点开始自然圆顺画线至腰部后再垂直于下摆平行线。

（33）画腋下片分割线，从上端点开始自然圆顺画线至腰省位后，再向前倾斜与前片分割线相交于下摆线。

（34）从前袋口进 1.5cm 处画前片中腰省 1.5cm，省尖距胸围线 5cm。

（35）画肩袢宽 5cm，长 10cm。

2. 贴口袋休闲西服袖子结构制图（图 5-11）

袖子采用两片袖子结构，具体制图步骤方法请参照双排六枚扣戗驳领男西服袖子制图。袖口设有翻贴边宽 7cm。

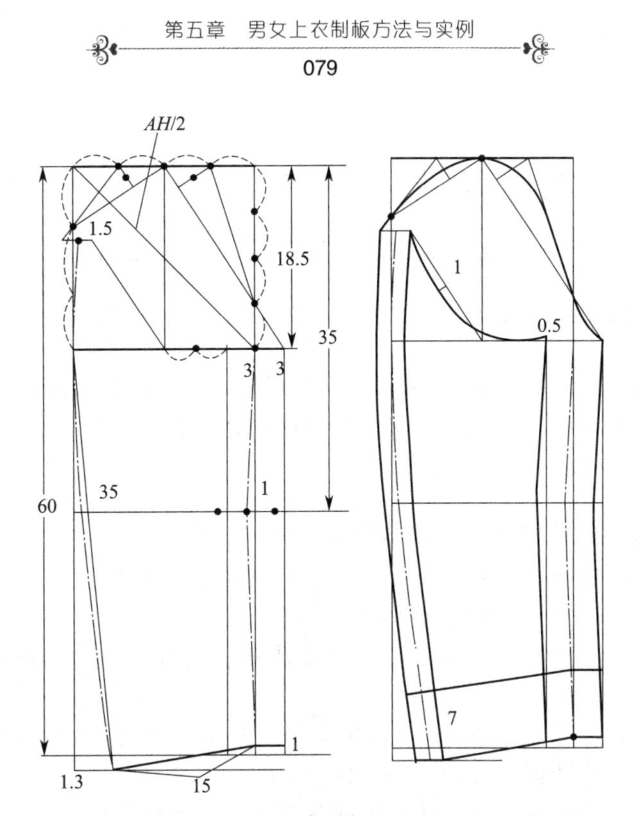

图 5-11　贴口袋休闲男西服袖子结构制图

四、中山装纸样设计

（一）中山装效果图

中山装效果图如图 5-12 所示。

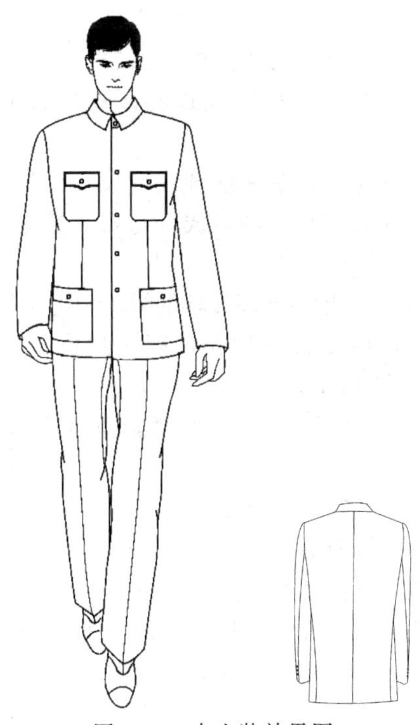

图 5-12　中山装效果图

（二）成品规格

按国家号型 170/88A 确定，成品规格如表 5-4 所示。

表 5-4　成品规格　　单位：cm

部位	衣长	胸围	总肩宽	腰围	臀围	袖长	袖口	腰节
尺寸	76	106	44.5	93	103	58.5	15	44

此款中山装是男士正式场合穿着的服装，可在净胸围的基础上加放 18～20cm，净腰围加放 19～20cm，净臀围加放 13～14cm。与标准衬衫配合穿着，可以采用毛料及化纤面料制作。

（三）制图步骤

1. 中山装采用比例法三开身衣片结构制图（图 5-13）

（1）画后中线，按后衣长尺寸画纵向线、上下画平行线。

（2）以 $B/2+3.1$cm（省）画横向围度宽。

（3）画腰节长，从上平线向下的长度。尺寸计算公式为衣长/2＋6cm，以此长度画腰围水平线。

（4）后袖窿深，其尺寸计算公式为 $1.5B/10+8.5$cm，据此画胸围水平线。

（5）后背宽，其尺寸计算公式为 $1.5B/10+5$cm。

（6）画背宽垂线，同时画后背宽横线为袖窿深的 1/2 画水平线。

（7）前胸宽，其尺寸计算公式为 $1.5B/10+3.5$cm，画前胸宽垂线。

（8）前中线做撇胸处理，中线倾倒撇 2cm，上平线同时抬起 1cm 并作出垂线；画前领深 8.5cm，前领口宽 $B/12-0.5$cm。

（9）画后领宽线，其尺寸计算公式为 $B/12-0.5$cm。

（10）画后领深线，其尺寸计算公式为 $B/40-0.15$cm，画后领窝弧线。

（11）画后落肩线，其尺寸计算公式为 $B/40+1.35$cm（包括垫肩量 1.5cm 左右）。后冲肩量为 1.5cm，以此确定后肩端点。

（12）画前落肩线，其尺寸计算公式为 $B/40+1.85$cm（包括垫肩量 1.5cm 左右）。

（13）画前小肩斜线，量取后小肩斜线实际长度，减 0.7cm 省量，从前颈侧点开始交至前落肩线。

（14）从胸围线向上画后袖窿与前袖窿弧的辅线，尺寸计算公式为 $B/40+3$cm。

（15）画后袖窿弧线，从后肩端点开始画弧线，与后背横宽线点自然相切；过袖窿弧辅助点及后角平分线 3.5cm 至袖窿谷点。

（16）画前袖窿弧，从前肩端点开始与袖窿弧辅助线相切过前角平分线 2.5cm 至袖窿谷点。

（17）画前止口搭门宽 2cm，设单排五枚扣，第一扣位领深下 2cm，最下扣位与下袋口平；平分五枚扣，第二扣位与上袋口平。

（18）根据 1/2 胸腰差 9.6cm 收省，画后中缝胸围线收 1cm，腰部收 2.5cm，下摆收 4.5cm。后中线连裁。

（19）画腋下后片侧缝线，中腰收省 2cm。

（20）画腋下前片侧缝线，中腰收省 2.5cm。

（21）画前下摆止口辅助线，下摆下移 2cm，画直摆。

（22）确定前下大口袋位置，为前胸宽的 1/2cm，距下摆弧线基本平行上 4cm，袋口高 21cm，长 17cm，直角风琴造型；设袋盖 5.7cm 宽，胸部设小贴口袋，高 14cm，长 11cm，圆角造型，设袋盖 4.5cm 宽。

（23）确定腋下省中线位置，上端点为袖窿谷点到前宽袋线的 1/2，设有 1.5cm 袖窿底省；以省中心为上端起点，下端点为袋盖后端点进 4.5cm，两端点连线。

（24）画腋下省按腰部收省量 1.6cm 均分后，从上端点开始画省线至袋口下 5cm。

（25）从前袋口进 1.5cm 处画前片中腰省 1cm，上部省尖位置参照上贴袋的 1/2 距胸围线 5cm。

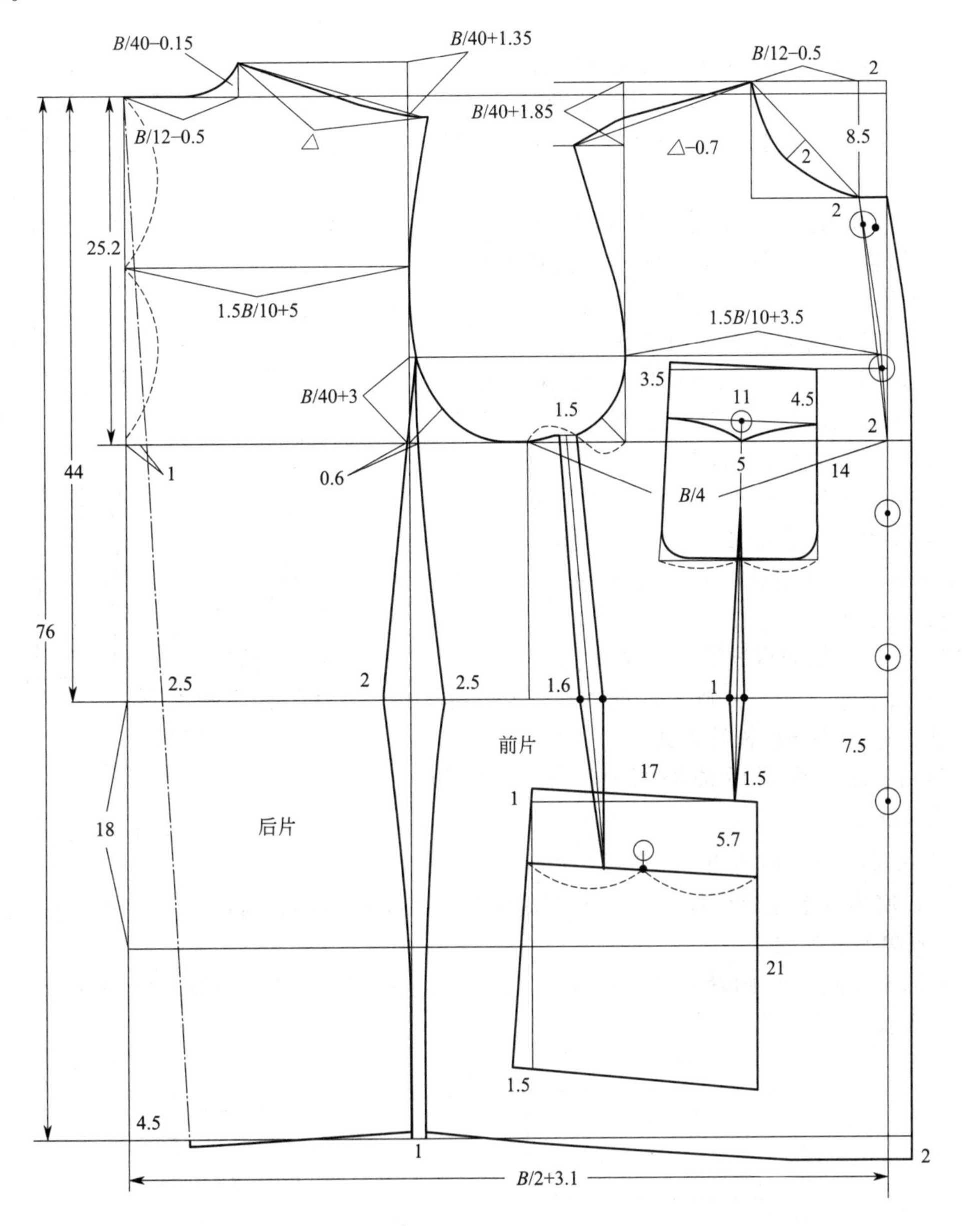

图 5-13　三开身衣片结构制图（二）

2. 中山装袖子结构制图（图 5-14）

（1）按袖长尺寸，画上下平行线。

（2）袖肘长度计算公式为袖长/2＋5cm，画袖肘线。

（3）袖山高尺寸计算公式为 $AH/2\times0.7$ 或参照前后袖窿平均深度的 5/6［即前肩端点至胸围线的垂线长加后肩端点至胸围线的垂线长的（1/2）×（5/6）］。两种公式所形成的袖山高与袖窿圆高哪个越接近，越符合结构设计的合理性。

（4）以 $AH/2$ 从袖山高点画斜线交于袖肥基础线来确定实际袖肥尺寸。此线与袖肥线形成的夹角约 45°。

（5）画大袖前缝线（辅助线），由前袖肥前移 3cm。

（6）画小袖前缝线，由前袖肥后移 3cm。

（7）将前袖山高分为 4 等分作为辅助点。

（8）在上平线上将袖肥分为 4 等分作为辅助点。

（9）将后袖山高分为 3 等分作为辅助点。

（10）按辅助线画前大袖山弧线。前袖山高分为 4 等分的下 1/4 辅助点为绱袖对位点。

（11）按辅助线画后大袖山弧线。上平线袖山高中点前移 0.5～1cm 为绱袖时与肩点的对位点。

（12）在后袖山高 2/3 处点平行向里进大小袖互借 1.5cm，画小袖弧辅助线。

（13）从下平线下移 1.3cm 处画平行线。

（14）在大袖下前缝线上提 1cm，前袖肥下中线上提 1cm，两点相连，再从中线点画袖口长 15cm 线交于下平行线。

（15）连接后袖肥点与袖口后端点。

（16）大袖肘处进 1cm 画大袖前袖缝弧线。小袖肘处进 1cm 画小袖前袖缝弧线。

（17）按辅助线画后袖缝弧线，袖开叉长 10cm，宽 4cm。

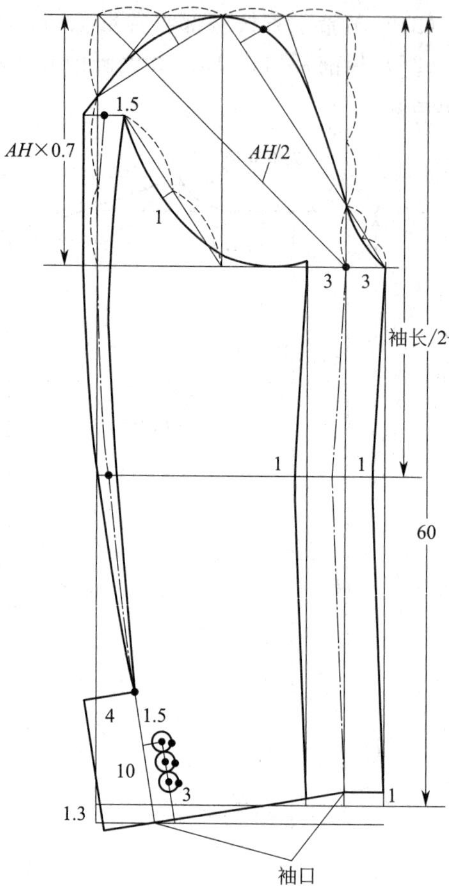

图 5-14　中山装袖子结构制图

3. 中山装领子结构制图（图 5-15）

（1）以底领（下盘领）宽 3.3cm 和前后领口弧线长画矩形，前端点起翘 2.5cm，前端高 2.5cm，画顺上下弧线。

（2）后中起翘 4cm 画翻领（上盘领），宽 4cm；前端对准底领前端，领尖 5.5cm，画顺翻领上下弧线。

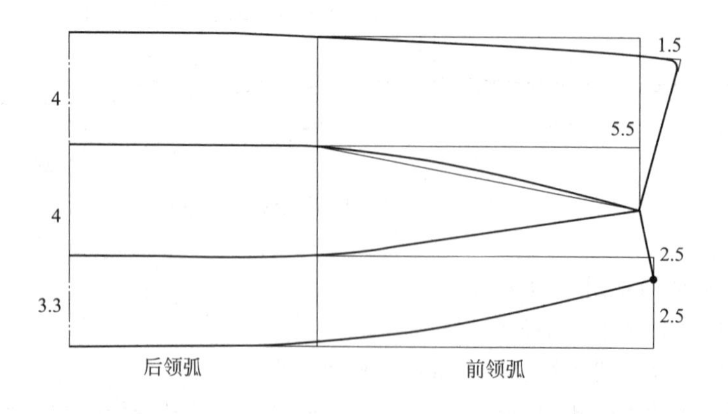

图 5-15　中山装领子结构制图

五、男新中式服纸样设计

（一）男新中式服效果图

男新中式服效果图如图 5-16 所示。

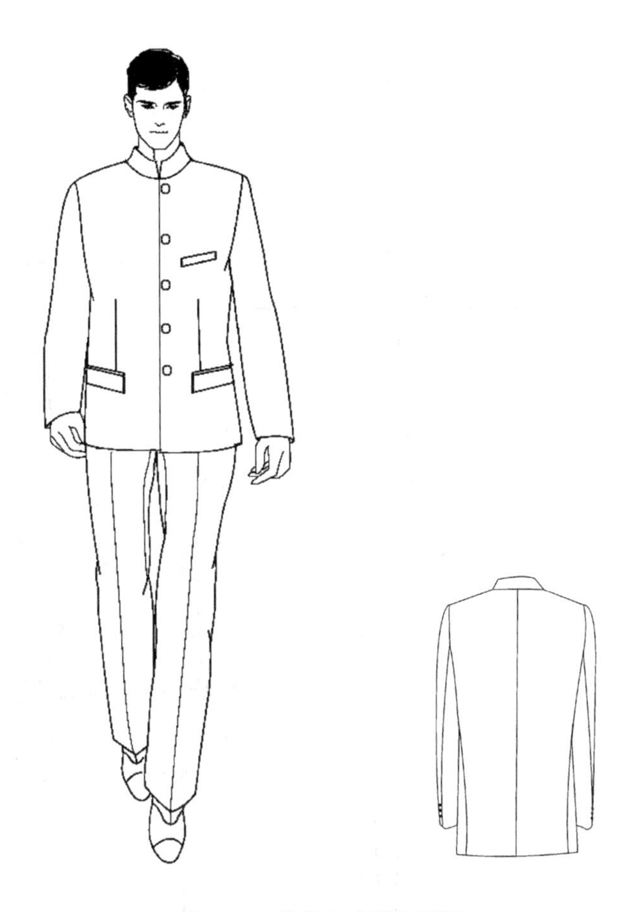

图 5-16　男新中式服效果图

（二）成品规格

按国家号型 170/88A 确定，成品规格如表 5-5 所示。

表 5-5　成品规格　　单位：cm

部位	衣长	胸围	总肩宽	腰围	臀围	袖长	袖口	腰节
尺寸	76	106	44.5	93	103	58.5	15	44

此款男新中式服是男士正式场合穿着的服装，衣身三开身与男西服结构相同，领子为立领，袖子为两片西服袖。可在净胸围的基础上加放 18～20cm，净腰围加放 19～20cm，净臀围加放 13～14cm。与标准衬衫配合穿着。可以采用毛料及化纤混纺面料制作。

（三）制图步骤

1. 男新中式服采用比例法三开身衣片结构制图（图 5-17）

（1）画后中线，按后衣长尺寸画纵向线、上下画平行线。

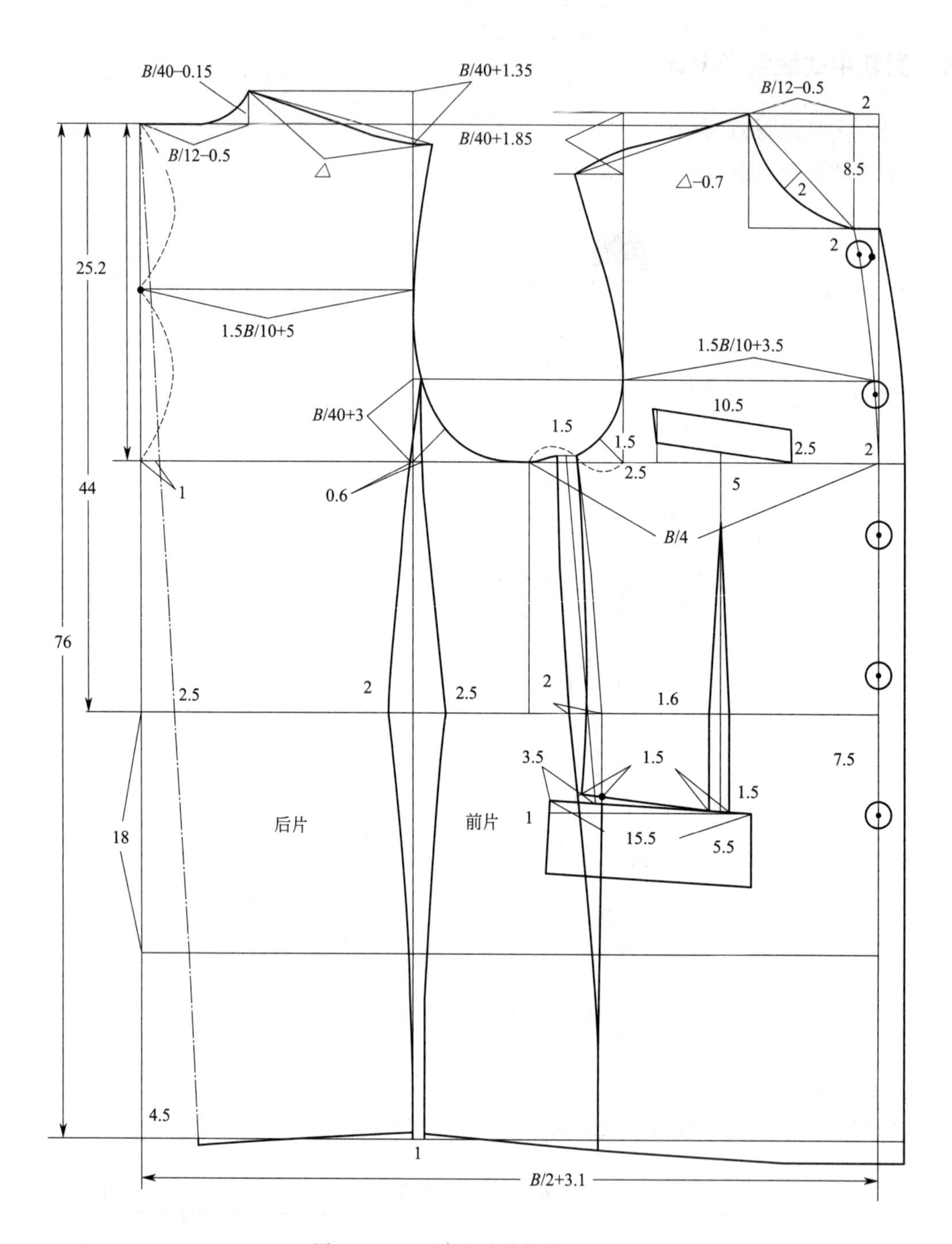

图 5-17　三开身衣片结构制图（三）

（2）以 $B/2+3.1$cm（省）画横向围度宽。

（3）画腰节长，从上平线向下的长度。尺寸计算公式为衣长/2＋6cm，以此长度画腰围水平线。

（4）后袖窿深，其尺寸计算公式为 $1.5B/10+8.5$cm，据此画胸围水平线。

（5）后背宽，其尺寸计算公式为 $1.5B/10+5$cm。

（6）画背宽垂线，同时画后背宽横线为袖窿深的 1/2 画水平线。

（7）前胸宽，其尺寸计算公式为 $1.5B/10+3.5$cm，画前胸宽垂线。

(8) 前中线做撇胸处理，中线倾倒撇 2cm，上平线同时抬起 1cm 并作出垂线，画前领深 8.5cm，前领口宽 $B/12$-0.8cm。

(9) 画后领宽线，其尺寸计算公式为 $B/12$-0.5cm。

(10) 画后领深线，其尺寸计算公式为 $B/40-0.15$cm，画后领窝弧线。

(11) 画后落肩线，其尺寸计算公式为 $B/40+1.35$cm（包括垫肩量 1.5cm 左右）。后冲肩量为 1.5cm，以此确定后肩端点。

(12) 画前落肩线，其尺寸计算公式为 $B/40+1.85$cm（包括垫肩量 1.5cm 左右）。

(13) 画前小肩斜线，量取后小肩斜线实际长度，减 0.7cm 省量，从前颈侧点开始交至前落肩线。

(14) 从胸围线向上画后袖窿与前袖窿弧的辅线，尺寸计算公式为 $B/40+3$cm。

(15) 画后袖窿弧线，从后肩端点开始画弧线，与后背横宽线点自然相切；过袖窿弧辅助点及后角平分线 3.5cm 至袖窿谷点。

(16) 画前袖窿弧，从前肩端点开始与袖窿弧辅助线相切过前角平分线 2.5cm 至袖窿谷点。

(17) 画前止口搭门宽 2cm，设单排五枚扣，第一扣位领深下 2cm；最下扣位与下袋口平，平分五枚扣。

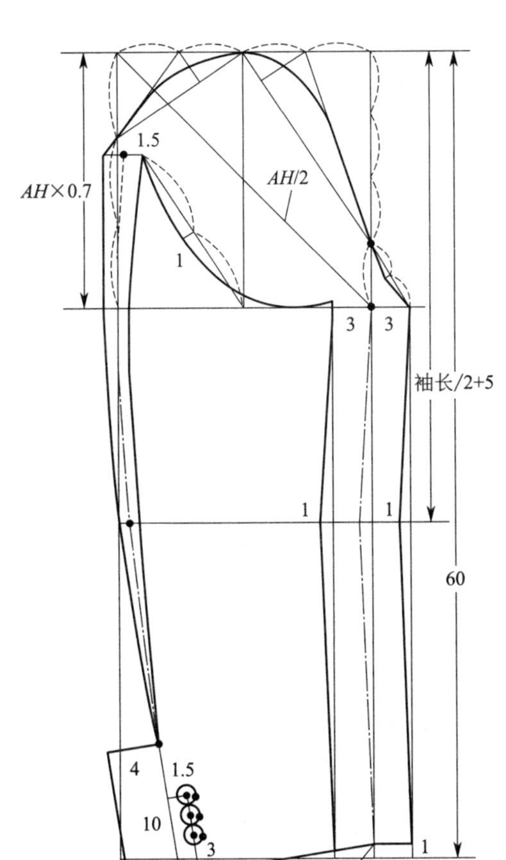

图 5-18　男新中式服袖子结构制图

(18) 根据 1/2 胸腰差 9.6cm 收省，画后中缝胸围线收 1cm，腰部收 2.5cm，下摆收 4.5cm。后中线连裁。

(19) 画腋下后片侧缝线，中腰收省 2cm。

(20) 画腋下前片侧缝线，中腰收省 2.5cm。

(21) 画前下摆止口辅助线，下摆下移 2cm，画直摆。

(22) 画上口袋距离前宽垂线横向 2.5cm，参照胸围线画船头形手巾袋，高 2.5cm，长 10cm，起翘 1.5cm 相交于胸围线。

(23) 确定前大口袋位置，为前胸宽的 1/2 腰节向下 7.5cm。

(24) 口袋长 15.5cm，后端起翘 1cm 作为垂线，画袋盖高度 5.5cm。

(25) 确定腋下省中线位置，上端点为袖窿谷点到前宽线的 1/2，设有 1.5cm 袖窿底省；以省中心为上端起点，下端点为袋盖后端点进 3.5cm，两端点连线。

(26) 画腋下省前片分割线，按腰部收省量 2cm 均分后的位置点，从上端点开始自然圆顺画线至腰部后再垂直于下摆平行线。

(27) 画腋下片分割线，从上端点开始自然圆顺画线至腰省位后，再向前倾斜与前片分割线相交于下摆线。

(28) 从前袋口进 1.5cm 处画前片中腰省 1.5cm，垂直向上腰部 1.6cm 省，省尖距胸围线 6cm，肚省 0.5cm 修正画腋下片分割线。

2. 男新中式服袖子结构制图（图 5-18）

男新中式服袖子制图步骤请参照中山装袖子制图步骤，以下从略。

3. 男新中式服立领子结构制图（图 5-19）

（1）根据立领后中高 3cm 和前后领口弧线长作出矩形。

（2）领弧前端点起翘 1.5cm 作出垂线 2.5cm 高为前立领造型，自然画顺立领的上下领弧线。

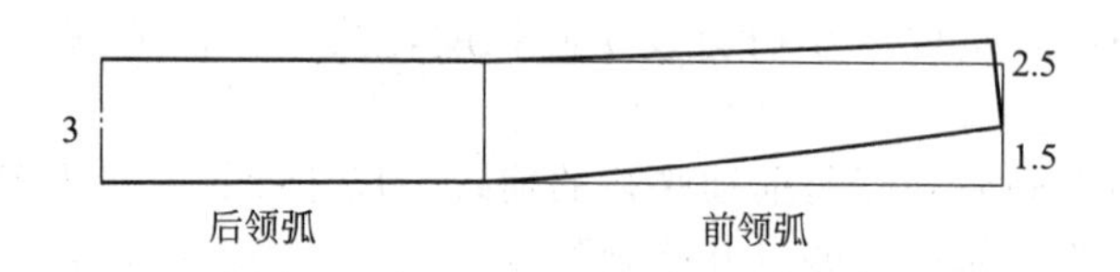

图 5-19　男新中式服立领子结构制图

六、男生活装马甲纸样设计

（一）男生活装马甲效果图

男生活装马甲效果图如图 5-20 所示。

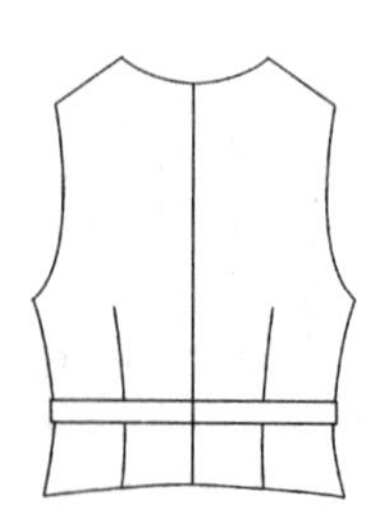

图 5-20　男生活装马甲效果图

（二）成品规格

按国家号型 170/88A 确定，成品规格如表 5-6 所示。

表 5-6　成品规格　　单位：cm

部位	衣长	胸围	肩宽	腰围	腰节
尺寸	50.5	98	44	84	42.5

此款属于与标准男西服配套穿着的马甲，净胸围加放 10cm，净腰围加放 10cm，通过腰带可调整腰围尺寸，前片面料与西服面料相同，后身采用里绸面料。

（三）制图步骤

男生活装马甲结构制图如图 5-21 所示。

1. 后片制图

（1）画后中线，按后衣长尺寸画纵向线、上下画平行线，背长 42.5cm。

（2）后袖窿深，其尺寸计算公式为 $1.5B/10+13$cm，据此画胸围水平线。

（3）后片胸围肥为 $B/4+2$cm。

（4）后背宽，其尺寸计算公式为 $1.5B/10+0.5$cm，画背宽垂线；同时，画后背宽横线为袖窿深的 1/2，画水平线。

（5）后领口宽为 $B/12+0.5$cm，后领深 $B/40$；如加后领托，领口宽、领口深各展 0.5cm。

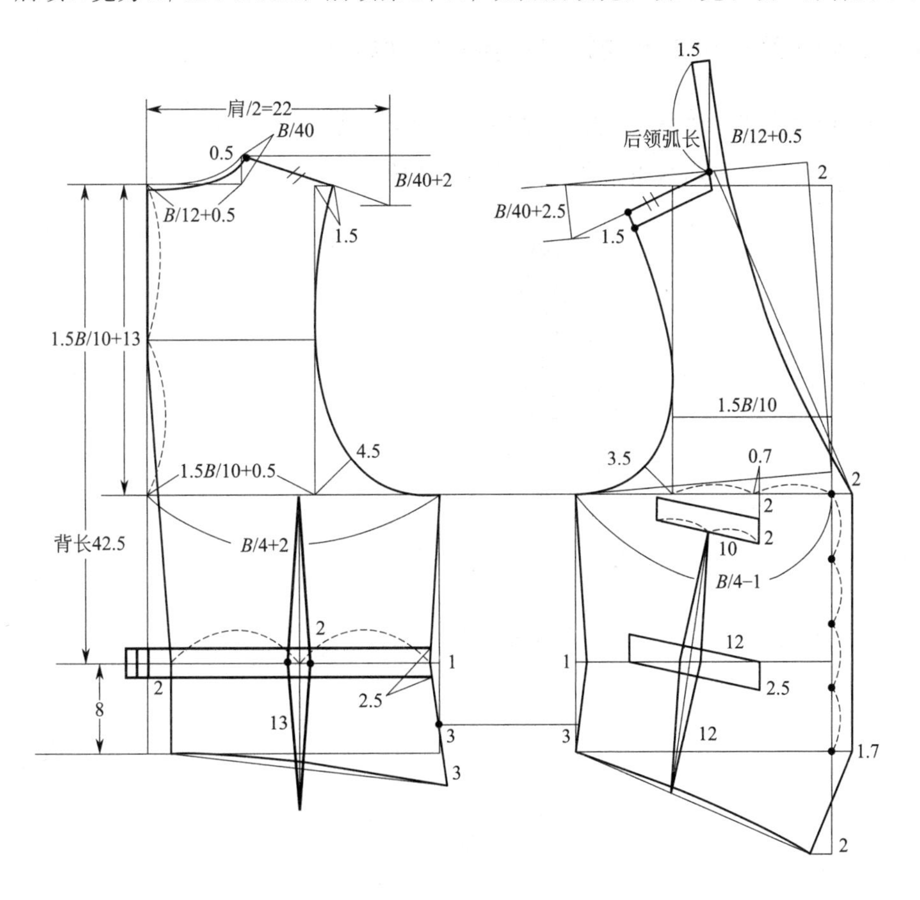

图 5-21　男生活装马甲结构制图

（6）后落肩，其尺寸计算公式为 $B/40+2$cm，冲肩 1.5cm 确定实际肩宽。

（7）画背宽垂线；同时，画后背宽横线为袖窿深的 1/2，画水平线。

（8）从肩点过角平分线 4.5cm，画后袖窿弧线。

（9）根据胸腰差后片收省量共 5cm；中腰画收尖省；中腰活动腰带宽 2.5cm。

（10）侧缝加长 3cm，作出开衩。

2. 前片制图

（1）前片胸围肥为 $B/4-1$cm。

（2）前胸宽，其尺寸计算公式为 $1.5B/10$，画背宽垂线。

（3）参照西服撇胸方法前中线做撇胸处理，中线倾倒撇 2cm，上平线同时抬起 2cm 并作出垂线；画前片的上平线，前领口宽 $B/12+0.5$cm；加后领托领口宽，展宽 0.5cm。

（4）前落肩为 $B/40+2.5$cm，以后小肩尺寸确定前小肩长度，尖端点画前袖窿弧线，肩缝后借前 1.5cm。在颈侧点垂直画领托长，宽 1.5cm，倾倒 1.5cm；画顺 V 字形领口造型搭门 1.7cm。

（5）下摆加长 9cm，尖角形下摆中线进 2cm，与侧缝画顺；设 5 粒扣。

（6）参照前宽 1/2、前移 0.7cm，画上下两口袋位置；侧缝收省 1cm，中腰 2cm 斜向省。

第二节　女西服纸样设计

一、四开身公主线一粒扣戗驳领式女西服纸样设计

（一）四开身公主线一粒扣戗驳领式女西服效果图

四开身公主线一粒扣戗驳领式女西服效果图如图 5-22 所示。

图 5-22　四开身公主线一粒扣戗驳领式女西服效果图

（二）成品规格

按国家号型 160/84A 确定，成品规格如表 5-7 所示。

表 5-7　成品规格　　单位：cm

部位	后衣长	胸围	腰围	臀围	腰节	总肩宽	袖长	袖口
尺寸	64	94	74	98	38	37	54	13

此款为四开身公主线一粒扣戗驳领式女西服，可以理想化地塑造出现代女性特征。在净胸围的基础上加放 10cm，腰围加放 6cm，臀围加放 8cm，袖子采用高袖山两片袖结构的造型；可采用质地较好的薄型精纺毛或棉麻、化纤等各类面料。

（三）制图步骤

1. 四开身公主线一粒扣戗驳领女西服上衣制图方法（采用原型裁剪法）

首先按照号型 160/84A 型制作文化式女子新原型图，具体方法如前文化式女子新原型制图，然后依据原型制作纸样。

2. 四开身公主线一粒扣戗驳领女西服后片结构制图（图 5-23）

（1）将原型的前后片画好，腰线置同一水平线。

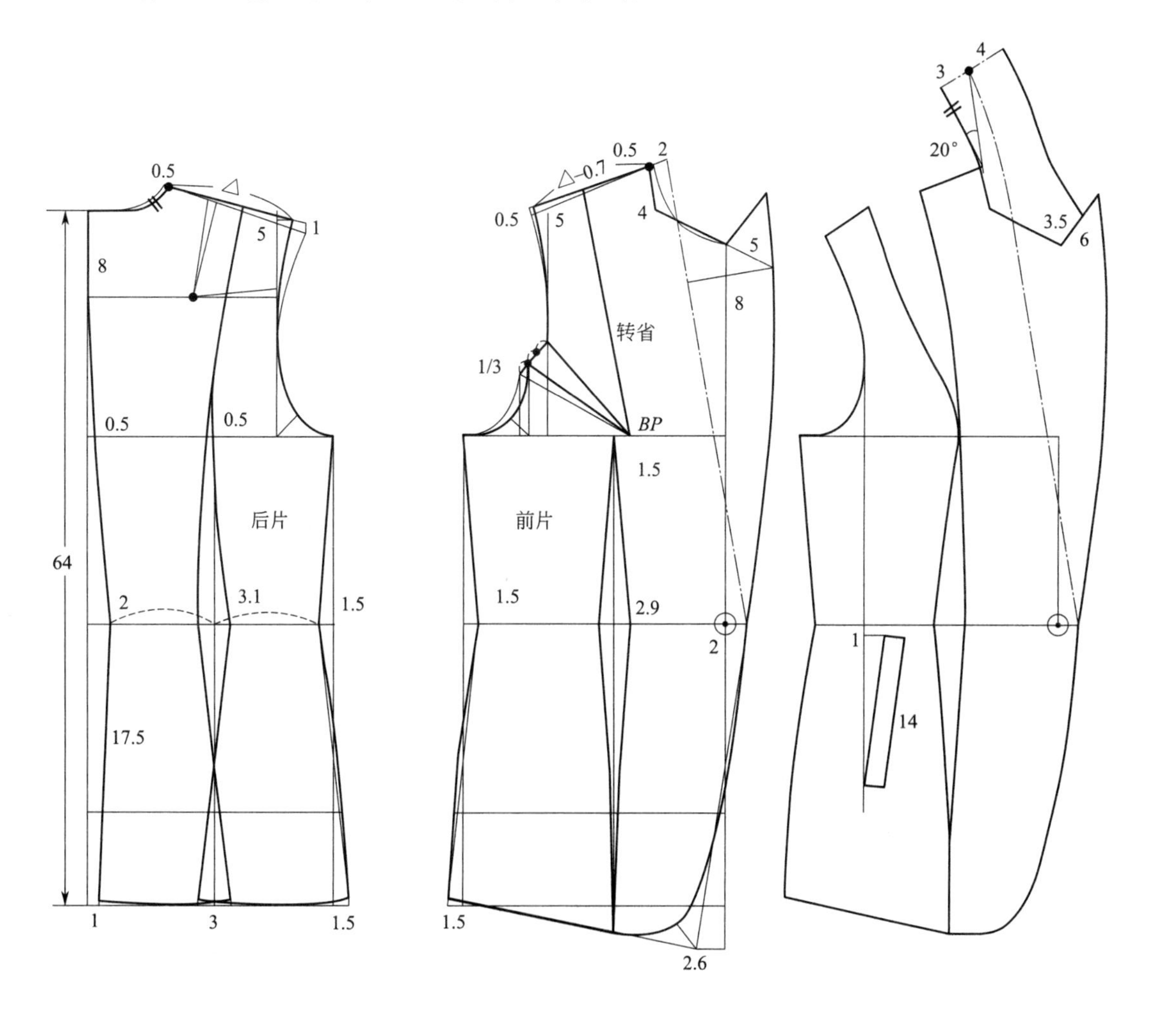

图 5-23　四开身公主线一粒扣戗驳领女西服结构制图

（2）从原型后中心线画衣长线 64cm。

（3）原型胸围前后片为 $B/2+6$cm 以保障符合胸围成品尺寸。

（4）前后宽不动以保障符合成品尺寸，胸围线下移 0.5cm。

（5）依据原型基础领宽，前后领宽各展宽 0.5cm。

（6）将后肩省的 2/3 转至后袖窿处，1/3 作为工艺缩缝，原型后肩点上移 1cm；冲肩 1.5cm 确定肩点修正后袖窿弧线。

（7）肩点进 5cm 确定公主线肩线上的位置，与中腰省贯通画公主线。

（8）根据四开身结构在后片设分割线，在胸围线分别收掉后中缝 0.5cm 省量和公主线上 0.5cm 省量以保证成品胸围松量。

（9）制图中衣片，总省量/2 为 11cm，后片腰部分别收掉 2cm、3.1cm、1.5cm，省量占 60%～65%。

（10）下摆根据臀围尺寸适量放出侧缝 1.5cm、公主线分割线 1.5cm 及后中线 1cm 摆量，以保证臀围松量。

3. 绘制四开身公主线一粒扣戗驳领女西服前片结构制图（图 5-23）

（1）将前衣片胸凸省的 1/3 转至袖窿以保证袖窿的活动需要，剩余省量放置公主线塑胸型。

（2）参照 BP 点向后移动 1.5cm，以此设中腰省分割线位置。

（3）前小肩长为后小肩长减 0.7cm，肩点上移 0.5cm；设垫肩厚度 1cm；修正袖窿弧线。

（4）上驳领线位置为 2/3 底领宽 2cm，下驳口位为扣位；画领口深 4cm，画串口线驳领宽 8cm，画驳尖 6.5cm，画驳领止口弧线要保证驳口线曲度造型。

（5）西服领形，后领线倒伏量角度为 20°，底领 3cm，翻领 4cm，领尖长 3.5cm。

（6）腰部设单排一枚扣，搭门宽 2cm，下摆下移 4cm 画圆摆。

（7）腰部依次收 1.5cm、2.9cm 省，占 35%～40%；胸围线下挖 0.5cm 以保证袖窿合理比例与松量要求。

（8）肩点进 5cm 设公主线，位置与 *BP* 点连接，将袖窿处的胸省转移至肩线。

（9）肩点公主线位置与中腰省贯通至下摆根据造型画顺公主线形。

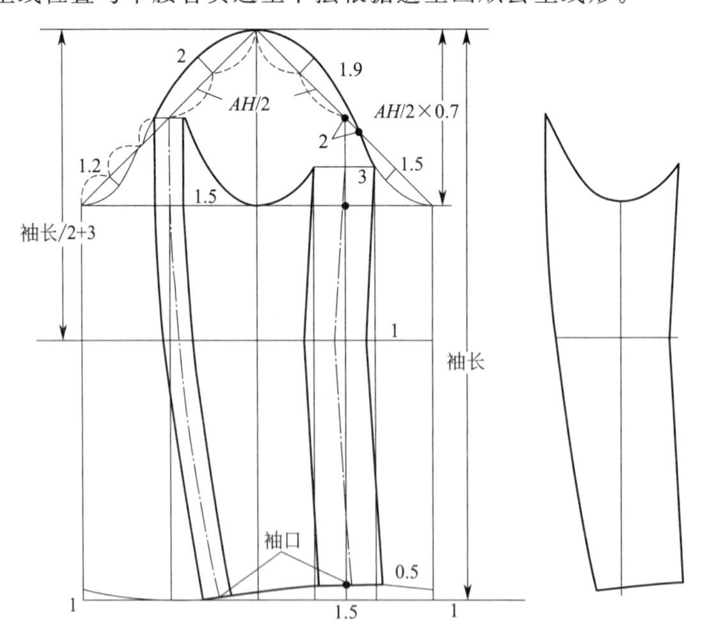

图 5-24　四开身公主线一粒扣戗驳领女西服袖子结构制图

4. 绘制四开身公主线一粒扣戗驳领女西服袖子结构制图（图 5-24）

（1）先画基础一片袖，袖长 54cm，袖山高 $AH/2\times0.7$cm，以 $AH/2$ 长从袖山高顶点画斜线确立前后袖肥画侧缝线。

（2）袖肘从上平线向下为袖长/2＋3cm。画前后袖肥等分线，画袖口辅助线。

（3）从袖山高点采用前 AH 画斜线长取得前袖肥、后 AH 画斜线长取得后袖肥。通过辅助点画前后袖山弧线。

（4）前袖缝互借平行 3cm，倾斜 1.5cm，后袖缝平行互借 1.5cm。画大小袖形。

（5）袖口 13cm。

二、三开身正装双排扣戗驳领式女西服纸样设计

（一）三开身正装双排扣戗驳领式女西服效果图

三开身正装双排扣戗驳领式女西服效果图如图 5-25 所示。

图 5-25　三开身正装双排扣戗驳领式女西服效果图

（二）成品规格

按国家号型 160/84A 确定，成品规格如表 5-8 所示。

表 5-8　成品规格　　单位：cm

部位	后衣长	胸围	腰围	臀围	腰节	总肩宽	袖长	袖口
尺寸	64	94	74	98	38	38	54	13

此款为参照男装设计的较正装的双排扣戗驳领式三开身女时装，能够理想化地塑造出现代女性特征；在净胸围的基础上加放 10cm，净腰围加放 6cm，净臀围加放 8cm，袖子采用高袖山两片袖结构的造型；可采用质地较好的精纺毛或化纤等各类面料。

（三）制图步骤

1. 三开身正装双排扣戗驳领式女西服制图方法（采用原型裁剪法）

首先按照号型 160/84A 型制作文化式女子新原型图，具体方法如前文化式女子新原型制图，然后依据原型制作纸样。

2. 三开身正装双排扣戗驳领式女西服前后片基础结构制图方法（图 5-26）

（1）将原型的前后片画好，腰线置同一水平线。

（2）从原型后中心线画衣长线 64cm。

（3）原型胸围前后片为 $B/2+6$cm 以保障符合胸围成品尺寸。

（4）前后宽不动以保障符合成品尺寸。

（5）依据原型基础领宽，前后领宽各展宽 1cm。

（6）将后肩省的 2/3 转至后袖窿处，1/3 作为工艺缩缝。

（7）根据三开身结构，在后背宽垂线的后中腰省位置设分割线。

（8）后片根据款式分割线在胸围线后中收掉 0.5cm 省量和腋下收 0.5cm 省量（原型

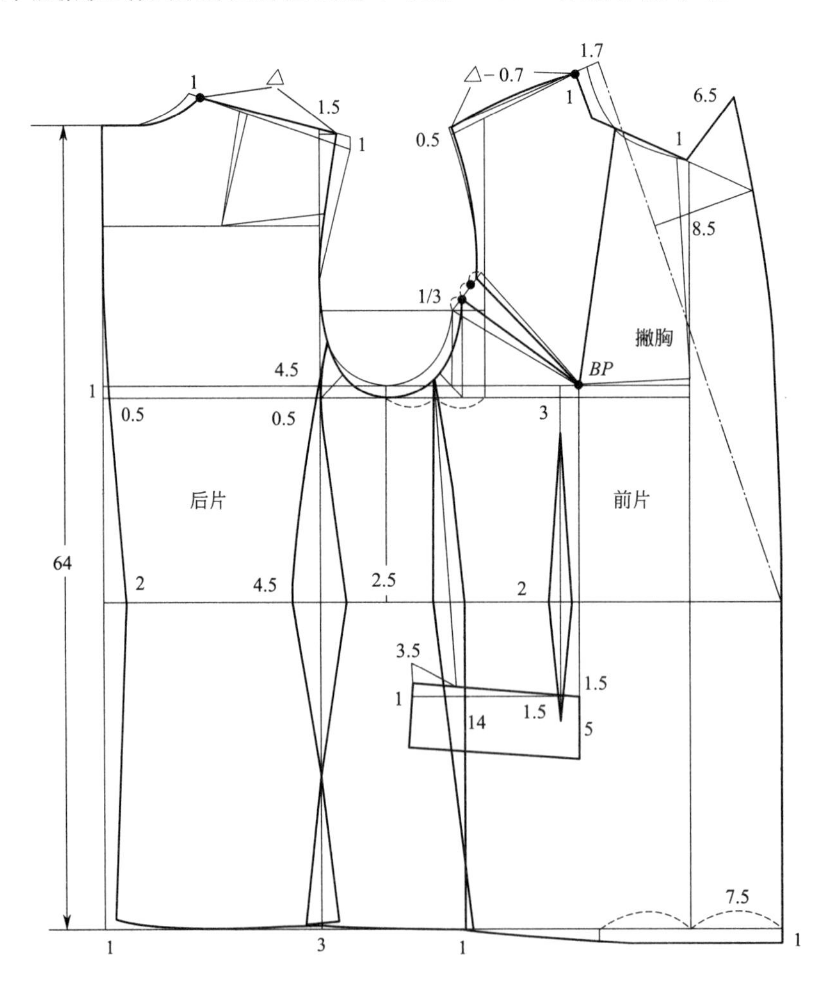

图 5-26　三开身正装双排扣戗驳领式女西服前后片结构制图

$B/2-1\text{cm}$)，保证成品胸围松量。

（9）画下袋口位置，前宽线的 1/2 垂直至腰线下 7.5cm，袋口长 14cm，袋盖高 5cm；参照袋口，画前腋下片省位置和中腰省位置。

（10）制图中衣片，总省量/2 为 11cm，后片腰部分别收掉省量 2cm、4.5cm；腋下片腰部收省量 2.5cm，前中腰收省量 2cm。

（11）下摆根据臀围尺寸适量放出侧缝 3cm 和后中 1cm 及前腋下片 1cm 摆量，以保证臀围松量。

（12）将前衣片胸凸省的 1/3 转至袖窿以保证袖窿的活动需要；以前领深的前中线进 1cm 为准从胸围线作出撇胸，胸凸省转至此处一部分。

（13）胸围线下挖 1cm 以保证袖窿合理比例与松量要求。

（14）下摆放摆后需修正以保证侧缝线等长。

（15）前领口深 4cm，画串口线，戗驳领宽 8.5cm，与衣片分割成弧线以保证驳口线曲度造型。

3. 三开身正装双排扣戗驳领式女西服前后片结构完成制图（图 5-27）

（1）依据前领口设置的转省位置通过 *BP* 点将所余胸凸省转移至领口，修正好。

（2）西服领形，前领口颈侧点延长线倾倒 20°画领下口线；作出领子后中垂线底领 2.5cm，翻领 3.5cm；画顺领外口，戗驳领尖长 6.5cm。

（3）双排 6 枚扣，其中上部设两个装饰扣，搭门宽 7.5cm。

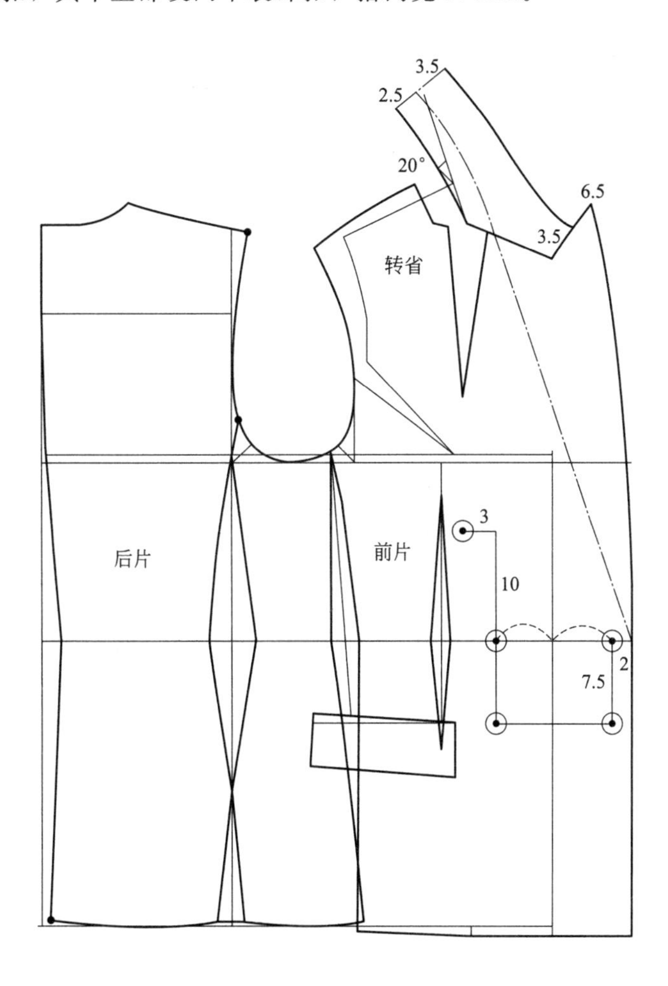

图 5-27　三开身正装双排扣戗驳领式女西服前后片结构完成制图

4. 三开身正装双排扣戗驳领式女西服分体领片结构制图（图 5-28）

（1）将拷贝下的领子参照翻折线平行下 0.5cm 画分割线，剪切分开分体领。

（2）剪开纸样中分体领的倒伏角度合并，并多合 0.5cm，使其减短，修正画顺上下弧线。

（3）上部翻领部分参照倒伏角度收下口线，上口不动，修正画顺上下口弧线。

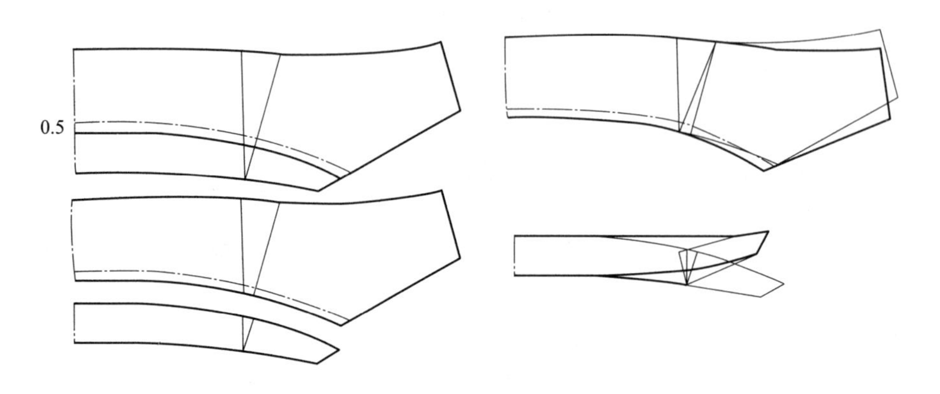

图 5-28　三开身正装双排扣戗驳领式女西服分体领片结构制图

5. 三开身正装双排扣戗驳式女西服袖结构制图（图 5-29）

（1）先画基础一片袖，袖长 54cm，袖山高 $AH/2\times0.7$cm，以 $AH/2$ 长从袖山高顶点画斜线确立前后袖肥画侧缝线。

（2）袖肘从上平线向下为袖长/2＋3cm；画前后袖肥等分线，画袖口辅助线。

（3）从袖山高点采用前 AH 画斜线长取得前袖肥、后 AH 画斜线长取得后袖肥。通过辅

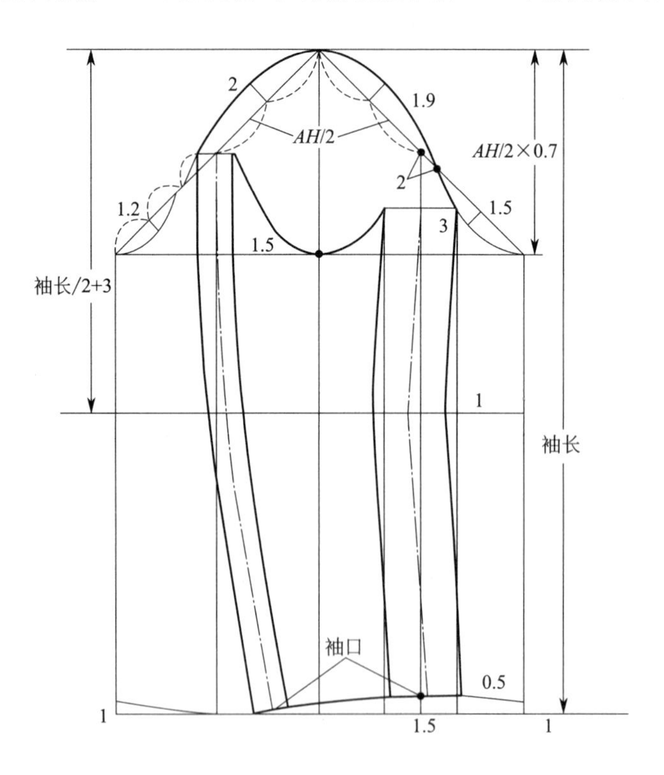

图 5-29　三开身正装双排扣戗驳式女西服袖结构制图

助点画前后袖山弧线。

（4）前袖缝互借平行 3cm，倾斜 1.5cm，后袖缝平行互借 1.5cm。画大小袖形。

（5）袖口 13cm。

第三节　女时装上衣的结构特点与纸样设计

一、四开身连袖小西服领女时装纸样设计

（一）四开身连袖小西服领女时装效果图

四开身连袖小西服领女时装效果图如图 5-30 所示。

图 5-30　四开身连袖小西服领女时装效果图

（二）成品规格

按国家号型 160/84A 确定，成品规格如表 5-9 所示。

表 5-9　成品规格　　单位：cm

部位	衣长	胸围	总肩宽	腰围	袖长	袖口	腰节
尺寸	55	94	38	100	52	12	38

此款为连袖结构较短的三粒扣翻领时装。净胸围加放 10cm，净腰围加放 32cm，全臂长加放 1.5cm。后片宽松前片短，胸较合体。适合休闲时穿着，采用薄或中厚面料制作。

（三）制图步骤

1. 四开身连袖小西服领女时装制图方法（采用原型裁剪法）

首先按照号型 160/84A 型制作文化式女子新原型图，具体方法如前文化式女子新原型制图，然后依据原型制作纸样。

2. 四开身连袖小西服领女时装后片结构制图（图 5-31）

（1）将原型的前后片画好，腰线置同一水平线。

（2）从原型后中心线画衣长线 55cm。

（3）原型胸围前后片为 $B/2+6$cm 以保障符合胸围成品尺寸。

（4）依据原型基础领宽，前后领宽各展宽 1cm。

（5）将原型后肩省保留 0.7cm，其余省略不计。冲肩 1.5cm 确定肩点。

（6）在后肩端点作出边长 10cm 的等腰直角三角形，在斜边的 1/2 处上移 1cm 设辅助点，从肩点画袖中线 52cm，并作出袖口垂线 12cm。

（7）从腰节上移 5cm、5.5cm 辅助线处，画袖下缝至后袖口。

（8）下摆侧缝放 2cm，从肩胛省尖向下画线并在下摆处放摆 6cm 破开两片。

3. 四开身连袖小西服领女时装前片结构制图（图 5-31）

（1）将原型的胸凸省的 1/3 转至肩线，其余省略不用，存在袖窿作为松量。

（2）在前肩端点作出边长 10cm 的等腰直角三角形，在斜边的 1/2 处设辅助点；从肩点画袖中线 52cm，并作出袖口垂线 12cm。

（3）从腰节上移 5cm、5.5cm 辅助线处画袖下缝至前袖口。

（4）下摆侧缝放 2cm，从 BP 点省尖向下画线至下摆处，腰部收 1.5cm 省与打开的肩省

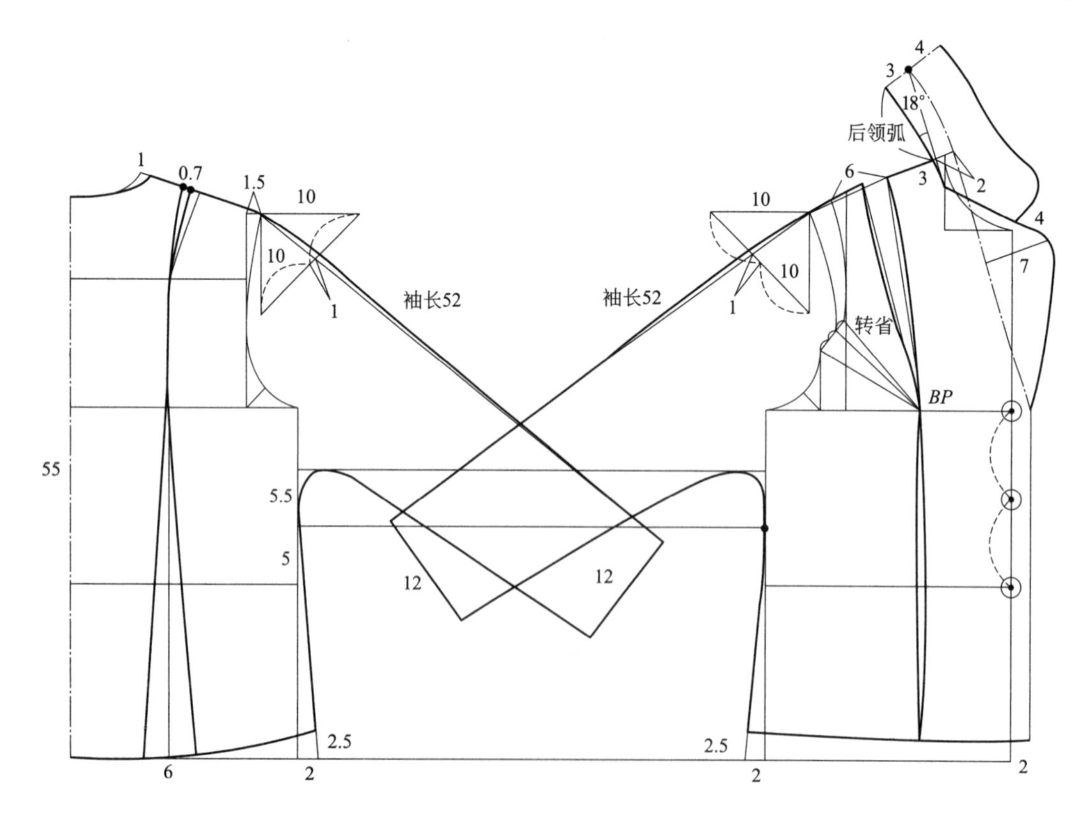

图 5-31　四开身连袖小西服领女时装前后片结构制图

破开两片。

（5）搭门 2cm，前片缩短 2cm 腰节至胸围线，设 3 粒扣。

（6）从前颈侧点延 2cm 点至胸围线止口画驳口线，领深 3cm；设串口线驳领宽 7cm。

（7）画领子后领弧线倒伏角 18°，底领 3cm，翻领 4cm，画顺领外口弧线及领下口弧线。

二、带帽子的短款女时装纸样设计

（一）带帽子的短款女时装效果图

带帽子的短款女时装效果图如图 5-32 所示。

图 5-32 带帽子的短款女时装效果图

（二）成品规格

按国家号型 160/84A 确定，成品规格如表 5-10 所示。

表 5-10 成品规格 单位：cm

部位	衣长	胸围	总肩宽	腰围	袖长	整袖口
尺寸	54	94	38	94	54	28

此款为休闲短款女时装，特点为实用装饰帽、较长一片直袖、立体贴袋，造型轻松活泼。净胸围加放 10cm，腰围部直身，全臂长加放 3.5cm。可采用中厚型各类质地面料。

（三）制图步骤

1. 带帽子的短款女时装制图方法（采用原型裁剪法）

首先按照号型 160/84A 型制作文化式女子新原型图，具体方法如前文化式女子新原型制图，然后依据原型制作纸样。

2. 带帽子的短款女时装后片结构制图（图 5-33）

（1）将原型的前后片画好，腰线置同一水平线。

（2）从原型后中心线画衣长线 54cm。

（3）原型胸围前后片为 $B/2+6$cm 以保障符合胸围成品尺寸。

（4）依据原型基础领宽，前后领宽各展宽 1.5cm。

（5）将原型后肩省保留 0.7cm，其余转移至袖窿。冲肩 1.5cm 确定肩点。

（6）修正袖窿弧线，下摆侧缝略放 0.5cm，后中线连裁。

3. 带帽子的短款女时装前片结构制图（图 5-33）

（1）前片原型肩点上抬 0.5cm 后修正小肩线。

（2）将前衣片胸凸省的 1/3 转至袖窿以保证袖窿的活动需要，其余省量放置前胸款式分割线画顺，修正袖窿弧线；下摆侧缝略放 0.5cm。

（3）画下立体口袋位置，前下摆下 1cm 画弧线止口造型线，前中设拉链。

（4）修定前领深下挖 4cm，在前领口画帽子，高 30cm、宽 24cm，颈侧点下 2cm 作出领口切线；后领弧加 2cm 省画帽子下口；修正帽子中线依据造型画圆顺。

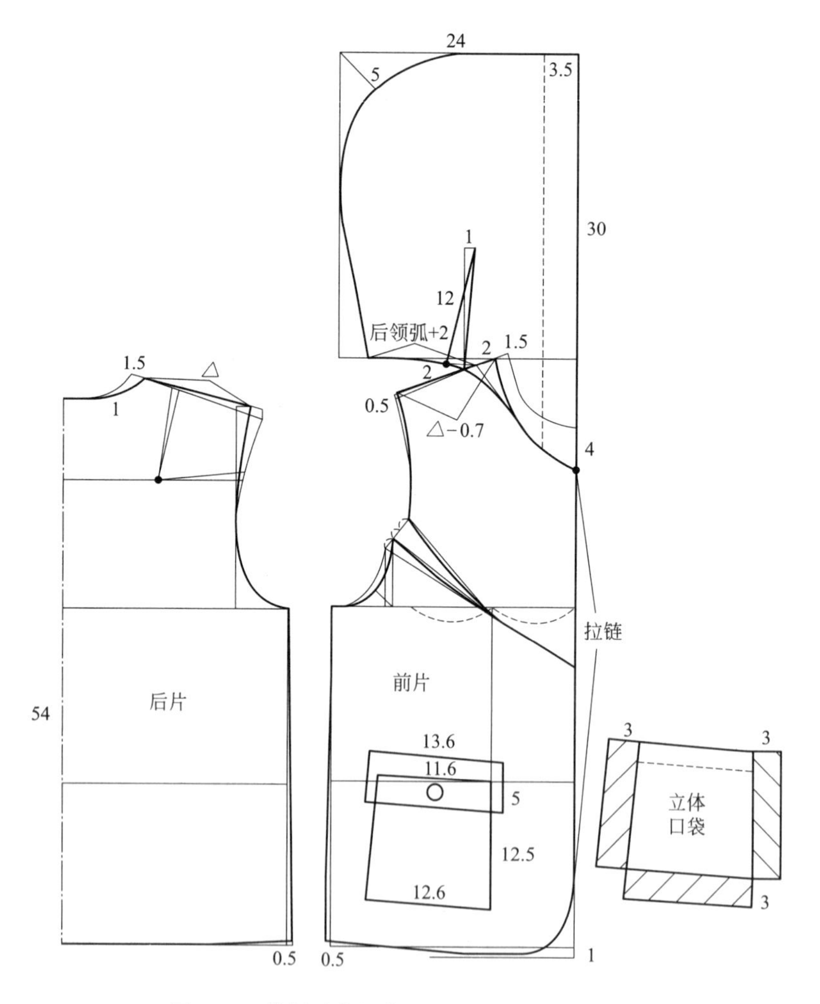

图 5-33　带帽子的短款女时装前后片结构制图

4. 带帽子的短款女时装袖子结构制图（图 5-34）

（1）一片袖，画袖长 54cm。

（2）袖山高采用中袖山 $AH/2\times0.5$，取得袖肥后，先画直筒袖。

（3）通过前后袖肥的 1/2 基础线，收前后袖口肥各 14cm；修正袖口加外贴边宽 5cm；修正袖山弧线。

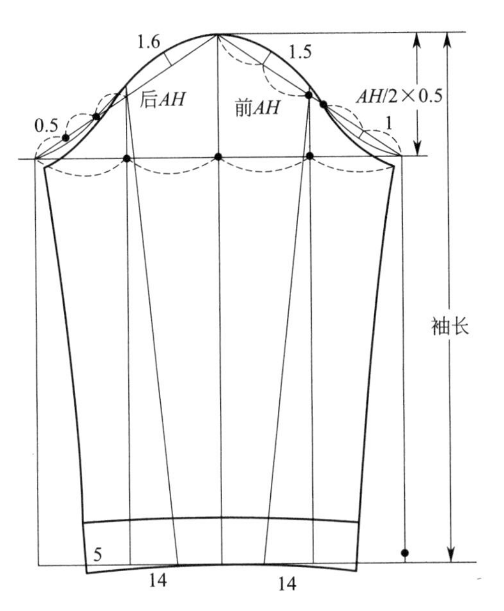

图 5-34　带帽子的短款女时装袖子结构制图

三、燕领前拉链式女时装纸样设计

（一）燕领前拉链式女时装效果图

燕领前拉链式女时装效果图如图 5-35 所示。

图 5-35　燕领前拉链式女时装效果图

（二）成品规格

按国家号型 160/84A 确定，成品规格如表 5-11 所示。

表 5-11　成品规格　　单位：cm

部位	衣长	胸围	总肩宽	腰围	臀围	袖长	袖口
尺寸	54	94	38	74	98	54	13

此款为四开身燕领前拉链、后身公主线、前身刀背线式女时装。有较轻松的感觉。在净胸围的基础上加放 10cm，净腰围加放 6cm，净臀围加放 8cm。袖子采用中高袖山，设有袖口省一片袖结构的造型。可采用质地较好的毛、棉麻、化纤等各类面料。

（三）制图步骤

1. 燕领前拉链式女时装制图方法（采用原型裁剪法）

首先按照号型 160/84A 型制作文化式女子新原型图，具体方法如前文化式女子新原型制图，然后依据原型制作纸样。

2. 燕领前拉链式女时装后片结构制图（图 5-36）

（1）将原型的前后片画好，腰线置同一水平线。

（2）从原型后中心线画衣长线 54cm。

（3）原型胸围前后片为 $B/2+6$cm 以保障符合胸围成品尺寸。

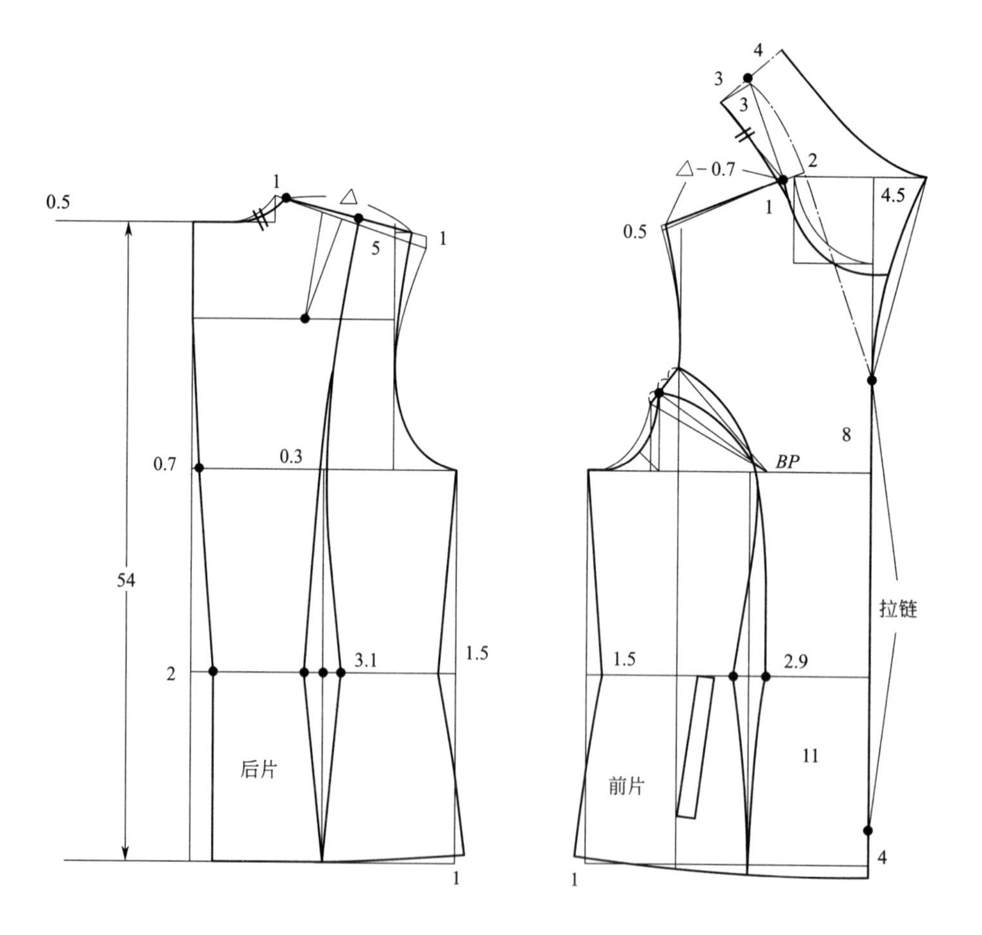

图 5-36　燕领前拉链式女时装前后片结构制图

（4）依据原型基础领宽，前后领宽各展宽 1cm。

（5）将原型后肩省保留 0.7cm，其余转移至袖窿；冲肩 1.5cm 确定肩点，修正袖窿。

（6）根据四开身结构在后片设分割线，在胸围线分别收掉后中缝省量 0.7cm 和公主线位置省量 0.3cm。

（7）制图中衣片，总省量/2 为 11cm，后片腰部分别收掉省量 2cm、3.1cm、1.5cm，占 60%～65%。

（8）下摆根据臀围尺寸适量放出侧缝 1cm，以保证臀围松量。

3. 燕领前拉链式女时装前片结构制图（图 5-36）

（1）将前衣片胸凸省的 1/3 转至袖窿以保证袖窿的活动需要，剩余省量放置刀背线塑胸型。

（2）参照 *BP* 点向后移动 1.5cm，以此设中腰省分割线位置。

（3）前小肩长为后小肩长减 0.7cm，肩点上移 0.5cm；设垫肩厚度 1cm；修正袖窿弧线。

（4）上驳领线位置为 2/3 底领宽 2cm，下驳口位为胸围线上 8cm，原型前领口下 1cm 前领宽展宽 4.5cm；画止口弧线要保证领尖止口线的造型，止口设拉链。

（5）后领线倒伏量为 3cm，底领 3cm，翻领 4cm；领上口与领尖画顺。

（6）腰部依次收省 1.5cm、2.9cm，占 35%～40%。

（7）袖窿省刀背位置与中腰省贯通至下摆，根据造型画顺整体线形。

4. 燕领前拉链式女时装袖子结构制图（图 5-37）

（1）先画基础一片袖，袖长 54cm，袖山高 $AH/2\times0.6$cm，以前后 *AH* 长从袖山高顶点画斜线确立前后袖肥画侧缝线。

（2）袖肘从上平线向下为袖长/2＋3cm。画前后袖肥等分线，画袖口辅助弧线。

（3）从袖山高点采用前 *AH* 画斜线长取得前袖肥、后 *AH* 画斜线长取得后袖肥；通过辅助点画前后袖山弧线。

（4）袖中线前倾 2cm，顺袖口辅助线画 1/2 前袖口 13cm，画前袖缝；后袖口按照袖口辅助线画两段 6.5cm，剩余为袖口省；画顺前后袖缝，应相等长。

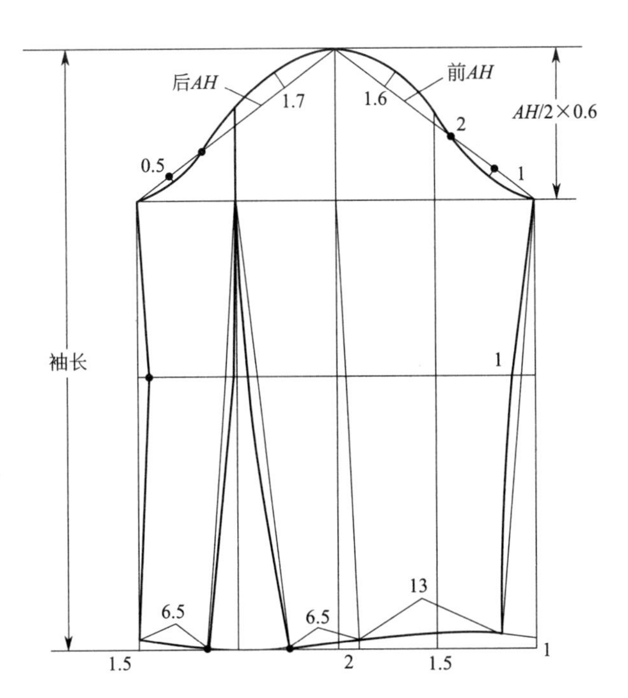

图 5-37　燕领前拉链式女时装袖子结构制图

四、翻领公主线下设口袋的女时装纸样设计

（一）翻领公主线下设口袋的女时装效果图

翻领公主线下设口袋的女时装效果图如图 5-38 所示。

图 5-38　翻领公主线下设口袋的女时装效果图

（二）成品规格

按国家号型 160/84A 确定，成品规格如表 5-12 所示。

表 5-12　成品规格　　单位：cm

部位	衣长	胸围	总肩宽	腰围	袖长	袖口	腰节	臀围
尺寸	64	94	38	74	52	13	38	100

此款为四开身五粒扣翻领、公主线下设口袋的造型，可以理想化地塑造出女性曲线特征，在净胸围的基础上加放 10cm。净腰围加放 6cm，净臀围加放 10cm。袖子采用高袖山两片袖结构的造型。可采用质地较好的毛或棉麻、化纤等各类面料。

（三）制图步骤

1. 翻领公主线下设口袋的女时装制图方法（采用原型裁剪法）

首先按照号型 160/84A 型制作文化式女子新原型图，具体方法如前文化式女子新原型制图，然后依据原型制作纸样。

2. 翻领公主线下设口袋的女时装后片结构制图（图 5-39）

(1) 将原型的前后片画好，腰线置同一水平线。

（2）从原型后中心线画衣长线64cm。

（3）原型胸围前后片为$B/2+6$cm以保障符合胸围成品尺寸。

（4）前后宽不动以保障符合成品尺寸，胸围线下移1cm。

（5）依据原型基础领宽，前后领宽各展宽0.5cm。

（6）将后肩省的2/3转至后袖窿处，1/3作为工艺缩缝，原型后肩点上移1cm；冲肩1.5cm确定肩点修正后袖窿弧线。

（7）肩点进5cm确定公主线肩线上的位置，与中腰省贯通画公主线。

（8）根据四开身结构在后片设分割线，在胸围线分别收掉后中缝省量0.7cm和公主线位置省量0.3cm，保证成品胸围松量。

（9）制图中衣片，总省量/2为11cm，后片腰部分别收掉省量，2cm、3.1cm、1.5cm，占60%～65%。

（10）下摆根据臀围尺寸适量放出侧缝1.5cm、公主线分割线放2cm及后中线放2cm摆量，以保证臀围松量。

（11）腰围至侧缝下11cm处于公主线之间设下部分割线。

3. 翻领公主线下设口袋的女时装前片结构制图（图5-39）

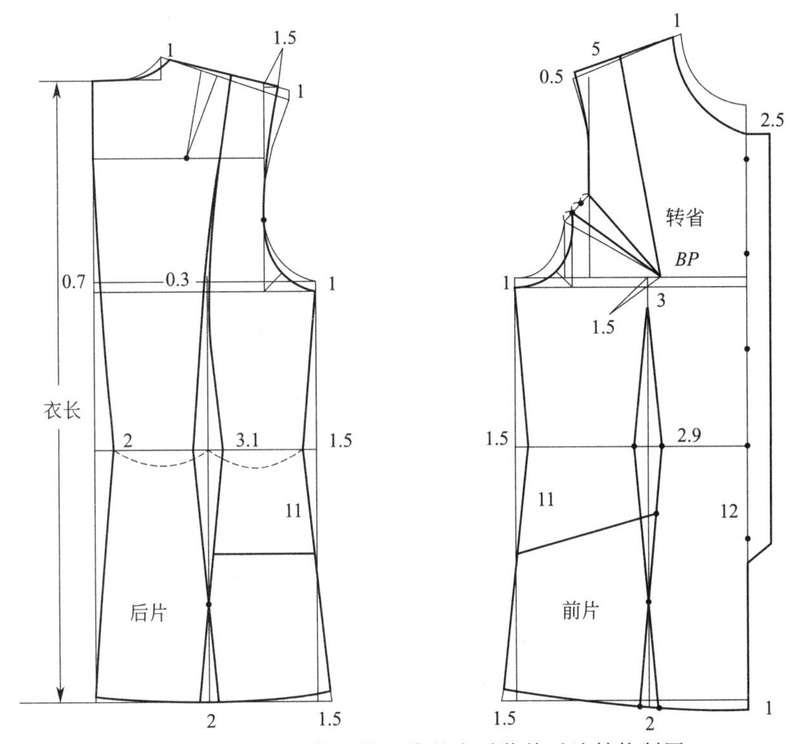

图5-39　翻领公主线下设口袋的女时装前后片结构制图

（1）将前衣片胸凸省的1/3转至袖窿以保证袖窿的活动需要，剩余省量放置公主线塑胸型。

（2）参照*BP*点向后移动1.5cm，以此设中腰省分割线位置。

（3）前小肩长为后小肩长减0.7cm，肩点上移0.5cm；设垫肩厚度1cm；修正袖窿弧线。

（4）前领口深下挖2cm，搭门2.5cm至腰围下14cm，设5粒扣。

（5）腰部依次收省1.5cm、2.9cm，占35%～40%。胸围线下挖1cm以保证袖窿合理比例与松量要求。

（6）肩点进5cm设公主线位置与*BP*点连接，将袖窿处的胸省转移至肩线。

（7）肩点公主线位置与中腰省贯通至下摆放摆2cm，根据造型画顺公主线形。

（8）腰下侧缝 11cm 处斜向与公主线之间设口袋位置。

4. 翻领公主线下设口袋的女时装前后下部片结构制图（图 5-40）

（1）后片依据下部分割线将下部省合并，产生后下部整体造型线。

（2）前片依据下部分割线将下部省合并，此处的分割斜线是作为前袋口的开口线。

（3）图 5-40(b) 为分开后前后衣片的图示。

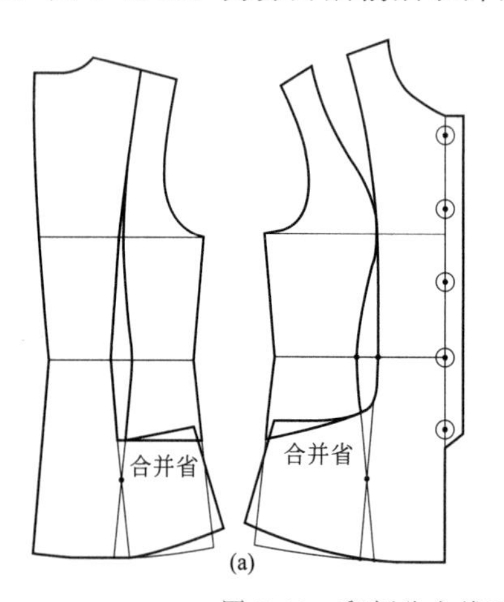

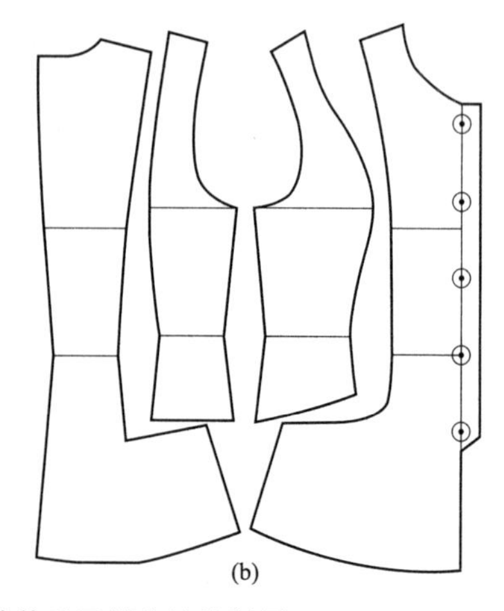

图 5-40　翻领公主线下设口袋的女时装前后下部片结构制图

5. 翻领公主线下设口袋的女时装袖子结构制图（图 5-41）

（1）先画基础一片袖，袖长 54cm，袖山高 $AH/2\times0.7$cm，以 $AH/2$ 长从袖山高顶点画斜线确立前后袖肥画侧缝线。

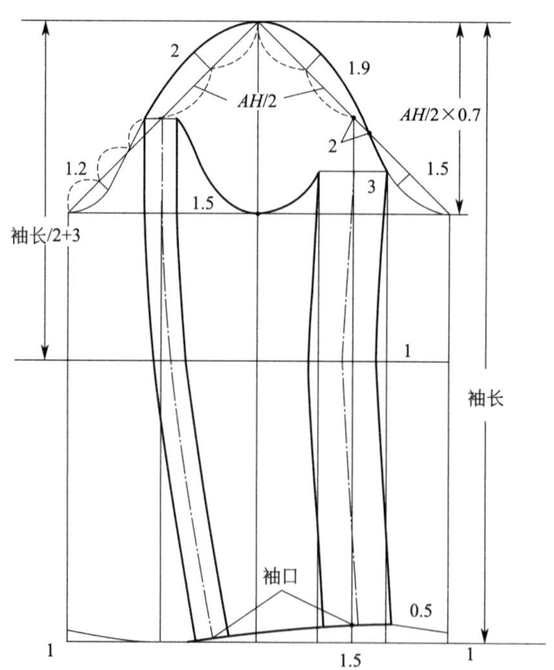

图 5-41　翻领公主线下设口袋的女时装袖子结构制图

（2）袖肘从上平线向下为袖长/2＋3cm；画前后袖肥等分线，画袖口辅助线。

（3）从袖山高点采用前 AH 画斜线长取得前袖肥、后 AH 画斜线长取得后袖肥；通过辅助点画前后袖山弧线。

（4）前袖缝互借平行 3cm，倾斜 1.5cm，后袖缝平行互借 1.5cm；画大小袖形。

（5）袖口 13cm。

6. 翻领公主线下设口袋的女时装领子结构制图（图 5-42）

（1）依据总领宽 7cm 前后领口弧线画矩形基础形。

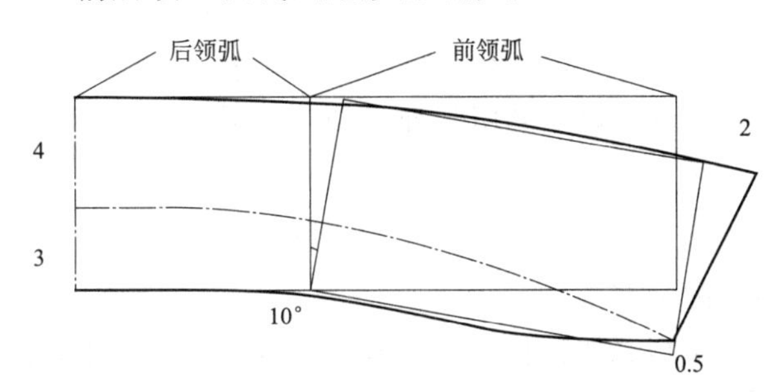

图 5-42　翻领公主线下设口袋的女时装领子结构制图

（2）在前后领弧线分割线处打开 10°。

（3）前领口下端起翘 0.5cm，上领口放出 2cm，画顺上下领口弧线。

（4）依据底领 3cm、翻领 4cm，画领子翻折线。

五、小驳翻领女睡衣纸样设计

（一）小驳翻领女睡衣效果图

小驳翻领女睡衣效果图如图 5-43 所示。

图 5-43　小驳翻领女睡衣效果图

（二）成品规格

按国家号型 160/84A 确定，成品规格如表 5-13 所示。

表 5-13　成品规格　　单位：cm

部位	衣长	胸围	总肩宽	腰围	袖长	袖口
尺寸	64	94	38	88	52	14

此款为经典女睡衣，胸腰差 6cm，在净胸围的基础上加放 10cm，净腰围加放 20cm，袖长在全臂长基础上加放 1.5cm，袖子采用收袖口的一片袖结构。可采用垂感较好的薄型棉、真丝等天然面料。

（三）制图步骤

1. 制图方法（采用原型裁剪法）

首先按照号型 160/84A 型制作文化式女子新原型图，具体方法如前文化式女子新原型制图，然后依据原型制作纸样。

2. 小驳翻领女睡衣前后片结构制图（图 5-44）

（1）将原型的前后片画好，腰线置同一水平线。

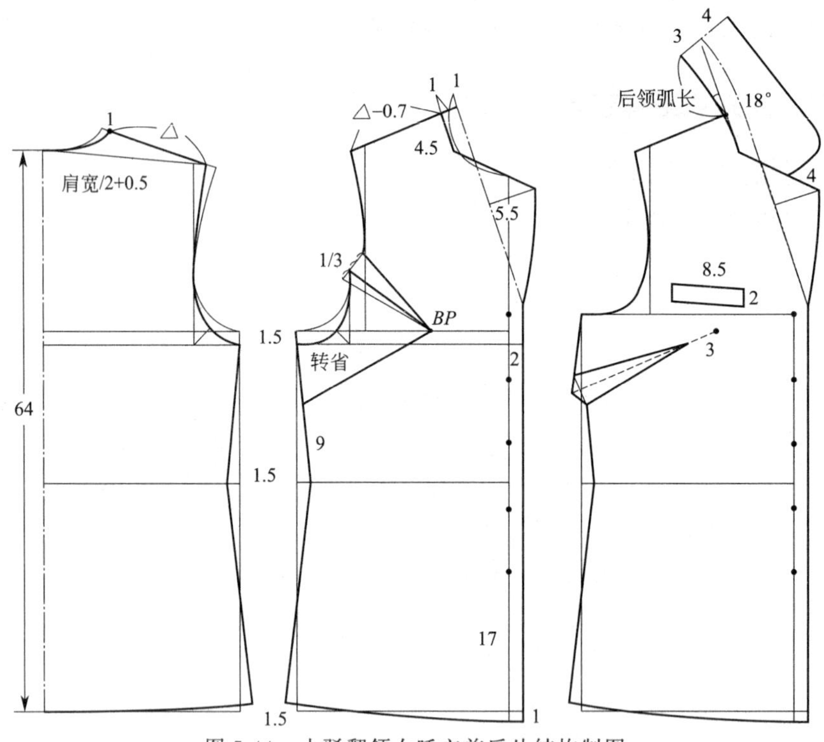

图 5-44　小驳翻领女睡衣前后片结构制图

（2）从原型后中心线画衣长线 64cm。

（3）原型胸围前后片为 $B/2+6$cm。

（4）前后宽不动以保障符合成品尺寸。

（5）依据原型基础前后领宽展开 1cm。

（6）保留后肩省 0.7cm，其余忽略。

（7）后片根据款式保证成品胸围松量不动。前后片胸围线下挖 1.5cm。

（8）制图中的胸腰差，总省量/2 为 3cm，前后片腰部各收 1.5cm 省。

（9）根据臀围尺寸适量放出侧缝摆量 1.5cm。

（10）将前衣片胸凸省的 1/3cm 转至袖窿以保证袖窿的活动需要，剩余省量转移至侧胁缝设省塑胸。

（11）前小肩依据后小肩尺寸减掉 0.7cm 确定。

（12）搭门宽 2cm，设 5 粒扣。

（13）画小驳领，前颈侧点延长 2cm 为上驳口位至胸围线止口画驳口线，前领口深 4.5cm，画串口线驳领宽 5.5cm。

（14）翻领参照领口延长线作倒伏角度 18°，总领宽 7cm，底领 3cm，翻领 4cm ，画顺领外口弧线。

（15）前左片胸线上画一小口袋长 8.5cm，高 2cm。

3. 小驳翻领女睡衣袖子结构制图（图 5-45）

（1）一片袖，画袖长 52cm。

（2）袖山高采用中袖山 $AH/2\times0.5$，取得袖肥后先画直筒袖。

（3）通过前后袖肥的 1/2 基础线收前后袖口肥各 14cm，修正袖口加外贴边宽 5cm；修正袖山弧线。

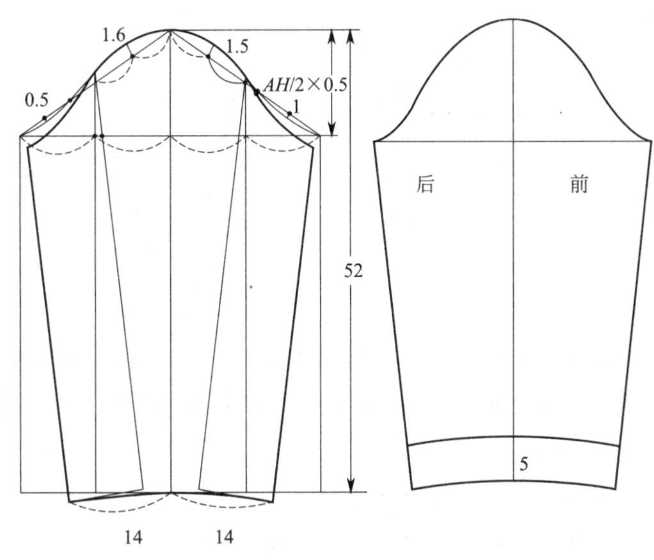

图 5-45　小驳翻领女睡衣袖子结构制图

第四节　男女户外装纸样设计

一、男式摩托夹克纸样设计

（一）男式摩托夹克效果图

男式摩托夹克效果图如图 5-46 所示。

（二）成品规格

按国家号型 170/88A 确定，成品规格如表 5-14 所示。

表 5-14　成品规格　　单位：cm

部位	衣长	胸围	总肩宽	下摆	袖长	整袖口
尺寸	62.5	108	45	95	60	30

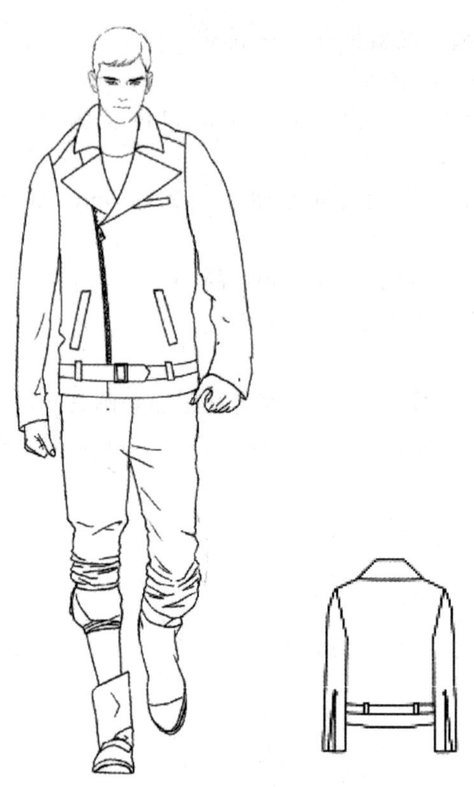

图 5-46　男式摩托夹克效果图

此款为经典户外运动装，衣长较短，净胸围加放 20cm，下摆收紧设装饰腰带；左搭门斜向拉链开口门襟，大翻领，为有袖肘省的一片袖。一般常用皮质面料，造型较酷。

（三）制图步骤

1. 男式摩托夹克后片结构制图（图 5-47）

（1）画后中线，按后衣长尺寸画纵向线、上下画平行线。

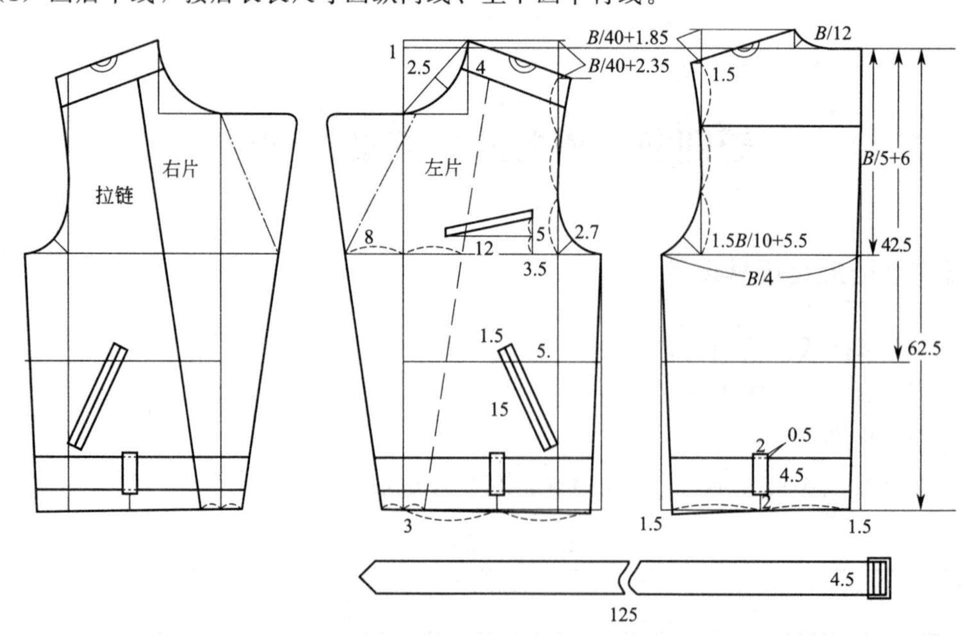

图 5-47　男式摩托夹克前后片结构制图

（2）后袖窿深，其尺寸计算公式为 $B/5+6\text{cm}$，据此画胸围水平线。

（3）画腰节长，从上平线向下的长度。尺寸计算公式为衣长/2＋6cm，以此长度画腰围水平线。

（4）后片胸围肥 $B/4$。

（5）后背宽，其尺寸计算公式为 $1.5B/10+5.5\text{cm}$。

（6）画背宽垂线，同时后背宽横线为袖窿深的1/3，画水平线。

（7）画后领宽线，其尺寸计算公式为 $B/12$。

（8）画后领深线，其尺寸计算公式为 $B/40-0.15\text{cm}$，画后领窝弧线。

（9）画后落肩线，其尺寸计算公式为 $B/40+1.85\text{cm}$；后冲肩量为1.5cm，以此确定后肩端点。

（10）从肩点画袖窿弧线与背宽相切过角平分线3cm至胸围线。

（11）下摆后中收1.5cm，侧缝收1.5cm，下摆上3.5cm设腰带宽4.5cm。

2. 男式摩托夹克前片结构制图（图5-47）

（1）前片参照后片基础上平行线上移1cm。

（2）$B/4$ 确定前片胸围肥，前胸宽，其尺寸计算公式为 $1.5B/10+4\text{cm}$，画前胸宽垂线。

（3）画前领宽线，同后领宽，领深参照领口加1cm，画领弧线。

（4）画前落肩线，其尺寸计算公式为 $B/40+2.35\text{cm}$。

（5）前小肩与后小肩相等，画前袖窿弧线；平行肩线下4cm设分割造型线。

（6）前中设斜向搭门下摆3cm，胸围线出8cm，延至领口。

（7）按照中线对称斜向画右片拉链位置分割线。

（8）左片胸部设12cm长口袋，下部左右设对称15cm长斜插口袋。

（9）下摆侧缝收1.5cm；下摆上3.5cm设腰带，宽4.5cm。

（10）腰带总长125cm，宽4.5cm。

3. 运动摩托夹克领子结构制图（图5-48）

（1）以总领宽9cm、底领宽3.5cm、翻领宽5.5cm和前后领窝弧线长的尺寸，画矩形基础结构线。

（2）在前后领窝弧线长的分割线处打开15.6°角，修正上下领口弧线，领尖延长2cm画领型。

（3）翻折线下0.5cm至领下口端5cm处画分体领，在分割线处将打开的角收掉并可在分体领再多收0.5cm；翻领处上口不动，分割线处通过纸样收打开的角度量。

（4）修顺翻领与分体领的上下弧线。

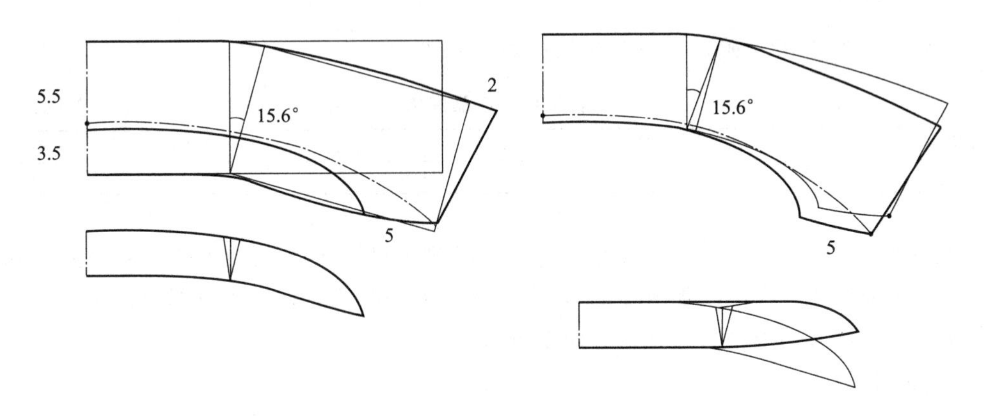

图5-48　运动摩托夹克领子结构制图

4. 运动摩托夹克袖子结构制图（图5-49）

（1）先画基础一片袖，袖长60cm，袖山高$AH/2\times0.6$cm，以前后AH长从袖山高顶点画斜线确立前后袖肥画侧缝线。

（2）袖肘从上平线向下为袖长/2＋3cm。画前后袖肥等分线，画袖口辅助弧线。

（3）从袖山高点采用前AH画斜线长取得前袖肥、后AH画斜线长取得后袖肥。通过辅助点画前后袖山弧线。

（4）袖中线前倾2cm顺袖口辅助线画1/2前袖口15cm，画前袖缝。后袖口按照袖口15cm，画顺前后袖缝应相等长。袖口分为4等分，后袖1/4处设分割线，后袖缝参照袖肘设袖肘省1.5cm，通过转省将袖肘省转移至袖口，设拉链。

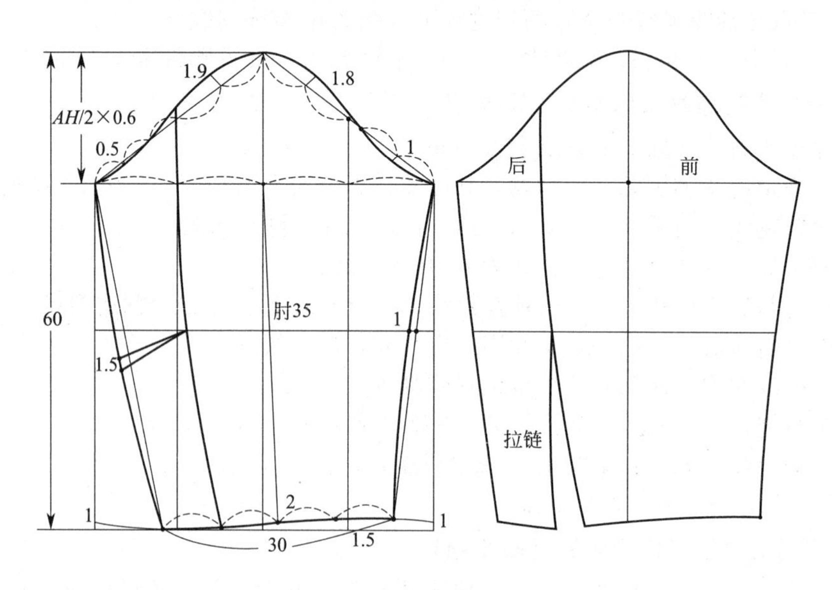

图5-49　运动摩托夹克袖子结构制图

二、户外男连帽连袖运动装纸样设计

（一）户外男连帽连袖运动装效果图

户外男连帽连袖运动装效果图如图5-50所示。

（二）成品规格

按国家号型170/88A确定，成品规格如表5-15所示。

表5-15　成品规格　　单位：cm

部位	衣长	胸围	总肩宽	下摆	肩袖长	袖口
尺寸	68	113	46	96	75	14

此款为男士户外运动装，插肩连袖结构设计满足上肢较大运动的需要，帽子既是功能需求，又具有装饰作用。净胸围加放25cm，直身形，下摆略收，摆围可加橡筋。可采用户外装专用既防风雨又透气的新型材料制作，注意色彩搭配。

（三）制图步骤

1. 户外男连帽连袖运动装后片及袖片结构制图（图5-51）

（1）画后中线，按后衣长68cm画纵向线，上下画平行线。

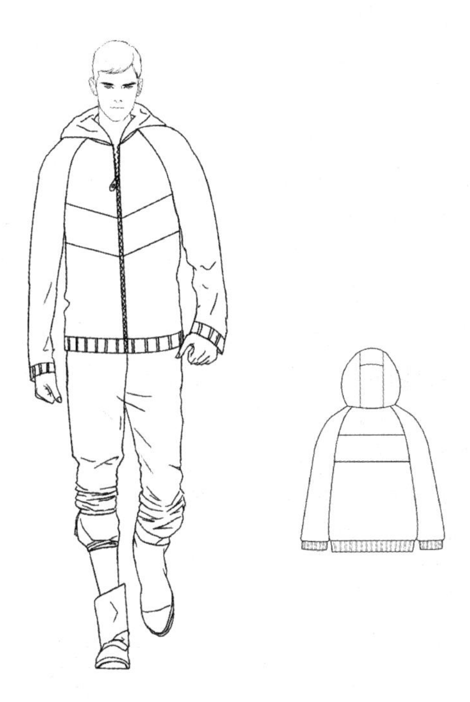

图 5-50　户外男连帽连袖运动装效果图

(2) 后袖窿深，其尺寸计算公式为 $B/5+7\text{cm}$，据此画胸围水平线。

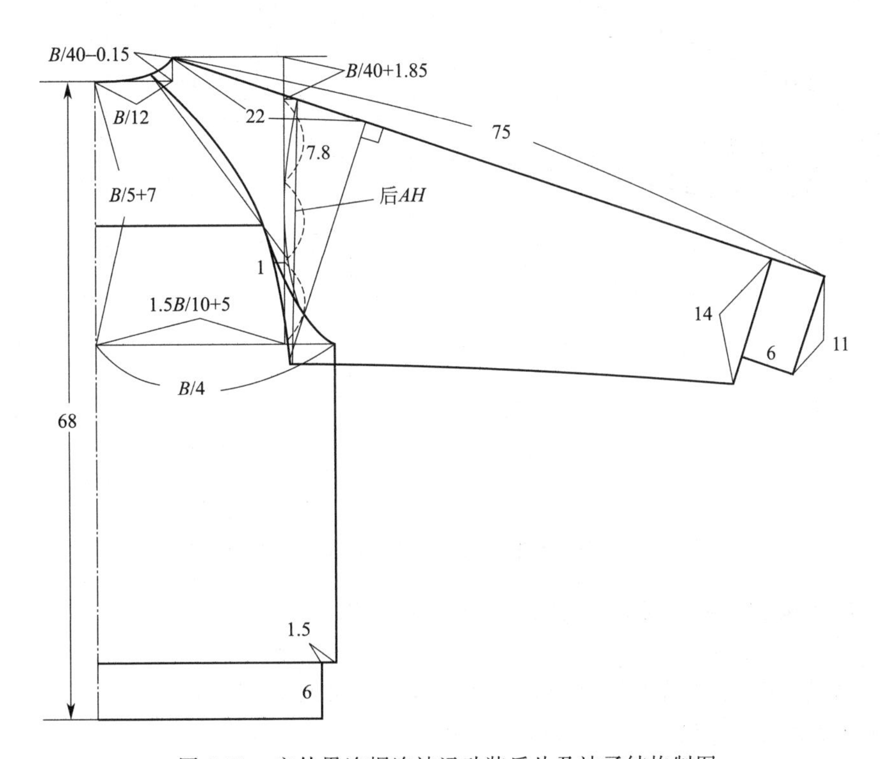

图 5-51　户外男连帽连袖运动装后片及袖子结构制图

(3) 后片胸围肥 $B/4$。

(4) 后背宽，其尺寸计算公式为 $1.5B/10+5\text{cm}$，画背宽垂线。

（5）画后领宽线，其尺寸计算公式为 $B/12$。

（6）画后领深线，其尺寸计算公式为 $B/40-0.15$cm，画后领窝弧线。

（7）画后落肩线，其尺寸计算公式为 $B/40+1.85$cm；后冲肩量为 1.5cm，以此确定后肩端点；参照后背宽垂线 1/3 点，画袖窿弧线。

（8）从肩点画袖窿弧线与背宽相切过角平分线 3cm 至胸围线。

（9）下摆围宽 6cm，侧缝收 1.5cm。

（10）顺肩线画袖长，肩袖长 75cm，后颈侧点延肩线 22cm 定袖山高；作出袖肥垂线，从肩点以后 AH 长度相交于袖肥线确定袖肥尺寸。

（11）袖头宽 6cm，袖头长 11cm，袖口 14cm，画袖内侧缝。

（12）画后插肩袖，从后领弧线 3cm 至后宽垂线 1/3 位置画辅助线，从 1/3 处作出 1cm 垂线为插肩袖弧线辅助点，画衣片与袖子弧线分割线。

（13）后袖窿深的 1/2 处画后片款式分割线。后中线连裁。

2. 户外男连帽连袖运动装前片及袖片结构制图（图 5-52）

（1）前片参照后片基础 68cm 上平行线。

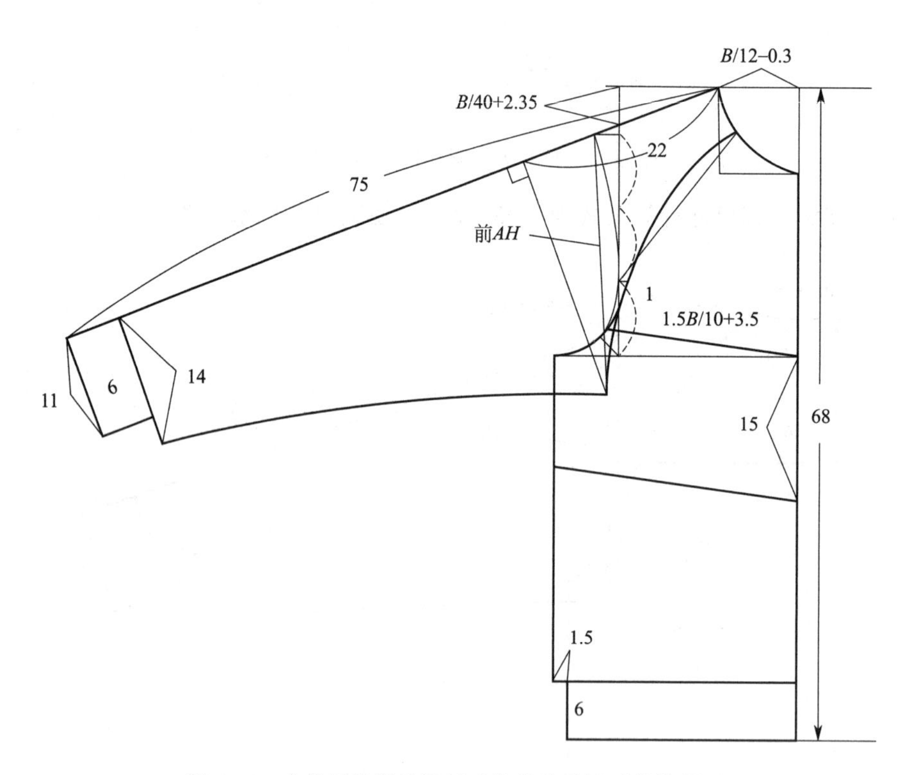

图 5-52　户外男连帽连袖运动装前片及袖子结构制图

（2）以 $B/4$ 确定前片胸围肥，前胸宽，其尺寸计算公式为 $1.5B/10+3.5$cm，画前胸宽垂线。

（3）画前领宽线，后领宽减 0.3cm，领深参照领口加 1cm，画领弧线。

（4）画前落肩线，其尺寸计算公式为 $B/40+2.35$cm。

（5）前小肩为后小肩－0.7cm 相交于落肩线，画前袖窿弧线。

（6）下摆围宽 6cm，侧缝收 1.5cm。

（7）顺肩线画袖长，肩袖长 75cm，前颈侧点延肩线 22cm 定袖山高，作出袖肥垂线；从肩点以前 AH 长度相交于袖肥线确定袖肥尺寸。

(8) 袖头宽 6cm，袖头长 11cm，袖口 14cm，画袖内侧缝。

(9) 画前插肩袖，从前领弧线下 5cm 至前宽垂线 1/3 位置画辅助线，从 1/3 处作出 1cm 垂线为插肩袖弧线辅助点，画衣片与袖子弧线分割线。

(10) 前片胸围线下 15cm，画略斜线的款式分割线。

(11) 前中设拉链开口。

(12) 将前后袖子拷贝下来后袖子中线对合成整袖片（图 5-53）。

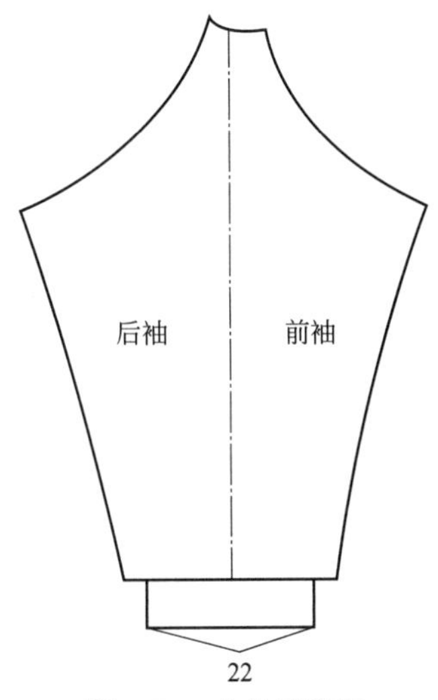

图 5-53　户外男连帽连袖运动装袖子结构制图

3. 户外男连帽连袖运动装帽子结构制图（图 5-54）

(1) 颈侧点画平行线、垂直线，以高度 37cm、宽 25cm 为基础帽子形；前肩线下 1.5cm 处画前领弧切线，后部是后领弧尺寸，也可在此处设 2cm 的省。

(2) 画帽子外口线造型，制作平顶造型帽子，参照帽子外口线造型平行下 6.5cm 设分割线；分出帽侧片与帽中片宽为 6.5×2＝13cm。

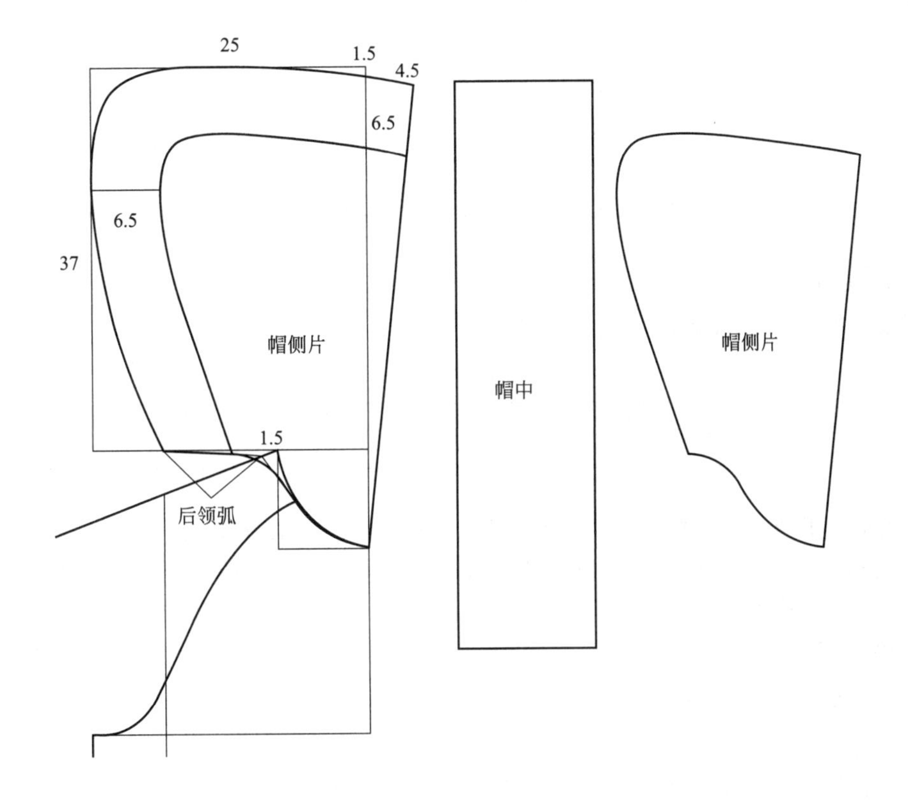

图 5-54　户外男连帽连袖运动装帽子结构制图

三、男立领连袖运动装纸样设计

（一）男立领连袖运动装效果图

男立领连袖运动装效果图如图 5-55 所示。

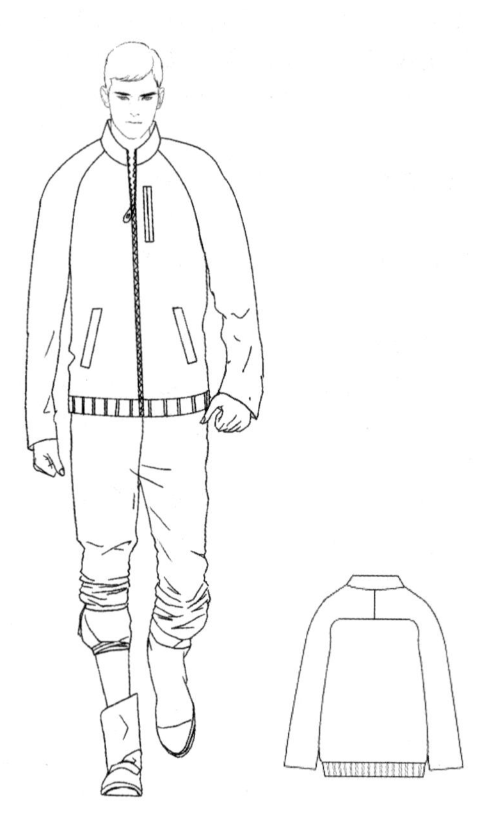

图 5-55 男立领连袖运动装效果图

（二）成品规格

按国家号型 170/88A 确定，成品规格如表 5-16 所示。

表 5-16 成品规格 单位：cm

部位	衣长	胸围	总肩宽	下摆	肩袖长	袖口
尺寸	68	113	46	96	69	14

此款为男士户外运动装，插肩连袖结构设计满足上肢较大运动的需要。净胸围加放 25cm，直身形；下摆略收摆围，可加罗纹。可采用户外装专用、既防风雨又可透气的新型材料制作，注意色彩搭配。

（三）制图步骤

1. 男立领连袖运动装后片及袖片结构制图（图 5-56）

（1）画后中线，按后衣长 68cm 画纵向线、上下画平行线。

（2）后袖窿深，其尺寸计算公式为 $B/5+5$cm，据此画胸围水平线。

（3）后片胸围肥 $B/4$。

（4）后背宽，其尺寸计算公式为 $1.5B/10+5$cm，画背宽垂线。

（5）画后领宽线，其尺寸计算公式为 $B/12$。

（6）画后领深线，其尺寸计算公式为 $B/40-0.15$cm，画后领窝弧线。

（7）画后落肩线，其尺寸计算公式为 $B/40+1.85$cm；后冲肩量为 1.5cm，以此确定后肩端点；参照后背宽垂线 1/3 点画袖窿弧线。

（8）从肩点画袖窿弧线与背宽相切过角平分线 3cm 至胸围线。

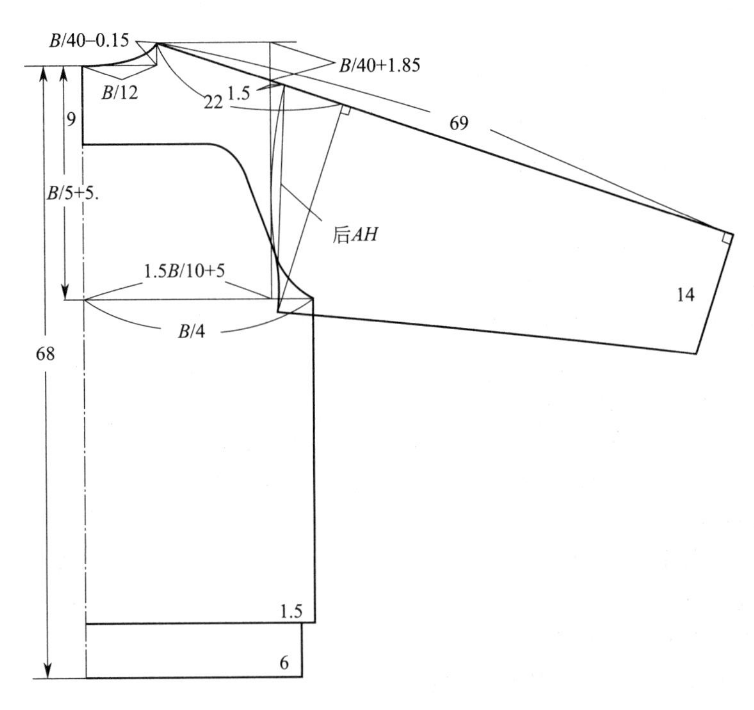

图 5-56　男立领连袖运动装后片及袖片结构制图

(9) 下摆围宽 6cm，侧缝收 1.5cm。

(10) 顺肩线画袖长，肩袖长 69cm，后颈侧点延肩线 22cm 定袖山高，作出袖肥垂线；从肩点以后 AH 长度相交于袖肥线确定袖肥尺寸。

(11) 袖口宽 14cm，画袖内侧缝。

(12) 画后插肩袖，从后领深下 9cm 再从后宽垂线 1/3 处作出插肩袖弧线；画衣片与袖子弧线分割线。

(13) 后中线连裁。

2. 男立领连袖运动装前片及袖片结构制图（图 5-57）

(1) 前片参照后片基础 68cm 上平行线。

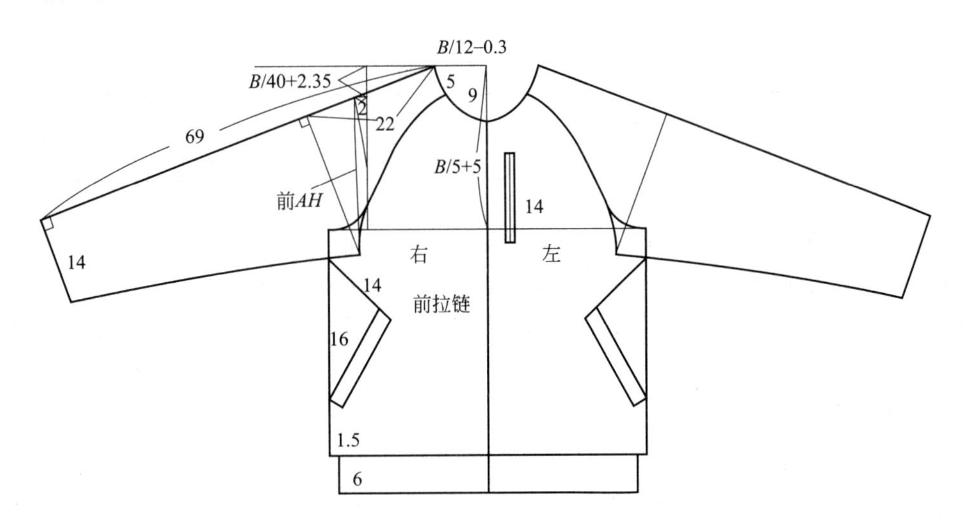

图 5-57　男立领连袖运动装前片及袖片结构制图

(2) 以 $B/4$ 确定前片胸围肥，前袖窿深 $B/5+5$cm，前胸宽；其尺寸计算公式为 $1.5B/10+3.5$cm，画前胸宽垂线。

(3) 画前领宽线 $B/12-0.3$cm，领深 9cm，画领弧线。

(4) 画前落肩线，其尺寸计算公式为 $B/40+2.35$cm。

(5) 前小肩为后小肩－0.7cm 相交于落肩线，画前袖窿弧线。

(6) 下摆围宽 6cm，侧缝收 1.5cm。

(7) 顺肩线画袖长，肩袖长 69cm，前颈侧点延肩线 22cm 定袖山高，作出袖肥垂线；从肩点以前 AH 长度相交于袖肥线，确定袖肥尺寸。

(8) 袖口宽 14cm，画袖内侧缝。

(9) 画前插肩袖，从前领弧线下 5cm 至前宽垂线 1/3 位置画辅助线；从 1/3 处作出 1cm 垂线为插肩袖弧线辅助点，画衣片与袖子弧线分割线。

(10) 前身左片前中上部画纵向直口袋 14cm。

(11) 前中设拉链开口。

(12) 参照衣身左右侧缝设斜插袋长 16cm。

3. 男立领连袖运动装领子及袖片结构制图（图 5-58）

(1) 以立领高 6cm 前后领窝弧线长画基础线，前端起翘 2cm 画上下领口线。

(2) 将前后袖子拷贝下来后，袖子中线对合成整袖片。

(3) 袖头宽 6cm，袖头长 22cm。

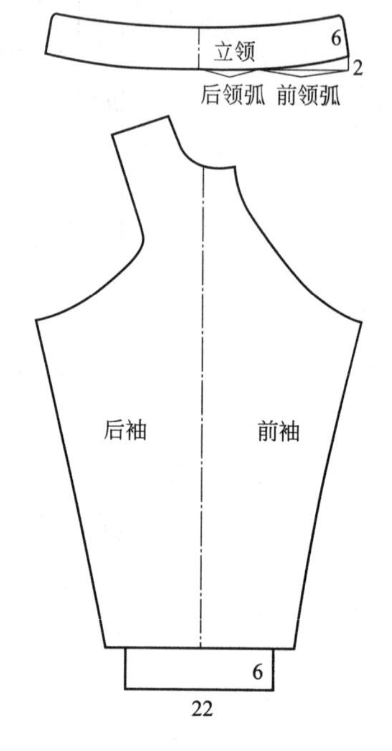

图 5-58　男立领连袖运动装领子及袖片结构制图

四、女式带帽连袖户外运动装纸样设计

（一）女式带帽连袖户外运动装效果图

女式带帽连袖户外运动装效果图如图 5-59 所示。

（二）成品规格

按国家号型 160/84A 确定，成品规格如表 5-17 所示。

表 5-17　成品规格　　单位：cm

部位	衣长	胸围	腰围	下摆	袖长
尺寸	65	100	84	88	52

此款为女士户外运动装，插肩连袖结构设计满足了上肢较大运动的需要；帽子既是功能需求，同时又具有装饰作用。净胸围 84cm 加放 16cm；净腰围 68cm 加放 16cm；下摆略收，摆围采用罗口材料。可采用户外装专用、既防风雨又可透气的新型材料制作，注意前后插肩袖分割线部位的色彩搭配。

（三）制图步骤

1. 制图方法（采用原型裁剪法）

首先按照号型 160/84A 型制作文化式女子新原型图，具体方法如前文化式女子新原型制图，然后依据原型制作纸样。

图 5-59　女式带帽连袖户外运动装效果图

2. 女式带帽连袖户外运动装前后片基础结构制图（图 5-60）

（1）将原型的前后片画好，腰线置同一水平线。

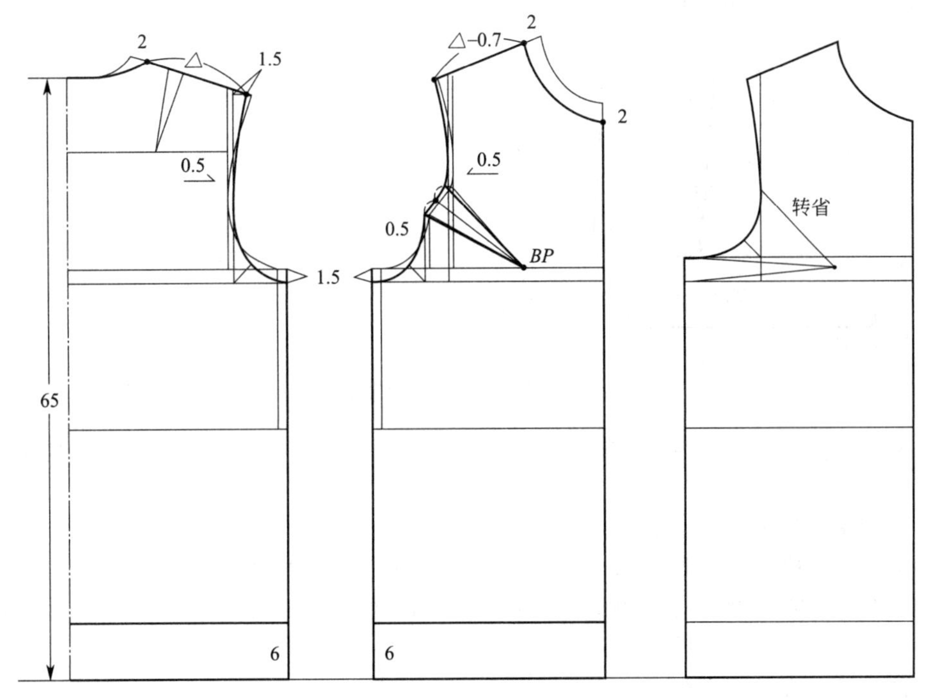

图 5-60　女式带帽连袖户外运动装前后片基础结构制图

（2）从原型后中心线画衣长线 65cm。

（3）原型胸围前后片为 $B/2+6$cm，再加放 2cm，前后宽各再加放 0.5cm，胸围线再挖深 1.5cm。

（4）依据原型基础前后领宽展开 2cm。

（5）后片保留后肩省 0.7cm，其余忽略。冲肩 1.5cm 确定尖端点，修正后袖窿弧线。

（6）前片袖窿省量修正后，其中 1/2 放置袖窿作为松量；以后小肩减 0.7cm 修正前小肩斜线长。前领深下 2cm，将 1/2 胸省转至侧缝线。

（7）下摆宽 6cm，作为罗口材料。

3. 女式带帽连袖户外运动装后片结构制图（图 5-61）

（1）从后片肩点顺肩线延长出袖长 52cm，袖头宽 5cm，袖头长 10cm。

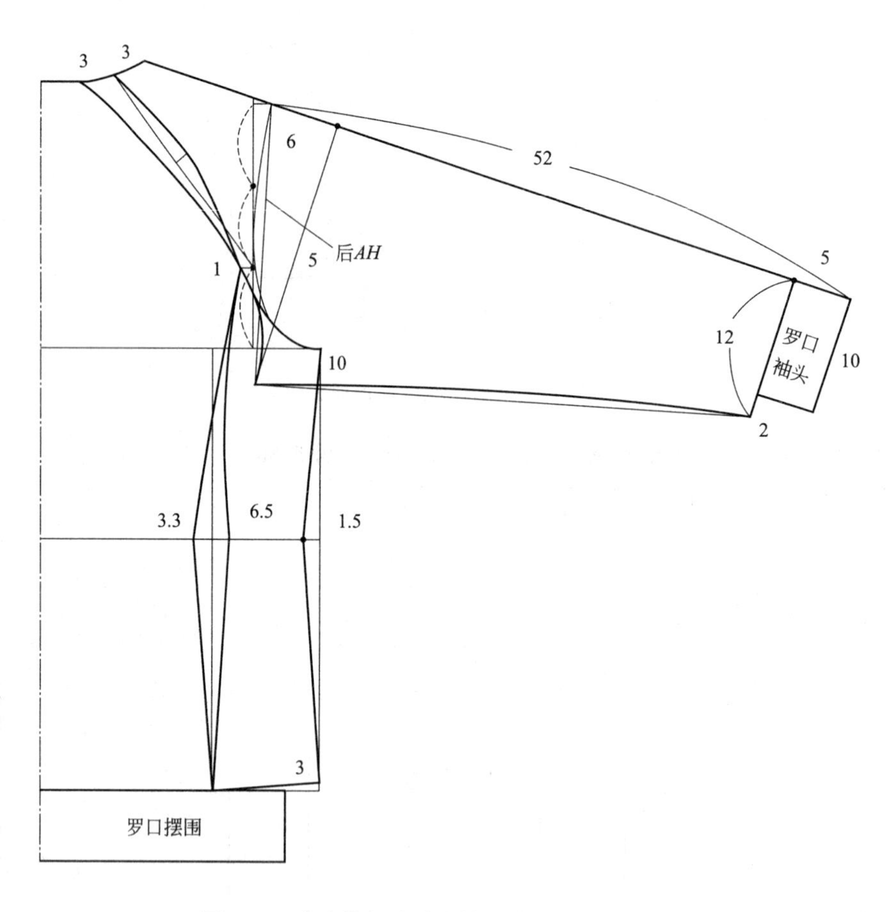

图 5-61　女式带帽连袖户外运动装后片结构制图

（2）袖山高 6cm，作为袖肥垂线，从肩点以后 AH 长度相交于袖肥线确定袖肥尺寸。

（3）袖口宽 12cm，画袖内侧。

（4）画后插肩袖，从后领弧下 3cm 再从后宽垂线 1/3 处作出的 1cm 位置点作为插肩袖弧线，画衣片与袖子底弧线分割线。从后领颈侧点顺弧下 3cm 再下 3cm，参照插肩袖弧线画款式设计的拼色片。

（5）后中线连裁。

（6）依据成品尺寸设计的1/2胸腰差量8cm的60％在腰线部位收省，侧缝1.5cm再进6.5cm位置设一刀背省3.3cm至下摆画顺。

（7）罗口下摆侧缝收3cm，依据罗口缩弹力自然收紧摆量。

4. 女式带帽连袖户外运动装前片结构制图（图5-62）

（1）从前片肩点顺肩线延长出袖长52cm，袖头宽5cm袖头长10cm。

（2）袖山高6cm，作为袖肥垂线，从肩点以前*AH*长度相交于袖肥线确定袖肥尺寸。

（3）袖口宽12cm，画袖内侧。

（4）画前插肩袖，再从前领弧下3cm再从前宽垂线1/3处作出的1cm位置点作为插肩袖弧线，画衣片与袖子底弧线分割线。再从前领口弧下6cm，参照插肩袖弧线画款式设计的拼色片。

（5）依据成品尺寸设计的1/2胸腰差量8cm的40％在腰线部位收省，侧缝收1.5cm省，*BP*位置移2cm下设一刀背省1.7cm至下摆画顺。

（6）罗口下摆侧缝收3cm，依据罗口缩弹力自然收紧摆量。

（7）参照插肩袖弧线11.7cm设的位置点连接*BP*点，将侧缝的胸省转移至刀背分割线后与腰省画顺至下摆。

（8）罗口下摆侧缝收3cm，依据罗口缩弹力自然收紧摆量。

（9）参照腰围线与前宽垂线下位置设一斜插袋。中为拉链开口。

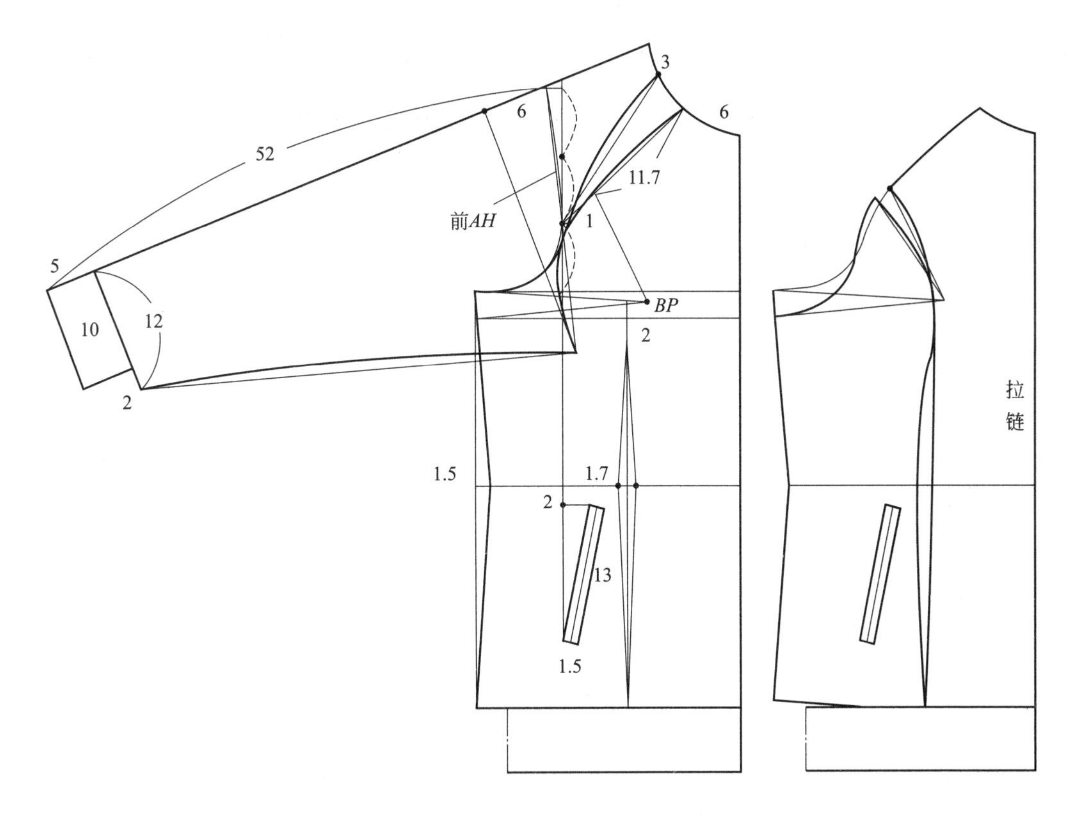

图5-62　女式带帽连袖户外运动装前片结构制图

5. 女式带帽连袖户外运动装帽子结构制图（图5-63）

（1）在前片领口画帽子，前颈侧点垂直画帽子高30cm，横向宽25cm，画基础线。

（2）前颈侧点肩线下1.5cm处画前领弧切线，后部是后领弧尺寸加2cm的省，长 10cm。

（3）画帽子外口弧线，前中为倾斜 2cm、延长 4cm 的造型。

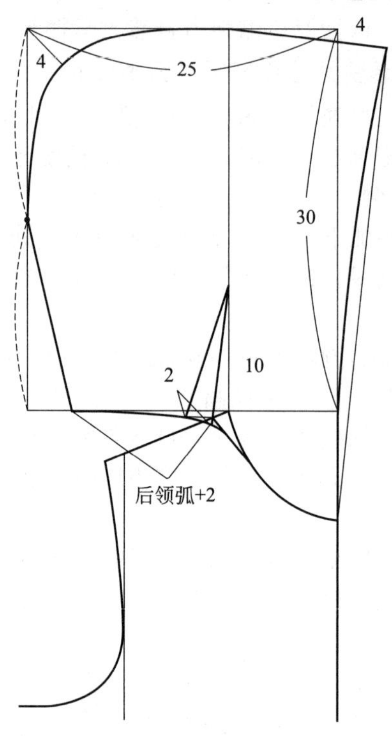

图 5-63　女式带帽连袖户外运动装帽子结构制图

第六章

连身类女装制板方法与实例

连身类女装是指上下身连接成一件的服装，款式品类很多，其中生活类有连衣裙、连体工装、连体休闲装等，礼服类有旗袍、晚礼服、婚纱等。连身类女装结构复杂，呈多元化的形式；同时，有较贴体紧身的形式，也有一般或较宽松的形式。在结构处理上要针对不同造型的要求，确定好相应的规格尺寸和各个部位的舒适量。尤其对于较为紧身合体的款式，对其三维人体的曲面变化塑造要求较高。除考虑具体人的不同形态特征外，还要进行相应修饰或夸张处理，才能取得正确的纸样。

第一节　连身类女装的结构特点与纸样设计

一、上身腰部缩褶小连袖下身直身式连衣裙纸样设计

（一）上身腰部缩褶小连袖下身直身式连衣裙效果图

上身腰部缩褶小连袖下身直身式连衣裙效果图如图 6-1 所示。

（二）成品规格

按国家号型 160/84A 确定，成品规格如表 6-1 所示。

表 6-1　成品规格　　单位：cm

部位	总裙长	胸围	总肩宽	腰围	臀围	袖长
尺寸	122	94	38	74	98	8

此款连衣裙腰节 38cm 加 5cm，再加后裙长 79cm；实际后衣长为 122cm，净胸围加 10cm，净腰围加 6cm，净臀围加 8cm，小连袖 8cm。腰部为缩褶，下摆直身式，较好塑造出女性优美的体型，应采用垂感较好的真丝或化纤面料。

图 6-1　上身腰部缩褶小连袖下身直身式连衣裙效果图

（三）制图步骤

1. 上身腰部缩褶小连袖下身直身式连衣裙后片结构制图方法（采用原型裁剪法）

首先按照号型 160/84A 型制作文化式女子新原型图，具体方法如前文化式女子新原型制图，然后依据原型制作纸样。

2. 上身腰部缩褶小连袖下身直身式连衣裙结构制图（图 6-2）

（1）将原型的前后片画好，腰线置同一水平线。

（2）从原型后中心线画腰部以上衣长线 38cm。

（3）原型胸围前后片为 $B/2+6$cm 以保证符合胸围成品尺寸。

（4）依据原型基础领宽，前后领宽各展宽 1.5cm。

（5）将原型后肩省 1.83cm 保留 0.7cm 作出归缩量。冲肩 1.5cm 确定肩点。

（6）后片参照肩胛省尖作出垂线，将剩余肩省转移至腰节线。

（7）前片将原型胸凸省 1/2 放置袖窿作为松量，其余省量转移至腰节线。

（8）在后肩端点作出小袖延长线 8cm 并作出袖口下垂线 2.5cm，画袖口。

（9）在前肩端点作出小袖延长线 8cm 并作出袖口下垂线 3cm，画袖口。

（10）从腰节下移 5cm 作出腰贴，其长前、后各为 $W/4+0.5$cm、$W/4-0.5$cm。上腰部缩褶至腰贴。

（11）画下部前后裙片，前后裙长 80cm，臀高 17.5cm；前片臀围肥为 $H/4+0.5$cm，后片臀围肥为 $H/4-0.5$cm。

（12）根据 1/4 臀腰差，收省 6cm，侧缝收 2.5cm，中腰收 3.5cm。

（13）裙下摆侧缝各收 2cm，画圆摆，侧开衩臀下 20cm。

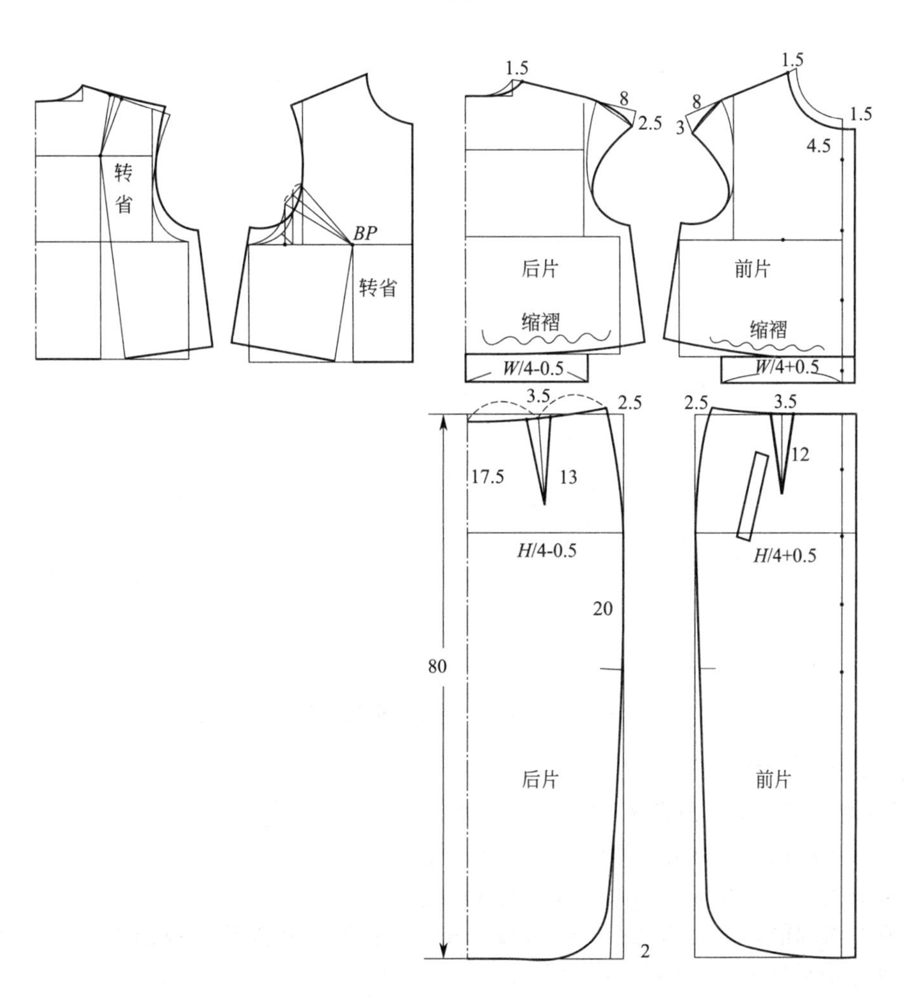

图 6-2　上身腰部缩褶小连袖下身直身式连衣裙结构制图

二、喇叭裙式连衣裙纸样设计

（一）喇叭裙式连衣裙效果图

喇叭裙式连衣裙效果图如图 6-3 所示。

（二）成品规格

按国家号型 160/84A 确定，成品规格如表 6-2 所示。

表 6-2　成品规格　　单位：cm

部位	总裙长	胸围	总肩宽	腰围	袖长	袖口
尺寸	120	100	38	80	24	32

此款连衣裙为较舒适的夏季短袖喇叭裙式连衣裙，净胸围加 16cm，净腰围加 12cm，短袖。腰部设腰贴，裙下摆较大，较好塑造出女性优美的体型，应采用垂感较好的真丝或化纤面料。

（三）制图步骤

1. 喇叭裙式连衣裙衣片结构制图方法（采用原型裁剪法）

首先按照号型 160/84A 型制作文化式女子新原型图，具体方法如前文化式女子新原型制

图 6-3　喇叭裙式连衣裙效果图

图，然后依据原型制作纸样。

2. 喇叭裙式连衣裙上身及裙子结构制图（图 6-4）

（1）将原型的前后片画好，腰线置同一水平线。

（2）从原型后中心线画腰部以上衣长线 38cm。

（3）原型胸围前后片为 $B/2+6$cm 再加 3cm，包括后片胸围线减掉的 1cm 以保证符合胸围成品尺寸。前后宽根据比例展宽 0.75cm。

（4）依据原型基础领宽，前后领宽各展宽 1.5cm，前领深下移 1.5cm。

（5）将原型后肩省 1.83cm 保留 0.7cm 作为归缩量。冲肩 1.5cm 确定肩点。

（6）前后片胸围线下挖 2cm，修正前后袖窿弧线。

（7）前片将原型胸凸省 1/3 放置袖窿作为松量，其余省量转移至侧缝线。

（8）腰部根据 1/2 胸腰差收省后腰围共收 6.6cm，前片腰围共收 4.4cm 省。前中搭门 2cm。

（9）从腰节下移 4cm 作为腰贴，其长前、后各为收省后的前腰围、后腰围实际制图尺寸。

（10）喇叭裙长 78cm，腰口长参照前后腰贴尺寸展开 45°角的下摆喇叭造型。

3. 喇叭裙式连衣裙领子与袖子结构制图（图 6-5）

（1）领子采用男式衬衫领制图方法，底领 3cm，翻领 4.5cm。

（2）画袖子，袖长 24cm 减袖头宽 4cm，袖山高为 $AH/2\times0.6$；以前后 $AH/2$ 的长确定前后袖肥，在前后 AH 的斜线上 通过辅助线画前后袖山弧线。

（3）确定袖口肥同袖肥尺寸，袖头宽 4cm、袖头长 32cm 画矩形，将袖口缩褶至袖头。

三、平领式连衣裙纸样设计

（一）平领式连衣裙效果图

平领式连衣裙效果图如图 6-6 所示。

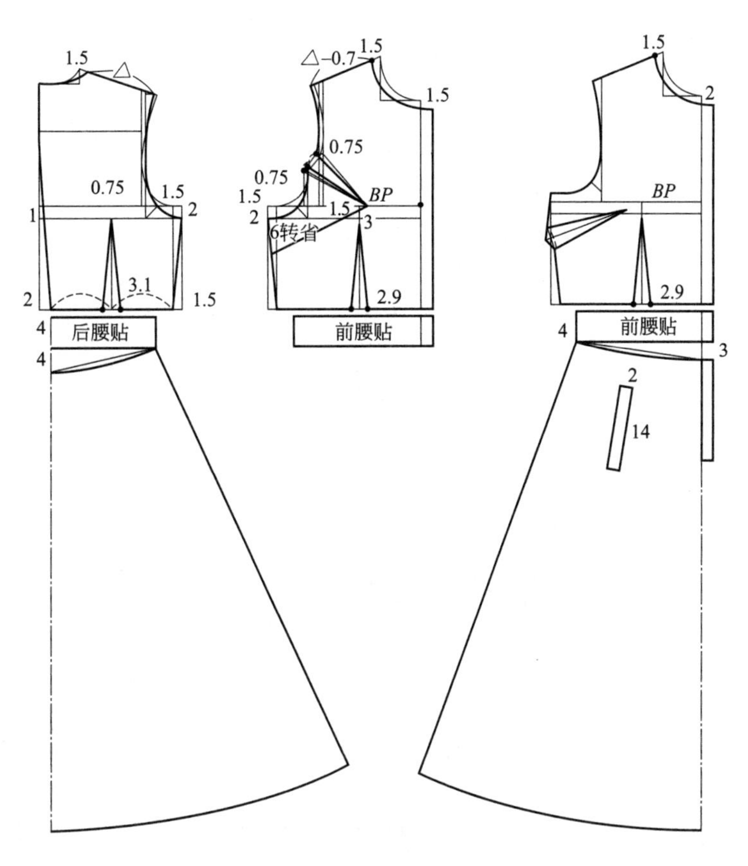

图 6-4　喇叭裙式连衣裙上身及裙子结构制图

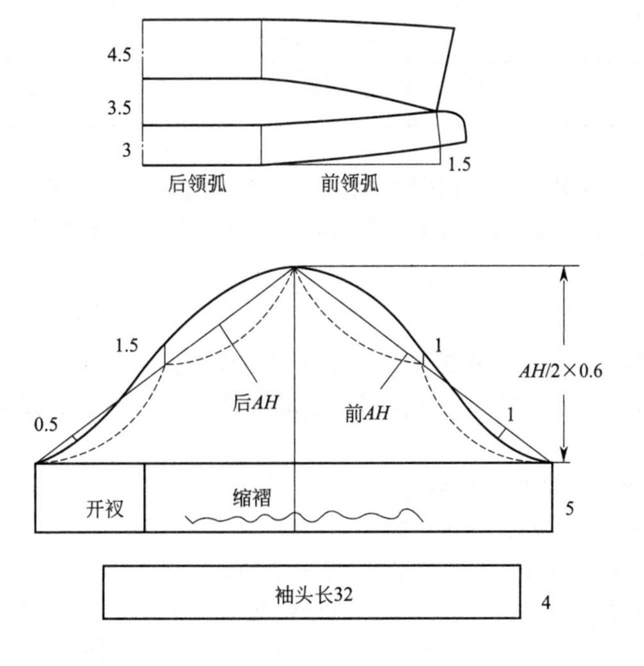

图 6-5　喇叭裙式连衣裙领子与袖子结构制图

图 6-6 平领式连衣裙效果图

（二）成品规格

按国家号型 160/84A 确定，成品规格如表 6-3 所示。

表 6-3 成品规格 单位：cm

部位	总裙长	胸围	总肩宽	腰围	袖长	袖头长
尺寸	98.5	96	38	74	56	20

此款连衣裙为生活装款式，净胸围加 12cm，净腰围加 6cm，长袖，领口为开得较大的平领；上下腰部缩褶，腰部设腰贴，裙下摆较大，较好地塑造出女性优美体型，应采用垂感较好的真丝或化纤面料。

（三）制图步骤

1. 平领式连衣裙衣片结构制图方法（采用原型裁剪法）

首先按照号型 160/84A 型制作文化式女子新原型图，具体方法如前文化式女子新原型制图，然后依据原型制作纸样。

2. 平领式连衣裙结构制图（图 6-7）

（1）将原型的前后片画好，腰线置同一水平线。

（2）从原型后中心线画腰部以上衣长线 38cm，总裙长 98.5cm。

（3）原型胸围前后片为 $B/2+6$cm 以保证符合胸围成品尺寸。

（4）依据原型基础领宽，前后领宽各展宽 1.5cm，前领深下移 3cm。

（5）将原型后肩省 1.83cm 保留 0.5cm 作为归缩量。冲肩 1.5cm 确定肩点。前小肩以后小肩尺寸－0.5cm 确定。

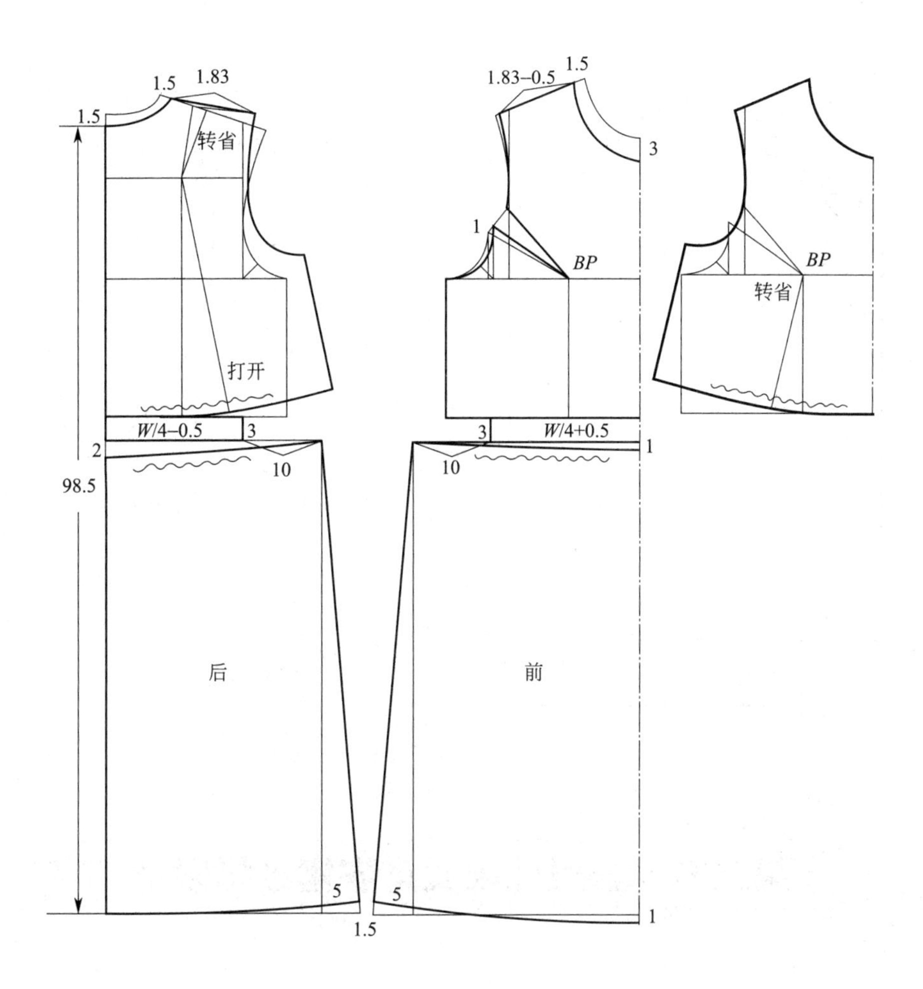

图 6-7　平领式连衣裙结构制图

(6) 后片参照肩胛省尖作垂线，将剩余肩省转移至腰节线。

(7) 前片将原型胸凸省 1/3 放置袖窿作为松量，其余省量转移至腰节线（以上参照图 6-7 上部分图）。

(8) 从腰节下移 3cm 作为腰贴，其长前、后各为 $W/4+0.5$cm、$W/4-0.5$cm。上腰部缩褶至腰贴。

(9) 后中腰贴下 2cm，画裙长 55.5cm；后裙腰口长参照后腰贴尺寸展开 10cm，缩褶量下摆再展开 5cm 裙摆造型。

(10) 前中腰贴下 1cm，画裙长 55.5cm；前裙腰口长参照前腰贴尺寸展开 10cm，缩褶量下摆再展开 5cm 裙摆造型。

3. 平领式连衣裙领子与袖子结构制图（图 6-8）

(1) 领子为平领。前后片肩缝对齐交叉 1.5cm，在领口处画平领宽度 11cm。

(2) 画袖子，袖长 56cm 减袖头宽 6cm，袖山高为 $AH/2\times0.6$；以前后 $AH/2$ 的长确定前后袖肥，在前后 AH 的斜线上通过辅助线画前后袖山弧线。

(3) 确定袖口肥同袖肥尺寸，袖头宽 6cm、袖头长 20cm 画矩形，将袖口缩褶至袖头。

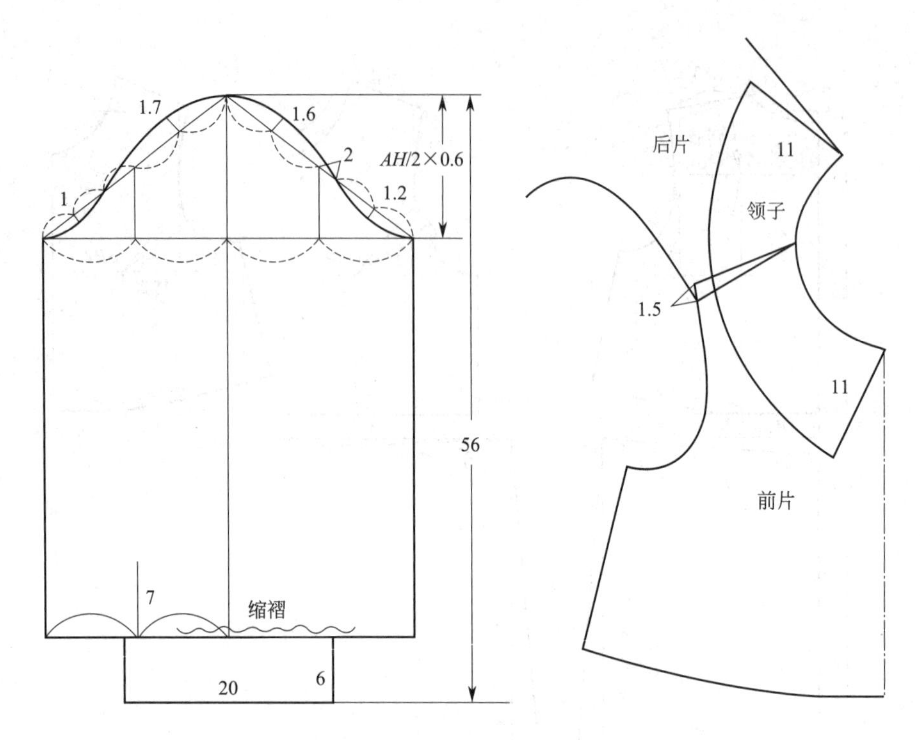

图 6-8　平领式连衣裙领子与袖子结构制图

第二节　各类休闲女连衣裙纸样设计

一、方领口中袖睡袍式连衣裙纸样设计

（一）方领口中袖睡袍式连衣裙效果图

方领口中袖睡袍式连衣裙效果图如图 6-9 所示。

（二）成品规格

按国家号型 160/84A 确定，成品规格如表 6-4 所示。

表 6-4　成品规格　　单位：cm

部位	总裙长	胸围	总肩宽	摆围	袖长	袖口
尺寸	104	94	38	126	42.5	30

此款为方领口中袖睡袍式连衣裙，净胸围加放 10cm。前后领口缩褶，中袖为下摆较大的舒适造型，可采用垂感较好的天然纤维面料或化纤面料制作。

（三）制图步骤

1. 方领口中袖睡袍式连衣裙衣片结构制图方法（采用原型裁剪法）

首先按照号型 160/84A 型制作文化式女子新原型图，具体方法如前文化式女子新原型制图，然后依据原型制作纸样。

图 6-9　方领口中袖睡袍式连衣裙效果图

2. 方领口中袖睡袍式连衣裙结构制图（图 6-10）

（1）将原型的前后片画好，腰线置同一水平线。

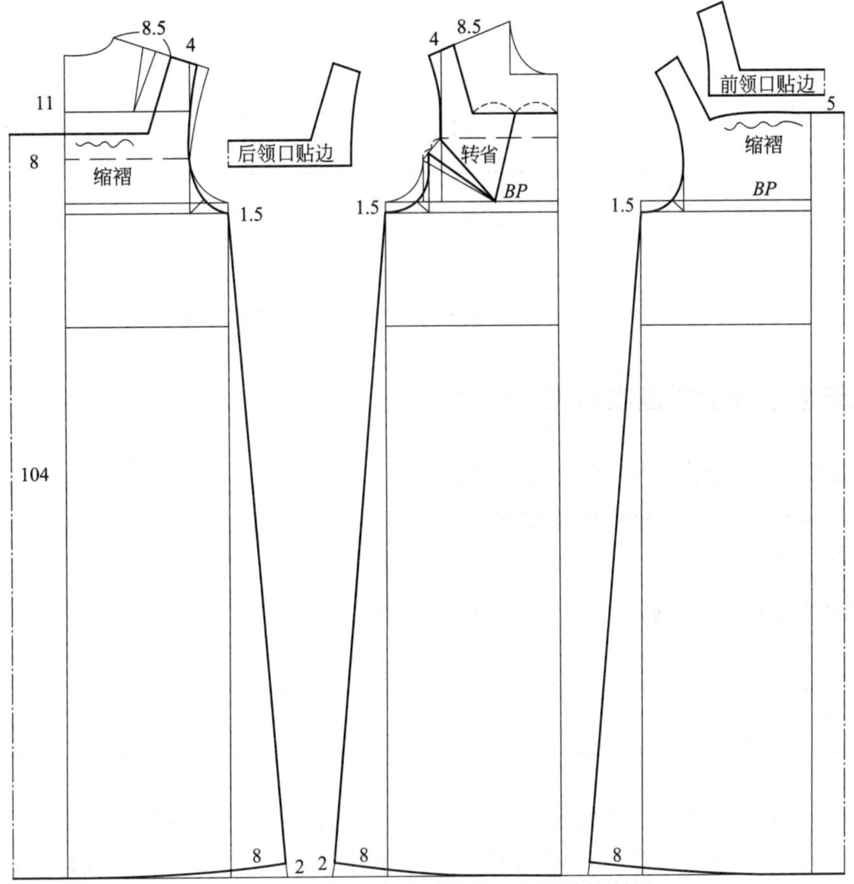

图 6-10　方领口中袖睡袍式连衣裙结构制图

（2）从原型后领口下开领深 11cm，总裙长线 104cm。领宽展宽 8.5cm，小肩宽 4cm。

（3）原型胸围前后片为 $B/2+6$cm 以保证符合胸围成品尺寸。

（4）胸围线下挖 1.5cm，修正后袖窿弧线。

（5）后中放出 8cm 缩褶量。侧缝下摆放出 8cm 摆量。

（6）前片依据原型领宽展宽 8.5cm，小肩宽 4cm，前领深下移 5cm。

（7）将原型胸凸省 1/3 保留作为袖窿松量，剩余省量转移至前领口，前中线放出 5cm 作为缩褶量。

（8）胸围线下挖 1.5cm，修正前袖窿弧线，侧缝下摆放出 8cm 摆量。

3. 方领口中袖睡袍式连衣裙袖子结构制图（图 6-11）

（1）画袖子，袖长 42.5cm 减袖头宽 2.5cm，袖山高为 $AH/2\times0.5$；以前后 $AH/2$ 的长确定前后袖肥，在前后 AH 的斜线上通过辅助线画前后袖山弧线。

（2）以两袖侧缝各收 2.5cm，袖头宽 2.5cm、袖头长 30cm 画矩形，将袖口缩褶至袖头。

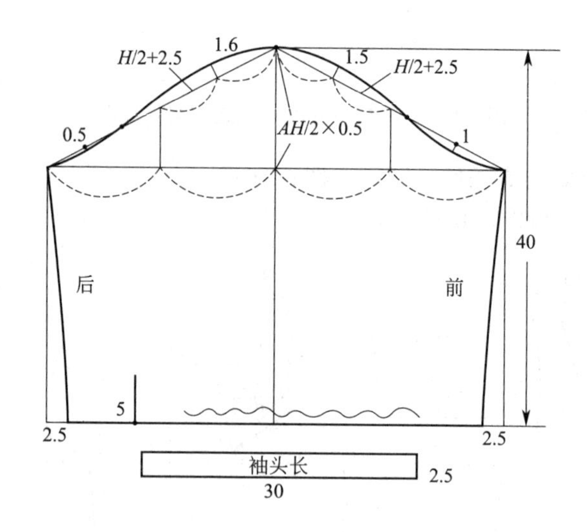

图 6-11　方领口中袖睡袍式连衣裙袖子结构制图

二、帔领长泡袖睡袍式连衣裙纸样设计

（一）帔领长泡袖睡袍式连衣裙效果图

帔领长泡袖睡袍式连衣裙效果图如图 6-12 所示。

（二）成品规格

按国家号型 160/84A 确定，成品规格如表 6-5 所示。

表 6-5　成品规格　　单位：cm

部位	总裙长	胸围	总肩宽	摆围	袖长	袖口
尺寸	120	94	38	122	60	20

此款为前后领口帔领长泡袖睡袍式连衣裙，净胸围加放 10cm。前后领口缩褶，长袖，下摆较大，前上部为开口方便穿脱的舒适造型，可采用垂感较好的天然纤维面料或化纤面料制作。

图 6-12　帔领长泡袖睡袍式连衣裙效果图

（三）制图步骤

1. 帔领长泡袖睡袍式连衣裙结构制图方法（采用原型裁剪法）

首先按照号型 160/84A 型制作文化式女子新原型图，具体方法如前文化式女子新原型制图，然后依据原型制作纸样。

2. 帔领长泡袖睡袍式连衣裙衣片结构制图（图 6-13）

（1）将原型的前后片画好，腰线置同一水平线。

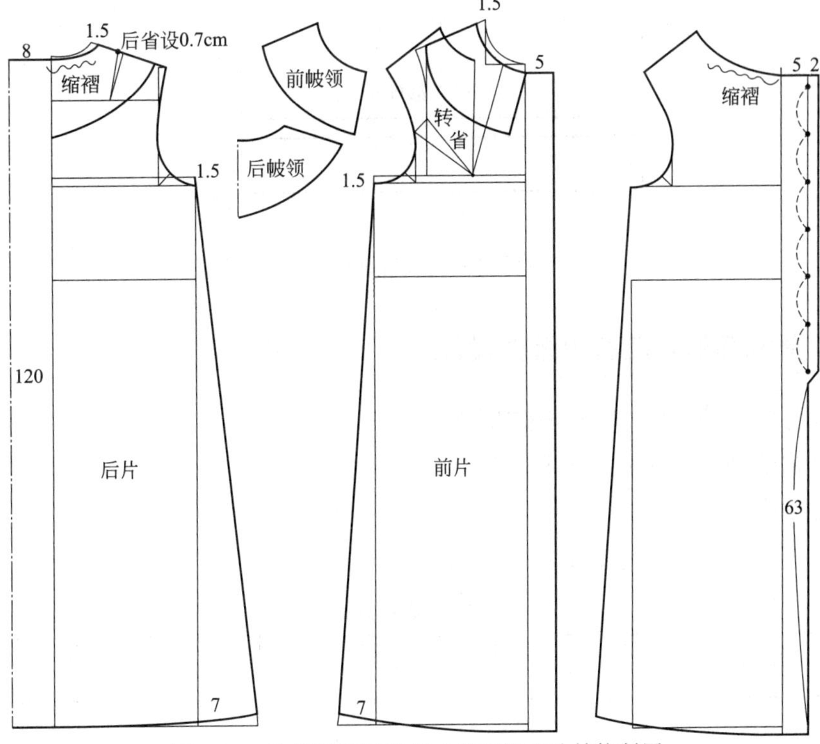

图 6-13　帔领长泡袖睡袍式连衣裙衣片结构制图

（2）从原型后领口下开领深 1cm，总裙长线 120cm。领宽展宽 1.5cm，后冲肩 1.5cm 决定小肩宽尺寸，包括 0.7cm 省量。

（3）后中线展宽 8cm 作为缩褶量，胸围下挖 1.5cm，从肩点修正后袖窿弧线。

（4）侧缝下摆放出 7cm 摆量 。参照后领口及小肩画出后帔领。

（5）前片从原型前领口下开领深 1.5cm，领宽展宽 1.5cm，前中线展宽 5cm 作为缩褶量，搭门 2cm，设 7 粒扣。前小肩尺寸参照后小肩尺寸减 0.7cm 取得。

（6）前袖窿省 1/3 放置袖窿作为活动松量，其余转移至前领口作为缩褶处理。侧缝下摆放出 7cm 摆量，画顺下摆弧线。

（7）参照前领口及小肩画出前帔领。

3. 帔领长泡袖睡袍式连衣裙袖子结构制图（图 6-14）

（1）画一片袖子，袖长 60cm，袖山高为 $AH/2\times0.5$；以前后 $AH/2$ 的长确定前后袖肥，在前后 AH 的斜线上通过辅助线画前后袖山弧线。

（2）两袖侧缝各收 2.5cm，袖口上 6cm 处采用橡筋缩口至 20cm，形成碎褶造型的袖口。

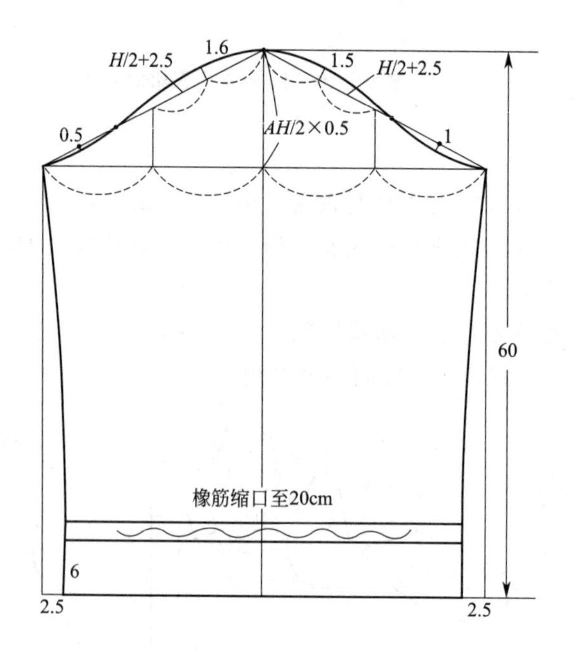

图 6-14　帔领长泡袖睡袍式连衣裙袖子结构制图

三、无领刀背泡泡袖式连衣裙纸样设计

（一）无领刀背泡泡袖式连衣裙效果图

无领刀背泡泡袖式连衣裙效果图如图 6-15 所示。

（二）成品规格

按国家号型 160/84A 确定，成品规格如表 6-6 所示。

表 6-6　成品规格　　单位：cm

部位	总裙长	胸围	总肩宽	腰围	袖长	袖头长	臀围
尺寸	98.5	94	37	74	24.5	28	98

此款为无领刀背泡泡袖式连衣裙，净胸围加放 10cm，净腰围加 6cm 松量；短袖，下摆

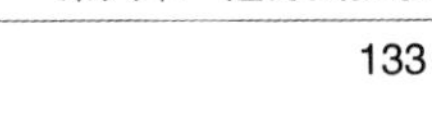

图 6-15　无领刀背泡泡袖式连衣裙效果图

较大，方便穿脱，可采用垂感较好天然纤维面料或化纤面料制作。

（三）制图步骤

1. 无领刀背泡泡袖式连衣裙结构制图方法（采用原型裁剪法）

首先按照号型 160/84A 型制作文化式女子新原型图，具体方法如前文化式女子新原型制图，然后依据原型制作纸样。

2. 无领刀背泡泡袖式连衣裙后片结构制图（图 6-16）

（1）将原型的前后片画好，腰线置同一水平线。

（2）从原型后领口下开领深 1.5cm，总裙长线 98.5cm。领宽展宽 1.5cm，后冲肩 1cm 决定小肩宽尺寸，包括 0.7cm 省量；肩较窄适合泡泡袖造型。

（3）根据 1/2 胸腰差量 60％收在后片为 6.6cm 省，分别收后中线 1.5cm、侧缝 1.5cm、后中腰 3.6cm 省。

（4）后片臀高 17.5cm，画后片臀围肥为 $H/4-0.5$cm。

（5）下摆后中放摆 3.5cm，侧缝放摆 5.5cm，中腰线下摆各放 5cm。

（6）根据后中腰省位及下摆放量在袖窿省处起画刀背款式与结构线。胸围线处后中收 0.5cm，刀背缝 0.5cm 省。

3. 无领刀背泡泡袖式连衣裙前片结构制图（图 6-16）

（1）从原型前领口下开领深 6cm，领宽展宽 1.5cm，前小肩尺寸参照后小肩尺寸减 0.7cm 取得。

（2）前袖窿省 1/3 放置袖窿作为活动松量，其余作刀背省。

（3）根据 1/2 胸腰差量 40％收在前片为 4.4cm 省，分别收侧缝 1.5cm、前中 2.9cm 省。

（4）前片臀高 17.5cm，画前片臀围肥为 $H/4+0.5$cm。

（5）下摆前侧缝放摆 4.5cm，中腰线下摆各放 4cm。

（6）根据前中腰省位及下摆放量在袖窿省处起画刀背款式与结构线。

（7）前片连裁，后中线领口下设隐形拉链至臀围。

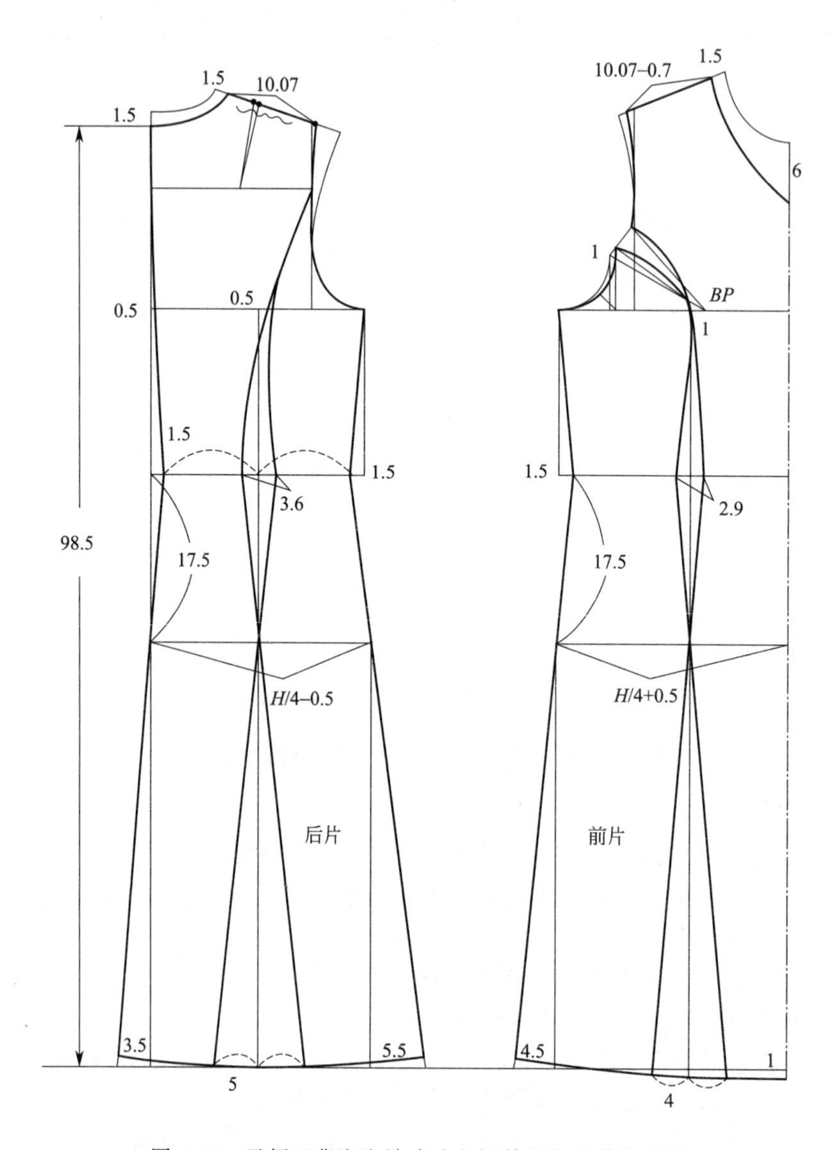

图 6-16　无领刀背泡泡袖式连衣裙前后衣片结构制图

4. 无领刀背泡泡袖式连衣裙袖子结构制图（图 6-17）

（1）画泡泡基础袖子，袖长宽 24.5cm，袖头宽 2.5cm，袖山高为 $AH/2\times0.6$；以前后 $AH/2$ 的长确定前后袖肥，在前后 AH 的斜线上 通过辅助线画前后袖山弧线。

（2）袖头宽 2.5cm、长 28cm，收碎褶造型的袖口。

（3）依据基础袖子，从袖肥线通过纸样将前后袖山弧形部分展开，再加原袖山弧吃缝量 2cm，共需缩褶 9cm 产生泡泡袖型。

四、无领宽腰带式连衣裙纸样设计

（一）无领宽腰带式连衣裙效果图

无领宽腰带式连衣裙效果图如图 6-18 所示。

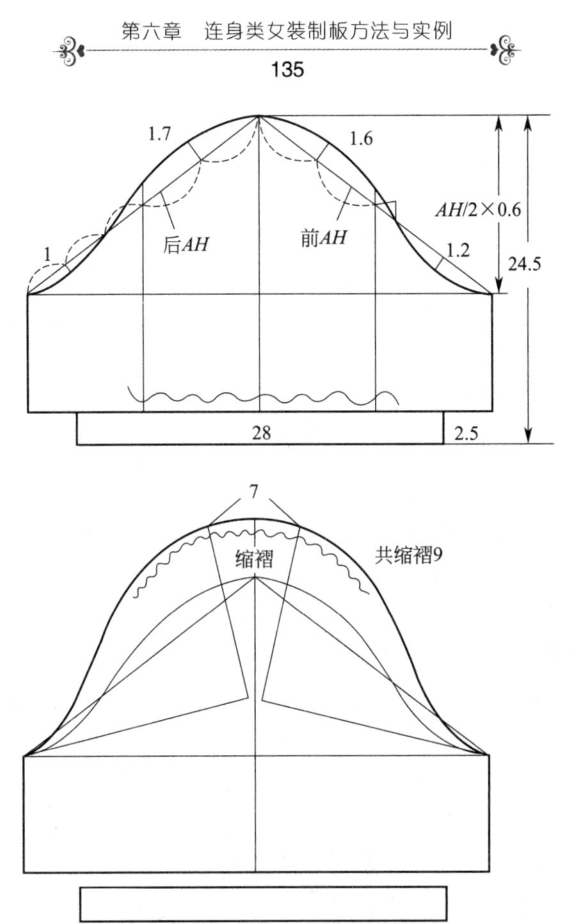

图 6-17 无领刀背泡泡袖式连衣裙袖子结构制图

图 6-18 无领宽腰带式连衣裙效果图

（二）成品规格

按国家号型 160/84A 确定，成品规格如表 6-7 所示。

表 6-7　成品规格　　单位：cm

部位	总裙长	胸围	总肩宽	腰围	袖长	袖口	臀围
尺寸	108	94	38	74	54	13.5	96

此款为无领宽腰带式时装连衣裙。净胸围加放 10cm，净腰围加 6cm 松量，长袖，下摆收摆，腰部有装饰，可采用垂感较好天然纤维面料或化纤面料制作。

（三）制图步骤

1. 无领宽腰带式时装连衣裙结构制图方法（采用原型裁剪法）

首先按照号型 160/84A 制作文化式女子新原型图，具体方法如前文化式女子新原型制图，然后依据原型制作纸样。

2. 无领宽腰带式时装连衣裙衣片结构制图（图 6-19）

（1）将原型的前后片画好，腰线置同一水平线，先画后片再画前片。

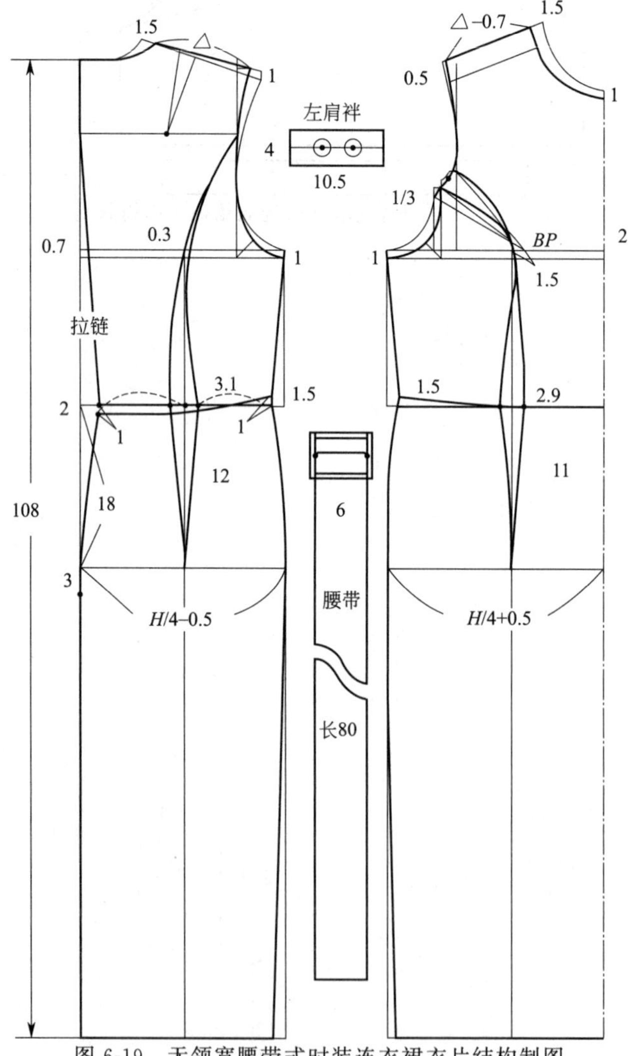

图 6-19　无领宽腰带式时装连衣裙衣片结构制图

（2）画后中衣裙长线108cm，领宽展宽1.5cm，肩点上抬1cm后，冲肩1.5cm决定小肩宽尺寸包括0.7cm省量，其余肩省转移至后袖窿。

（3）胸围线下移1cm，从肩点修正后袖窿弧线。

（4）根据1/2胸腰差量60%收在后片为6.6cm省，分别收后中线2cm、侧缝1.5cm、后中腰3.1cm省。画腰节上部后中线，侧缝线，依据后中腰省位从袖窿画刀背款式线。

（5）腰节线分开，画后裙片，臀高18cm，画后片臀围肥为$H/4-0.5$cm，侧缝垂直裙下摆收2cm摆量。

（6）裙后腰节下移1cm，侧缝起翘1cm。

（7）后中线从后领深下至臀围设拉链。

3. 无领宽腰带式时装连衣裙前片结构制图（图6-19）

（1）前片腰节以上原型领口展宽1.5cm，肩点上抬0.5cm，前小肩尺寸为后小肩尺寸减0.7cm，袖窿胸凸省量的1/3保留于袖窿作为松量，剩余省量作为刀背，胸围线下移1cm，从肩点修正前袖窿弧线。

（2）根据1/2胸腰差量40%收在前片为4.4cm省，分别收侧缝1.5cm，前中腰省位2.9cm省。

（3）将袖窿上的省与前中腰部位的2.9cm省一起连接画刀背造型线。

（4）腰节线分开，画前裙片，臀高18cm；画前片臀围肥为$H/4+0.5$cm，侧缝垂直裙下摆收2cm摆量。

（5）侧缝起翘1cm。

（6）设肩袢宽4cm，长10.5cm。腰带宽6cm，长80cm。

（7）前中连裁，左裙片设开衩长20cm。

4. 无领宽腰带式时装连衣裙腰部装饰片结构制图（图6-20）

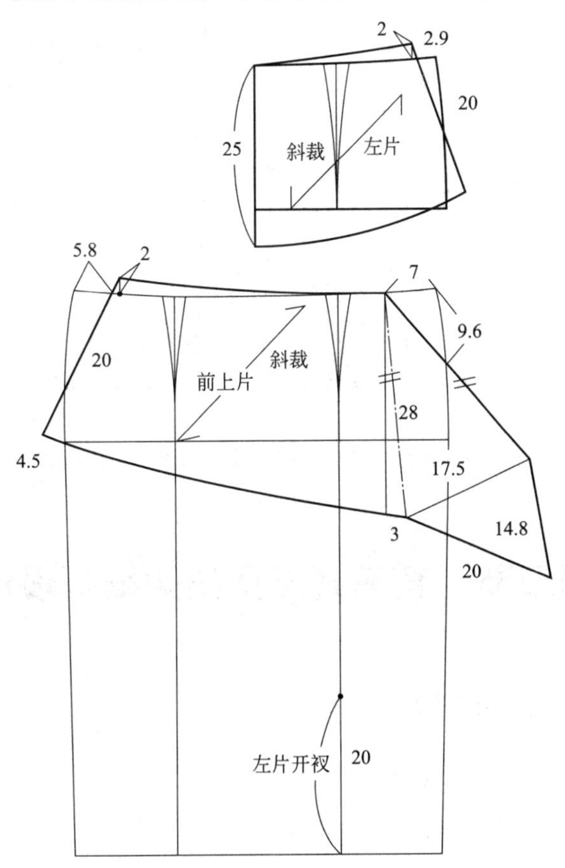

图6-20　无领宽腰带式时装连衣裙腰部装饰片结构制图

(1) 参照制作好的裙片，从右裙片腰侧进 5.8cm，侧斜线 20cm，起翘 2cm，画腰口至左 7cm 处；在斜向 28cm 和 17.5cm 处画等腰三角形，下垂三角边长为 14.8cm 和 20cm。此片需要斜裁，有自然垂感。

(2) 左片从侧腰进 2.9cm，起翘 2cm，画侧斜线长 20cm；画腰口长至裙子中线垂直长 25cm。

5. 无领宽腰带式时装连衣裙袖子结构制图（图 6-21）

(1) 先画基础一片袖，袖长 54cm，袖山高 $AH/2\times0.7$cm，以 $AH/2$ 长从袖山高顶点画斜线，确立前后袖肥，画侧缝线。

(2) 袖肘从上平线向下为袖长/2+3cm。画前后袖肥等分线，画袖口辅助线。

(3) 从袖山高点采用前 AH 画斜线长取得前袖肥、后 AH 画斜线长取得后袖肥。通过辅助点画前后袖山弧线。

(4) 前袖缝互借平行 3cm，倾斜 1.5cm，后袖缝平行互借 1.5cm。画大小袖形。

(5) 袖口宽 13.5cm。后开衩高 5cm，一粒袖扣。

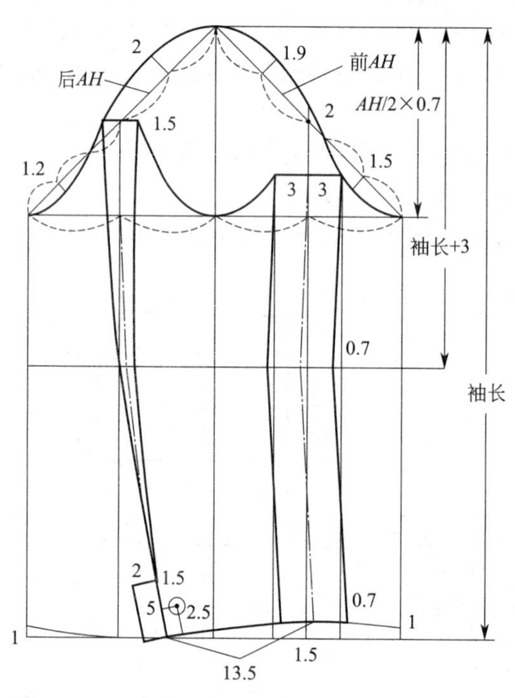

图 6-21 无领宽腰带式时装连衣裙袖子结构制图

第三节 套装式连身裙类纸样设计

一、连袖上衣式女裙套装纸样设计

（一）连袖上衣式女裙套装效果图

连袖上衣式女裙套装效果图如图 6-22 所示。

（二）成品规格

按国家号型 160/84A 确定，成品规格分别如表 6-8、表 6-9 所示。

图 6-22　连袖上衣式女裙套装效果图

表 6-8　成品规格（一）　　单位：cm

部位	后衣长	胸围	总肩宽	腰围	袖长	袖口
尺寸	38	108	38	84	54	12.5

表 6-9　成品规格（二）　　单位：cm

部位	总裙长	臀围	臀高	腰围
尺寸	88	94	18	68

此款为连袖上衣式女裙套装，上衣净胸围加放 22cm，套装裙净胸围加放 10cm、净腰围加 6cm 松量；上衣为连袖小上衣，里边是较合体的无袖连身女裙，套装可采用垂感较好的天然纤维面料或化纤面料。

（三）制图步骤

1. 连袖上衣式女裙套装结构制图方法（采用原型裁剪法）

首先按照号型 160/84A 型制作文化式女子新原型图，具体方法如前文化式女子新原型制图，然后依据原型制作纸样。

2. 连袖上衣式女裙套装裙装结构制图（图 6-23）

(1) 将原型的前后片画好，腰线置同一水平线。先画后片，再画前片。

(2) 从原型后领深下 1cm，总裙长 88cm。领宽展宽 2cm，肩点上抬 1cm 后，冲肩 1.5cm 决定小肩宽尺寸包括 0.7cm 省量，其余肩省转移至后袖窿。

(3) 从肩点修正后袖窿弧线。

（4）臀高 18cm，画后片臀围肥为 $H/4-0.5$cm，侧缝垂直裙下摆收 2cm 摆量。

（5）根据 1/2 胸腰差量 60%收在后片为 6.6cm 省，分别收后中线 2cm，侧缝 1.5cm，后中腰省 3.1cm。

（6）侧开衩 20cm。

（7）前片原型领宽扩 2cm，领深开深 5cm，肩点上抬 0.5cm，后肩－0.7cm 决定前小肩宽尺寸。袖窿省的 1/3 作为松量剩余部分转移至侧缝。

（8）根据 1/2 胸腰差量 40%收在前片为 4.4cm 省，分别收侧缝 1.5cm、前中腰省 2.9cm。

3. 连袖上衣式女裙套装上衣结构制图（图 6-24）

（1）将原型的前后片画好，腰线置同一水平线。先画后片。

（2）从原型后领深下 1cm，后中衣长 38cm。领宽展宽 3cm，冲肩 1.5cm，顺肩加出袖长 54cm，作出袖口垂线 12.5cm 加 0.5cm 为 13cm，胸围加出 3cm；胸围线下移 5cm 连接袖口，此处角平分线 13cm 从腰围画袖下弧线。

（3）画前片，从原型前领宽展宽 3cm，前小肩尺寸为后小肩尺寸－0.7cm，顺肩加出袖长 54cm，作出袖口垂线 12.5cm 减 0.5cm 为 12cm；胸围加出 2cm，胸围线下移 5cm 连接袖口，此处角平分线 9cm 从腰围画袖下弧线。

（4）参照胸围线前中进 4cm 为基点，从颈侧画止口造型弧线至侧腰。

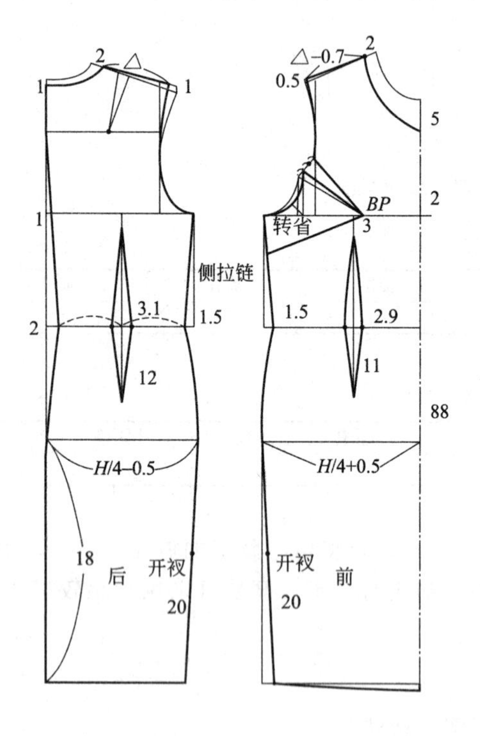

图 6-23　连袖上衣式女裙套装裙装结构制图

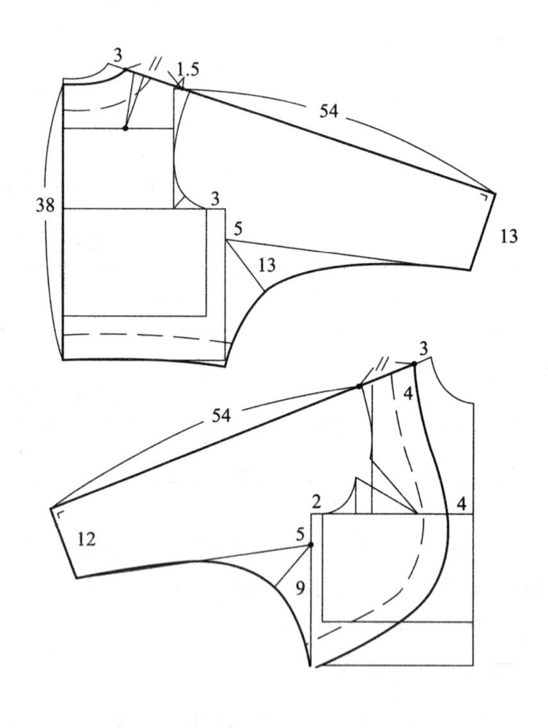

图 6-24　连袖上衣式女裙套装上衣结构制图

二、偏襟上衣式女套装纸样设计

（一）偏襟上衣式女套装效果图

偏襟上衣式女套装效果图如图 6-25 所示。

图 6-25　偏襟上衣式女套装效果图

（二）成品规格

按国家号型 160/84A 确定，上衣成品规格如表 6-10 所示，裙子成品规格如表 6-11 所示。

表 6-10　上衣成品规格　　单位：cm

部位	后衣长	胸围	总肩宽	腰围	袖长	袖口
尺寸	54	94	38	84	36.5	14

表 6-11　裙子成品规格　　单位：cm

部位	总裙长	臀围	臀高	腰围	腰头
尺寸	78	94	18	68	3

此款为偏襟中袖上衣式女套装，上衣净胸围加放 10cm，净腰围加放 16cm。套装裙为较长的 A 字形裙，臀围加 4cm 松量，可采用垂感较好的天然纤维面料或化纤面料。

（三）制图步骤

1. 偏襟上衣式女套装结构制图方法（采用原型裁剪法）

首先按照号型 160/84A 型制作文化式女子新原型图，具体方法如前文化式女子新原型制图，然后依据原型制作纸样。

2. 偏襟上衣结构制图（图 6-26）

（1）将原型的前后片画好，腰线置同一水平线。先画后片，再画前片。

（2）从原型领深画后中衣长 54cm。领宽展宽 1.5cm，肩点上抬 1cm 后，冲肩 1.5cm 决定小肩宽尺寸包括 0.7cm 省量，其余肩省转移至后袖窿。

（3）胸围下挖 1cm 修正袖窿弧。

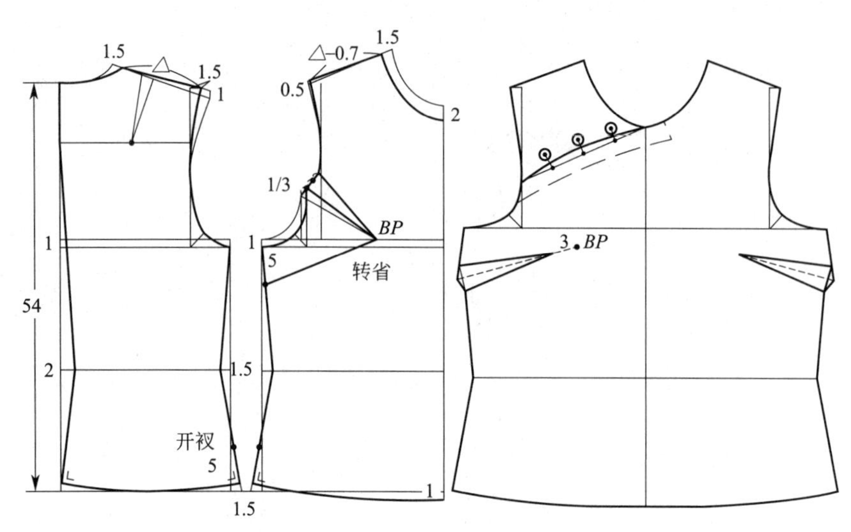

图 6-26　偏襟上衣结构制图

（4）根据 1/2 胸腰差 5cm，后片收 3.5cm 省，后中缝收 2cm，侧缝收 1.5cm；前片侧缝收 1.5cm 省。

（5）前片原型领宽扩 1.5cm，领深开深 2cm，肩点上抬 0.5cm，后肩－0.7cm 决定前小肩宽尺寸。袖窿省的 1/3 作为松量剩余部分转移至侧缝。

（6）前衣身连裁，从领口设右衽斜向搭门。有 3 粒纽袢，下摆有自然圆弧。

3. 立领与袖子结构制图（图 6-27）

（1）立领高 3cm，前领起翘 2cm，前高 2.5cm。

（2）一片袖中长袖型，画袖长 36.5cm。

（3）袖山高采用中袖山计算方法 $AH/2\times0.65$，取得袖肥后，先画直筒袖。

（4）通过前后袖肥的 1/2 基础线收前后袖口肥各 14cm，修正袖山弧线。

4. A 字裙结构制图（图 6-28）

（1）裙长减腰头画裙长 75cm，臀高 18cm。

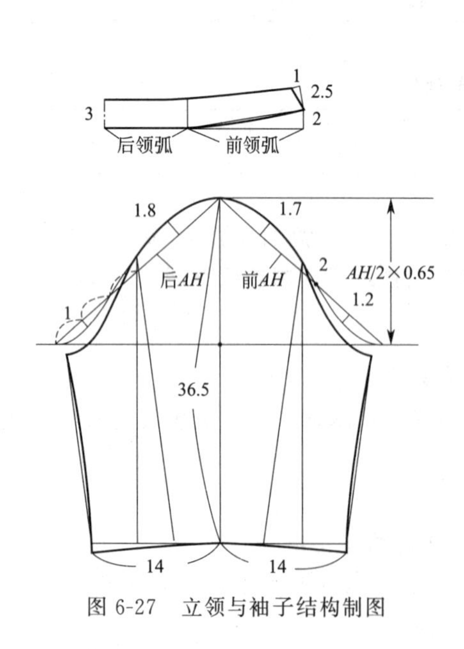

图 6-27　立领与袖子结构制图

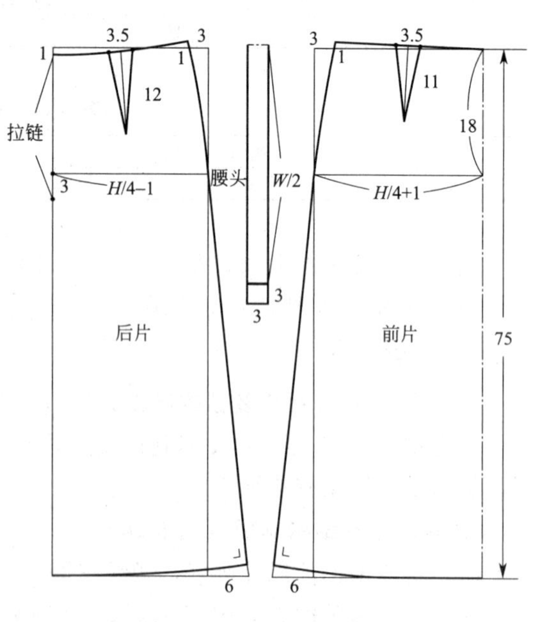

图 6-28　A 字裙结构制图

（2）前片臀围肥为 $H/4+1$cm，后片臀围肥为 $H/4-1$cm。

（3）前后片根据 1/4 臀腰差收省 6.5cm，侧缝 3cm、腰口 3.5cm，画顺前后腰口线。

（4）下摆侧缝前后各放 6cm。

第四节　女礼服的纸样设计

礼服形式多样，基本款要求上身紧身、合体，露肩背，腰下裙摆较大，拖地或自然收量至脚面。以下所选的两款礼服具有典型性，可举一反三地进行设计和应用。

一、紧身后下摆拖地鱼尾裙式晚礼服纸样设计

（一）紧身后下摆拖地鱼尾裙式晚礼服效果图

紧身后下摆拖地鱼尾裙式晚礼服效果图如图 6-29 所示。

图 6-29　紧身后下摆拖地鱼尾裙式晚礼服效果图

（二）成品规格

按国家号型 160/84A 确定，成品规格如表 6-12 所示。

表 6-12　成品规格　　单位：cm

部位	总裙长	胸围	总肩宽	腰围	臀围
尺寸	/GJ	86	36	66	100

此款上身合体，后下摆拖地，有较大的摆量；净胸围加放 2cm；净腰围加放 2cm；净臀围加放 10cm，采用华丽真丝缎类面料制作。

（三）制图步骤

1. 制图方法（采用原型裁剪法）

首先按照号型 160/84A 型制作文化式女子新原型图，具体方法如前文化式女子新原型制图，然后依据原型制作纸样。

2. 紧身后下摆拖地鱼尾裙式晚礼服结构制图（图 6-30）

（1）将原型的前后片画好，腰线置同一水平线。先画后片，再画前片。

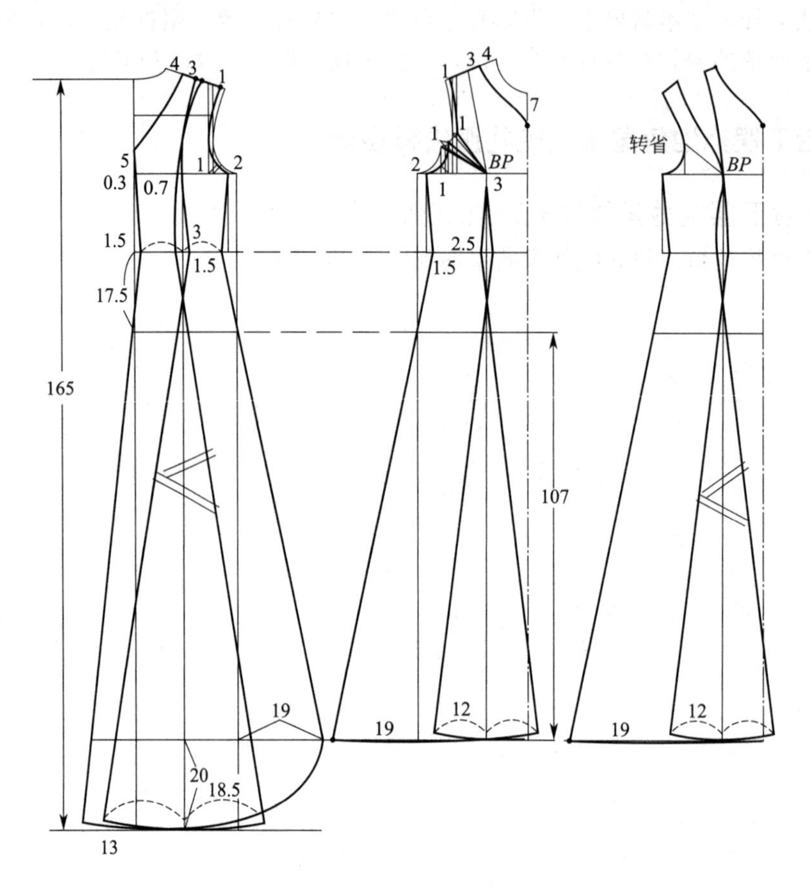

图 6-30 紧身后下摆拖地鱼尾裙式晚礼服结构制图

（2）从原型后领深画总裙长 165cm。

（3）修正胸围原型胸围/4－2cm，后宽按比例减少 1cm。

（4）领宽展宽 4cm，领深下挖至胸围线上 5cm 设 V 字领。原型肩宽减少 1cm，从肩点修正袖窿弧线。

（5）臀高 17.5cm，根据原型胸围肥垂直决定基础后片臀围肥。

（6）依据臀腰差收腰省后片 6cm 省，后中及侧缝各 1.5cm，中腰 3cm。

（7）中腰省位置的省与肩线的肩省画公主线，省中线下摆两侧放摆各 18.5cm。

（8）后中从腰省放摆 13cm，侧缝根据下摆上提 20cm 的线，放摆 19cm，均从腰节处的省位画线并修正下摆弧线。

（9）画前片，修正胸围，胸围前后侧缝各减 2cm，前后宽按比例各减少 1cm。

（10）前领宽展宽 4cm，前领深开深 7cm，画领口弧线。

（11）前肩点移进 1cm，修正袖窿弧线，将袖窿省转移至前肩线，修正省形成公主线。

（12）依据臀腰差收腰省前片 4cm 省，侧缝 1.5cm，中腰 2.5cm。

（13）下摆中腰省位下摆处各放 12cm，侧缝放 19cm。

（14）前片侧缝根据后下摆上提 20cm 的线，均从腰节处的省位画线并修正下摆弧线。

（15）拉链设在后中线或侧缝。

二、露肩旗袍裙式晚礼服纸样设计

（一）露肩旗袍裙晚礼服效果图

露肩旗袍裙式晚礼服效果图如图 6-31 所示。

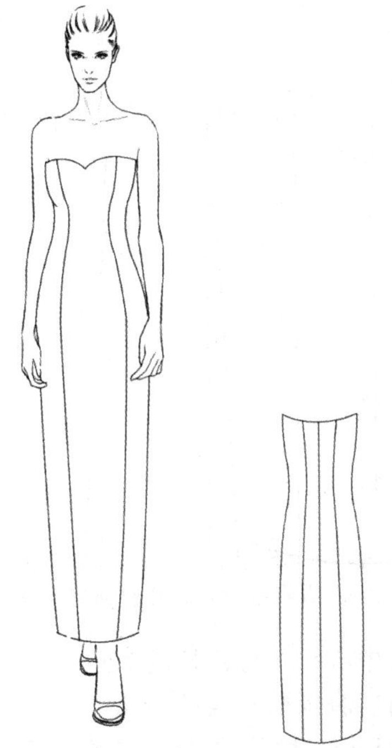

图 6-31　露肩旗袍裙式晚礼服效果图

（二）成品规格

按国家号型 160/84A 确定，成品规格如表 6-13 所示。

表 6-13　成品规格　　单位：cm

部位	总裙长	胸围	腰围	臀围	腰节	摆围
尺寸	120	88	70	96	38	84

此款是较为紧身、露肩的旗袍裙式晚礼服。在净胸围的基础上加放 4cm，净腰围加放 2cm，净臀围加放 6cm，通过腰部设计的分割款式线及省量可以非常简洁地勾勒出人体胸、腰、臀部的理想曲线。可采用高级垂感好的丝质面料制作。

（三）制图步骤

1. 露肩旗袍裙式晚礼服制图方法（原型裁剪法）

首先按照号型 160/84A 型制文化式女子新原型图，然后依据原型制作纸样（具体方法如前文化式女子新原型制图）。

2. 露肩旗袍裙式晚礼服前后片结构制图（图 6-32）

（1）将原型的前后片侧缝线分开画好，腰线置同一水平线。

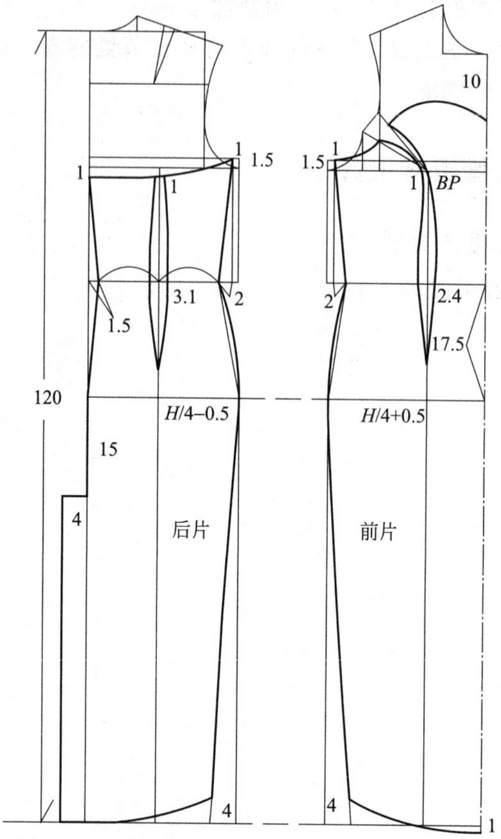

图 6-32 露肩旗袍裙式晚礼服前后片结构制图

（2）对于后衣片，从原型后中心线画总裙长线 120cm。

（3）胸围线上移 1.5cm，前后胸围肥各收进 1cm。

（4）制图上的胸腰差量为 11cm，后片收省 60%为 6.6cm，各为 1.5cm、3.1cm、2cm；前片 40%为 4.4cm，各为 2cm、2.4cm。

（5）臀高从腰线向下的尺寸计算方法为总体高/10＋1.5cm，后片臀围肥为成品 $H/4-0.5$cm；前片臀围肥为成品 $H/4+0.5$cm。

（6）下摆前后片侧缝各收进并起翘 4cm，前下摆下平线下移 1cm，旗袍式圆摆画顺畅。

（7）后中片下摆从臀下 15cm 开衩，宽 4cm。

（8）前片领深原型领窝下 10cm，从腋下画顺前胸弧线造型。

（9）将胸凸省与前腰省结合作为刀背造型，画顺胸围线处分离 1cm。

（10）拉链设在后中线或侧缝。

第七章

典型民族服装制板方法与实例

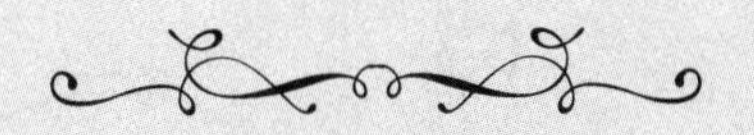

中国是个多民族国家，具有丰富的服饰文化。这里列举部分中式（汉族）服装与少数民族（朝鲜族）服装的纸样设计方法，供读者参考。

第一节　典型中式服装纸样设计

一、男中式平袖大襟长袍纸样设计

（一）男中式平袖大襟长袍效果图

男中式平袖大襟长袍效果图如图 7-1 所示。

（二）成品规格

按国家号型 175/92A 确定，成品规格如表 7-1 所示。

表 7-1　成品规格　　单位：cm

部位	衣长	胸围	腰围	袖口	袖长(出手)	腰节
尺寸	130	120	116	19	86	43

此款为传统男中式平袖大襟长袍，是曾广泛穿着的民族服装；近年在一些特定场合仍然深受欢迎，平袖大襟长袍具有潇洒、文雅、飘逸的特点。净胸围 92cm 加放 28cm，腰围在成品胸围基础上减 4cm。可选择的面料比较宽泛，棉、毛、丝麻、化纤类均可，应依据穿着场合的不同来确定。

（三）制图步骤

（1）男中式平袖大襟长袍左前后片结构制图

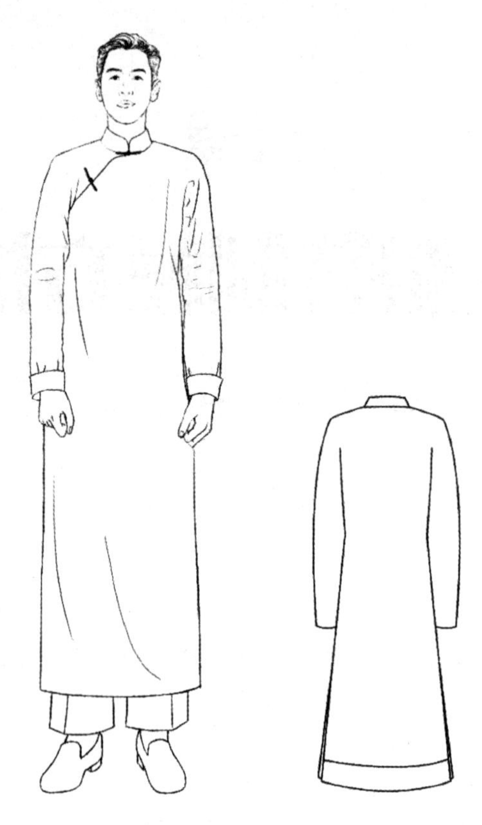

图 7-1　男中式平袖大襟长袍效果图

男中式平袖大襟长袍左前后片结构制图如图 7-2 所示。

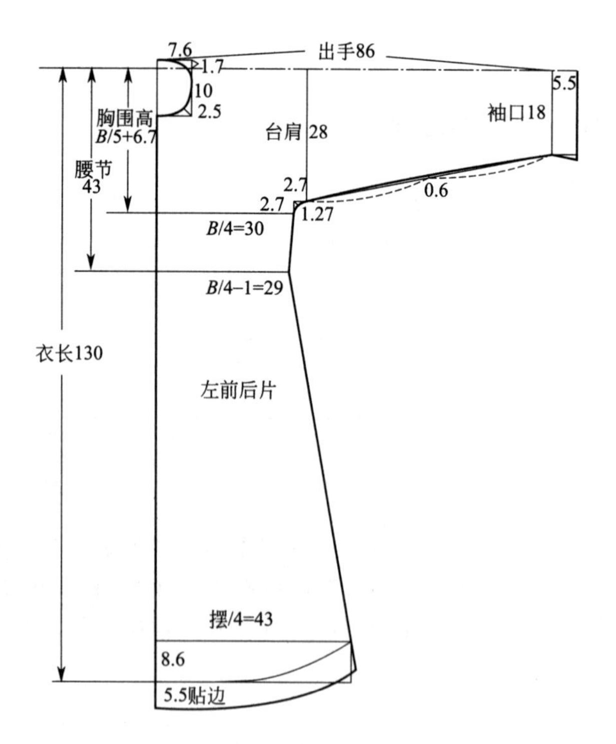

图 7-2　男中式平袖大襟长袍左前后片结构制图

① 画前中线衣长 130cm，画垂线肩迹线出手 86cm；采用点画线代表前后连裁的平袖，垂直画袖口 18cm，贴边 5.5cm 宽。

② 胸高线，计算公式为 $B/5+6.7$cm，胸围围度线为 $B/4$。

③ 依据 $B/4$ 胸围线垂直向上 2.7cm、横向 2.7cm 处画台肩 28cm，依据此点连接袖口线与腋下辅助线，修正成弧线。

④ 前腰节长 43cm，腰围围度线 $B/4$-1cm。

⑤ 下平线向上 8.6cm，画横向 1/4 下摆长 43cm，参照此点连接腰围线，画侧缝线；同时，画下摆弧线，平行画贴边宽 5.5cm。

(2) 男中式平袖大襟长袍右前后片结构制图

男中式平袖大襟长袍右前后片及大襟、底襟结构制图如图 7-3 所示。

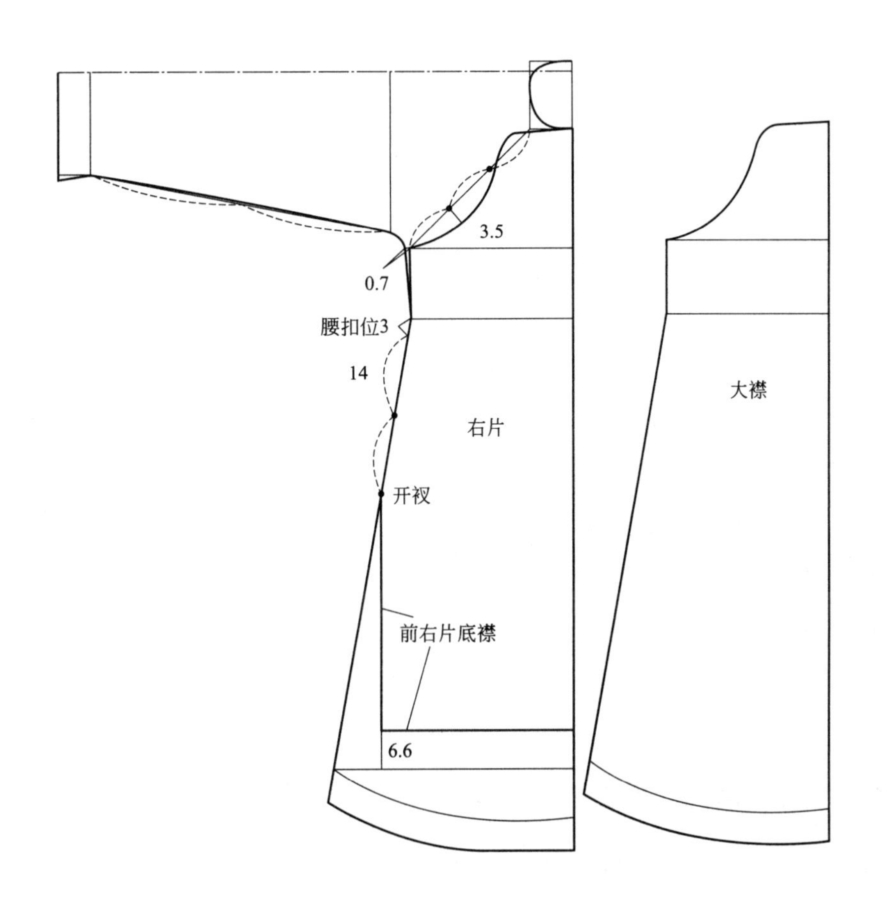

图 7-3　男中式平袖大襟长袍右前后片及大襟、底襟结构制图

① 基础右前后片与左前后片完全对称。

② 依据基础右前后片，画大襟从胸围线进 0.7cm 至前领口基础线画辅助线斜线分为 3 等份，下 1/3 处作出垂线 3.5cm，从领下口中线起始画大襟造型弧线。

③ 从侧缝腰节线下 3cm 定腰扣位，顺侧缝下定 2 个扣位，平均 14cm 长；下部为开衩位置；大襟也需拷贝下来。

④ 画右片底襟，从开衩垂直画线至下摆起翘平行线向上 6.6cm。

(3) 男中式平袖大襟长袍左、右前后片完成图如图 7-4 所示。

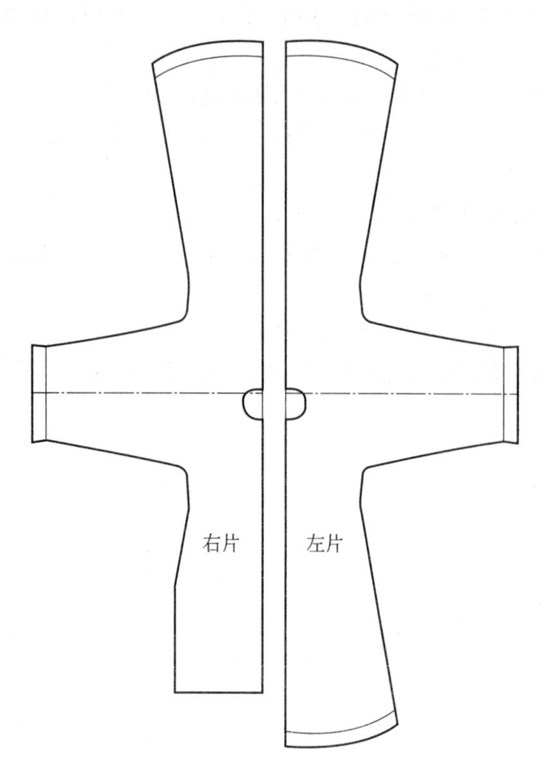

图 7-4 男中式平袖大襟长袍左、右前后片完成图

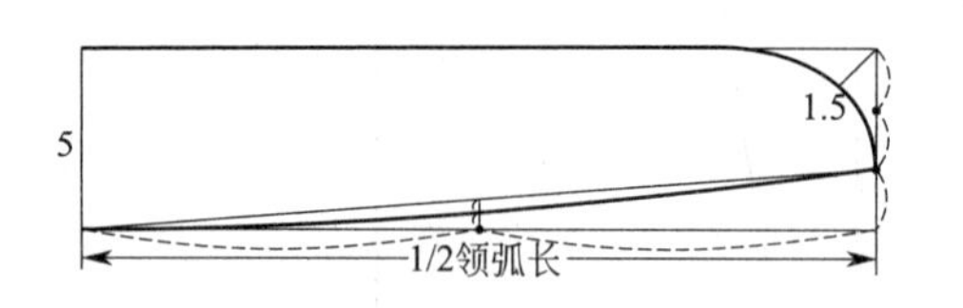

图 7-5 男中式平袖大襟长袍领子结构制图

① 男中式平袖大襟长袍领子结构制图如图7-5所示。

② 画立领，以领宽 5cm 与 1/2 领口弧长画基础矩形。

③ 领前端垂线分为 3 等分，下 1/3 处为起翘点至后中线画辅助线；根据 1/2 点画领下口弧线。

④ 前上端依据辅助线 1.5cm 的角平分线，画领上口造型线。

二、男中式平袖有搭门对襟上衣纸样设计

（一）男中式平袖有搭门对襟上衣效果图

男中式平袖有搭门对襟上衣效果图如图 7-6 所示。

（二）成品规格

按国家号型 175/92A 确定，成品规格如表 7-2 所示。

表 7-2 成品规格 单位：cm

部位	衣长	胸围	腰围	袖口	袖长(出手)	腰节
尺寸	72	114	114	17.5	82	42.5

此款为传统男中式平袖有搭门对襟上衣，是近代具有浓郁民族风格的服装，在一些特定场合一直深受喜爱。该平袖对襟上衣具有穿着舒适、朴素大方、活动功能好、古雅飘逸的特

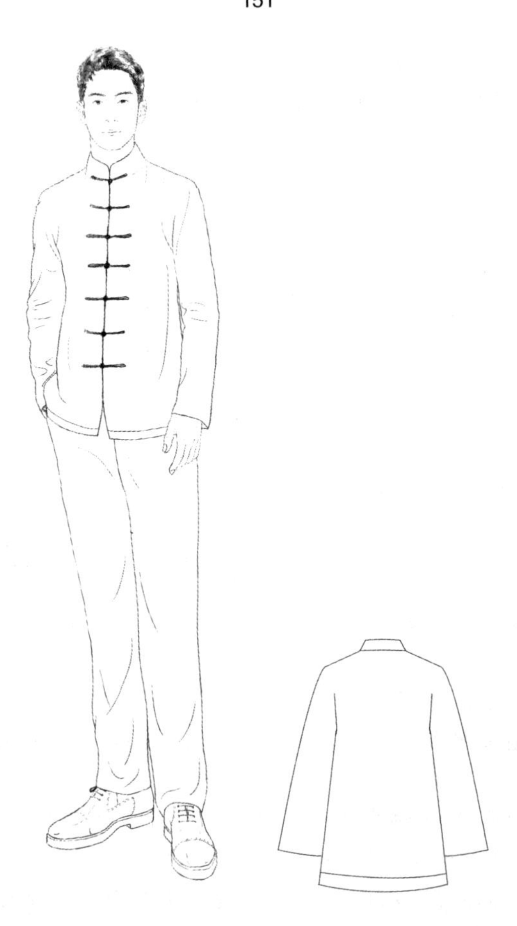

图 7-6 男中式平袖有搭门对襟上衣效果图

点；净胸围 92cm 加放 22cm，胸腰直身。可选择的面料比较宽泛，呢、毛、绸缎、棉、毛、丝麻、化纤类均可，应依据穿着场合的不同来确定。

（三）制图步骤

此方法根据款式造型及成品规格，在纸或面料上绘制出男中式平袖有搭门对襟上衣的全部结构图（包括前、后衣片及袖子）。

（1）男中式平袖有搭门对襟上衣面料对折方法如图 7-7 所示。

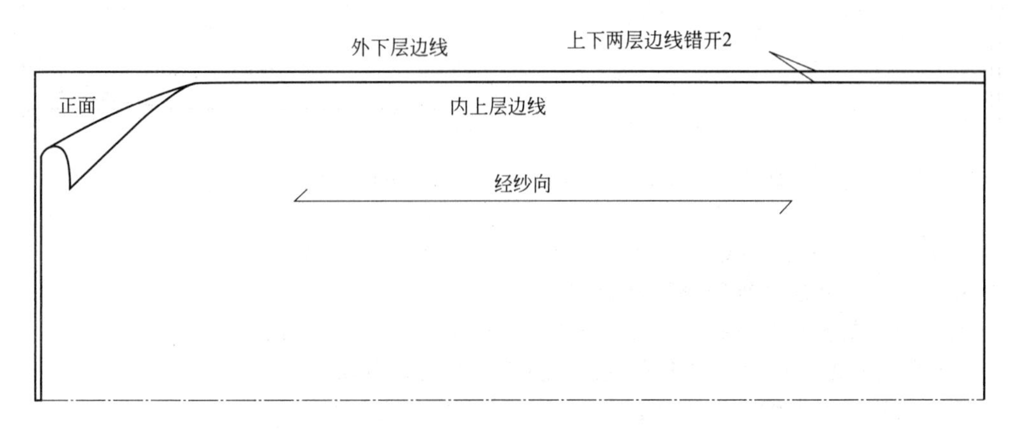

图 7-7 男中式平袖有搭门对襟上衣面料对折方法

① 首先将面料的经纱两直边面对面双层对折。

② 内上层面料边线向内进 2cm，即上下两层边线错开 2cm，对折线要齐整。

（2）男中式平袖有搭门对襟上衣剪开实线的方法如图 7-8 所示。

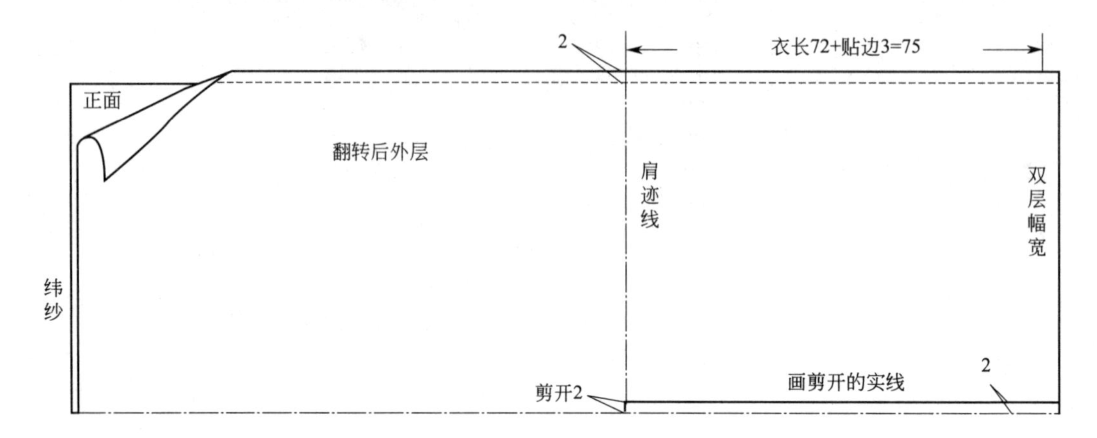

图 7-8　男中式平袖有搭门对襟上衣剪开实线的方法

① 将面料翻转，保持原折线准确。

② 在面料的右端开始按照衣长尺寸 72cm 加贴边 3cm，在面料中间画出肩迹线，要垂直边线。

③ 按照对折中线向内进 2cm 画直线至肩迹线，在肩迹线与直线画垂直线 2cm。掀起上层面料，按照画好的直线用剪刀剪至肩迹线止。

（3）男中式平袖有搭门对襟上衣剪开搭门宽的方法如图 7-9 所示。

① 掀起上层面料，按照画好的直线用剪刀剪至肩迹线位置。

② 在肩迹线与直线处剪开双层面料 2cm 长。

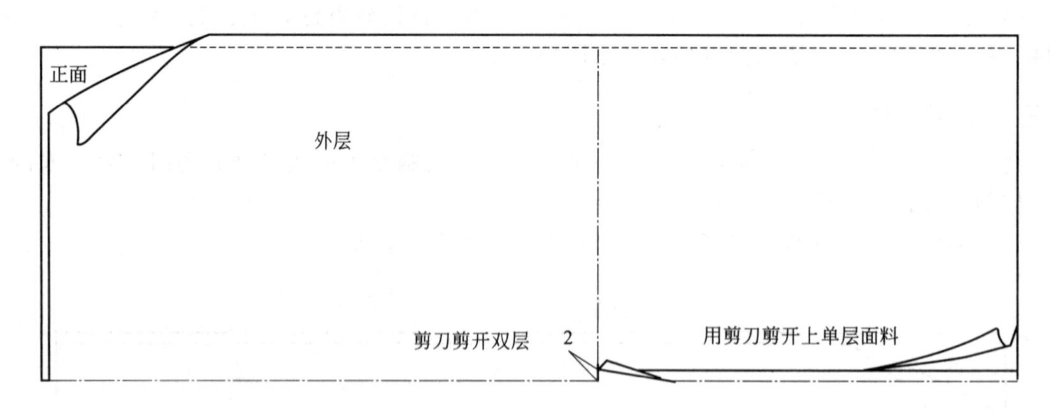

图 7-9　男中式平袖有搭门对襟上衣剪开搭门宽的方法

（4）男中式平袖有搭门对襟上衣再对折的方法如图 7-10 所示。

① 将面料上下两层经纱边线重新对齐。

② 对折的中线重新对称折好，掀开上层剪开的线，下层为 2cm 搭门。

（5）男中式平袖有搭门对襟上衣肩迹线翻折摆料方法如图 7-11 所示。

① 将两层边线对齐的面料上下翻转，使其对折的中线在上。

② 按照肩迹线折下来成为四层，在上面两层的前门襟线，按下两层的对折中线偏出

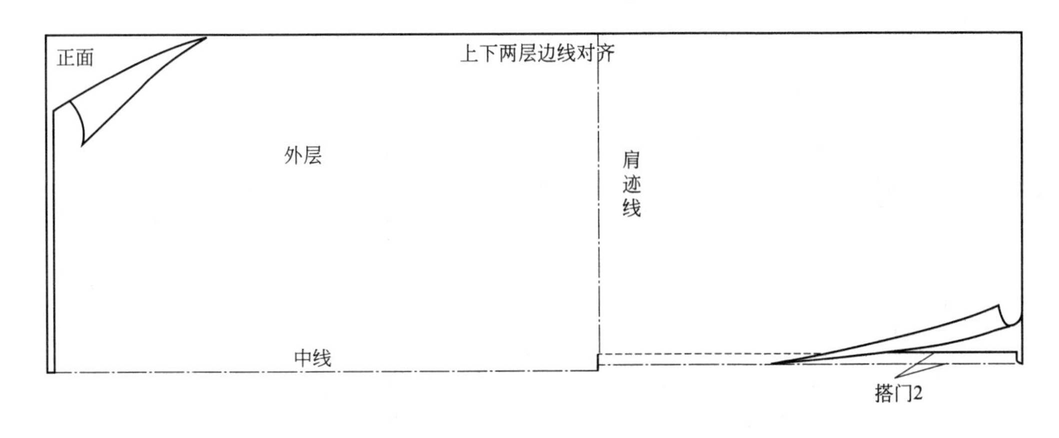

图 7-10　男中式平袖有搭门对襟上衣再对折的方法

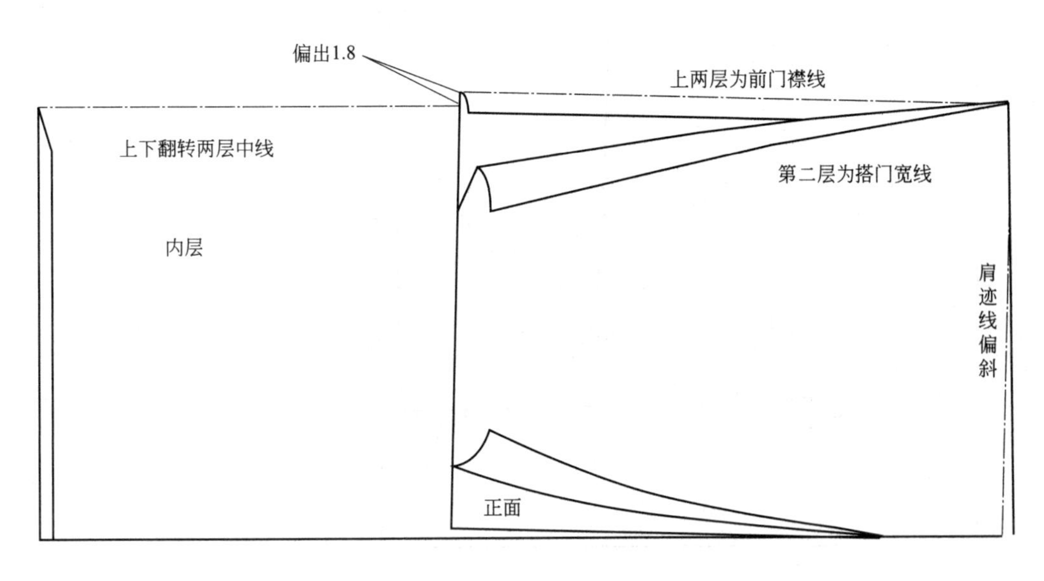

图 7-11　男中式平袖有搭门对襟上衣肩迹线翻折摆料方法

1.8cm，上下铺平。因此，原肩迹线也同时会偏下一些，摆平面料。

（6）男中式平袖有搭门对襟上衣完成线制图如图 7-12 所示。

① 在前中线画衣长尺寸并加出底摆贴边 3.3cm。

② 画腰节长 42.5cm，画胸围高 $B/4+3$cm 为 31.5cm。

③ 画胸围肥线 $B/4$ 为 28.5cm，画腰围肥 $B/4$ 直身形。

④ 画出手，由中线与肩迹线的交点处起画，出手长 82cm；画垂线定袖口 17.5cm，贴边 3.3cm。

⑤ 参照胸围肥线垂直向上 3cm，再向上至肩迹线长为台肩长 25.5cm。

⑥ 定下摆及侧缝线，从台肩位置向里 1cm 处与腰节位置点连接成一直线。

⑦ 底摆贴边 3.3cm，起翘 3cm；画下摆弧线与侧缝线相交，下摆长 31cm，开衩 12cm。

⑧ 袖底线，由台肩向外 3cm 点连接袖口画辅助线，在 1/2 处进 1cm 修正画顺袖底线。

⑨ 画前领深 8cm，后领深 2cm，领口宽 7.5cm，依据辅助线画顺领口弧线；领围为 42cm。

⑩ 扣位，上扣位前领深下 0.6cm，下扣位与开衩平齐，平分 7 粒扣或 5 粒扣。

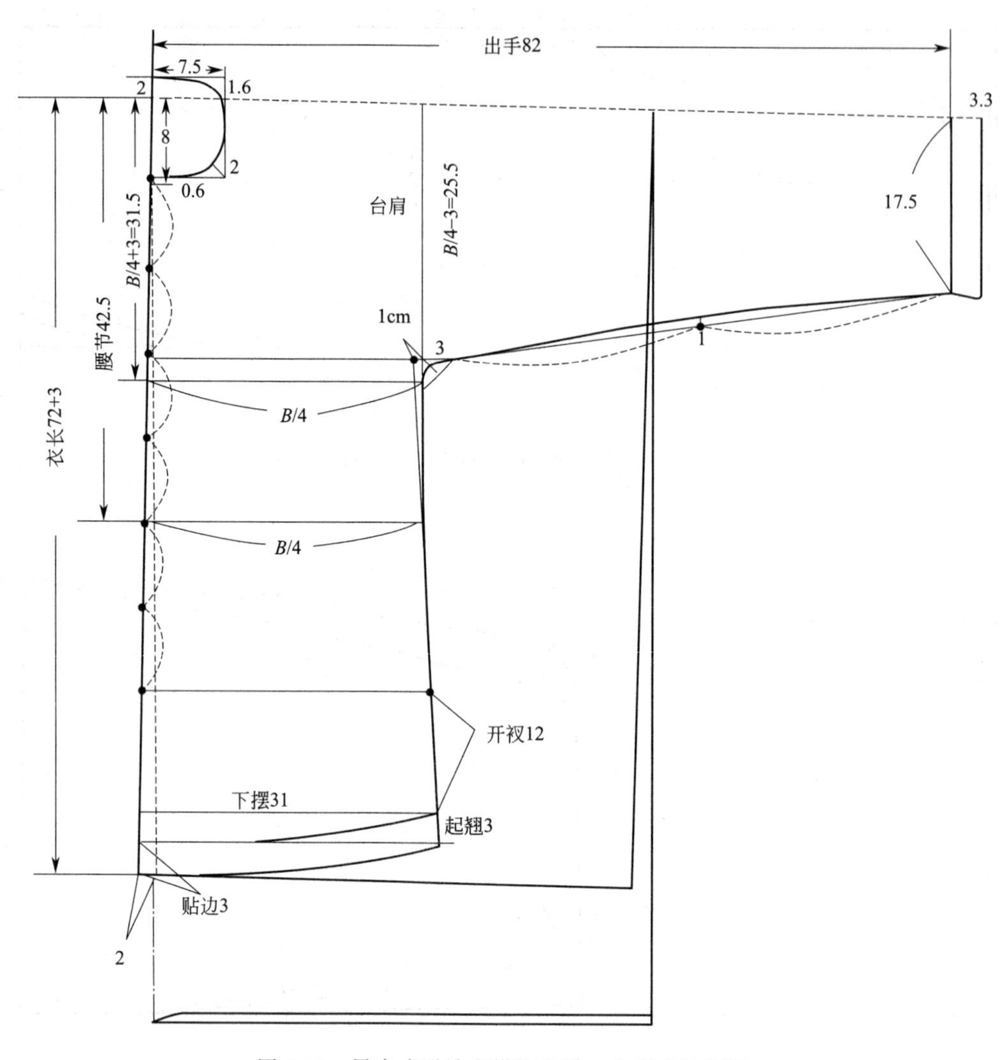

图 7-12　男中式平袖有搭门对襟上衣完成线制图

（7）男中式平袖有搭门对襟上衣完成线打开制图如图 7-13 所示。

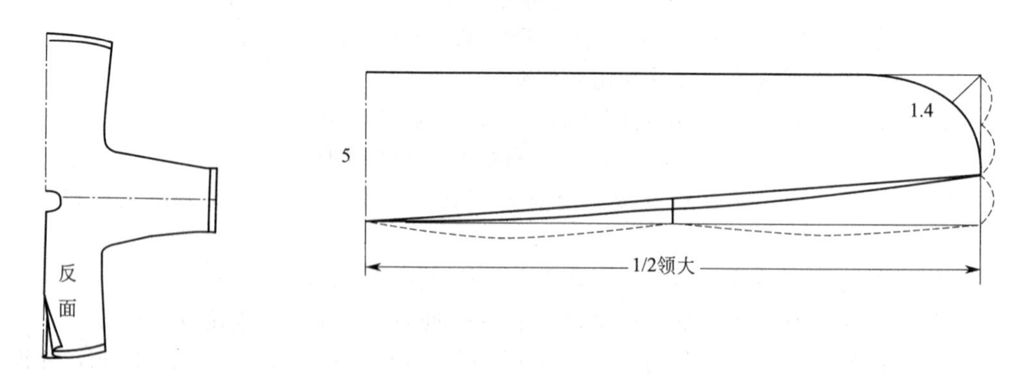

图 7-13　男中式平袖有搭门对襟上衣完成线打开制图

图 7-14　男中式平袖有搭门对襟上衣领子结构制图

（8）男中式平袖有搭门对襟上衣领子结构制图如图 7-14 所示。

① 画立领，以领宽 5cm 与 1/2 领口弧长画基础矩形。

② 领前端垂线分为 3 等分，下 1/3 处为起翘点至后中线画辅助线；根据 1/2 点画领下口弧线。

③ 前上端依据辅助线 1.4cm 的角平分线，画领上口造型线。

④ 注意：毛板放缝份的方法请参考女中式大襟上衣纸样设计（此裁剪方法如果根据女人体尺寸，同样适合女中式平袖有搭门对襟上衣）。

三、女中式大襟平袖圆摆上衣纸样设计

（一）女中式大襟平袖圆摆上衣效果图

女中式大襟平袖圆摆上衣效果图如图 7-15 所示。

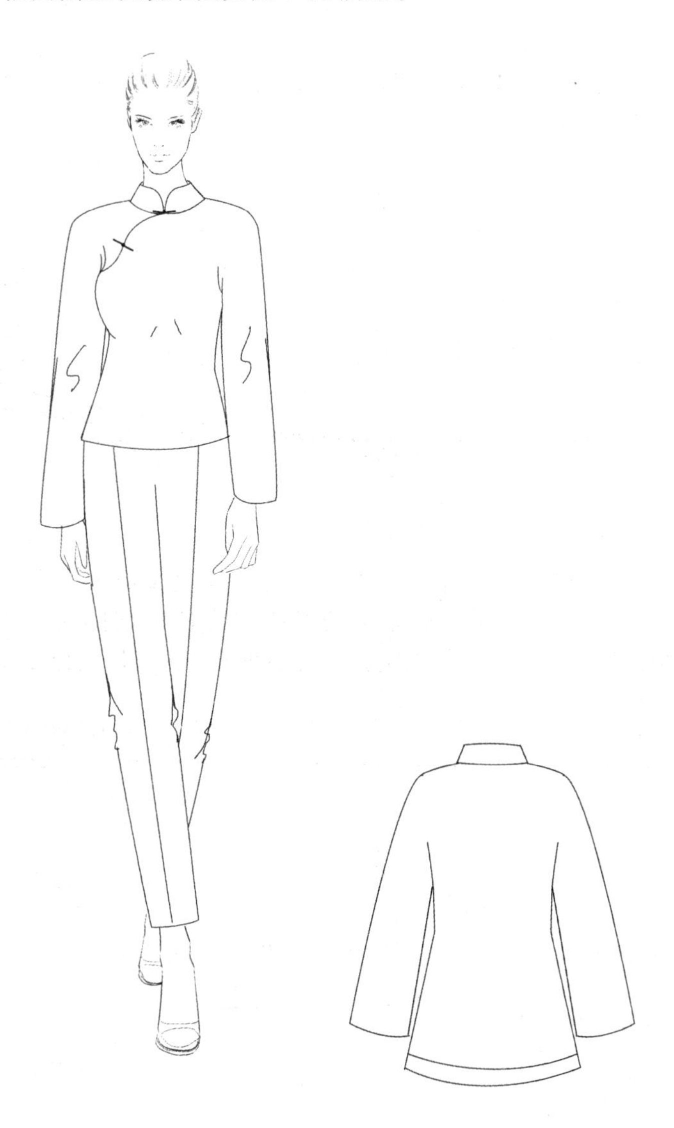

图 7-15　女中式大襟平袖圆摆上衣效果图

（二）成品规格

按国家号型 160/84A 确定，成品规格如表 7-3 所示。

表 7-3　成品规格　　单位：cm

部位	衣长	胸围	腰围	臀围	袖长（出手）	腰节
尺寸	67	100	88	104	73	36.5

此款为女中式大襟平袖圆摆上衣，是较传统的女式生活装，简洁大方、宽松舒适、活动方便，各年龄段的成年女性都可穿着；根据季节、环境可选择各类质地及不同图案的面料，制作、裁剪简单且方便、易学。净胸围加放 16cm 松量，净腰围加放 10cm 松量，根据体型随意调整。

（三）制图步骤

此方法根据款式造型及成品规格，在面料上绘制出女中式大襟平袖圆摆上衣的全部结构图（包括前、后衣片及袖子）。

1. 对折料和拉折料

（1）先将布料进行整理，比齐对正。

（2）在左横丝边向里 3cm 预留出底摆贴边线，然后再向里按衣长 67cm，画出肩迹线要垂直对折的折线（图 7-16）。

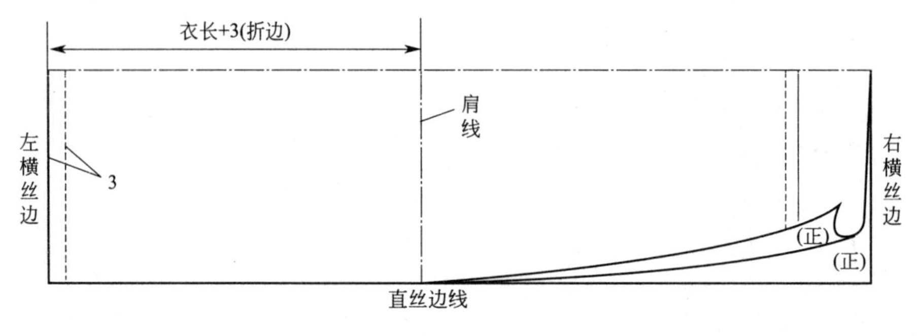

图 7-16　对折料

（3）在肩迹线将上层布料拉起，使左右衣长两端直布边按照下层直布边各偏出 3.5cm。由于上层两端的直布边移动，因而使原布料的对折中线迹两端随着向下移动，向下偏斜 1.8cm 左右，因此使前后身的中线自然内偏斜，肩迹线上层比下层高出 2cm（图 7-17）。

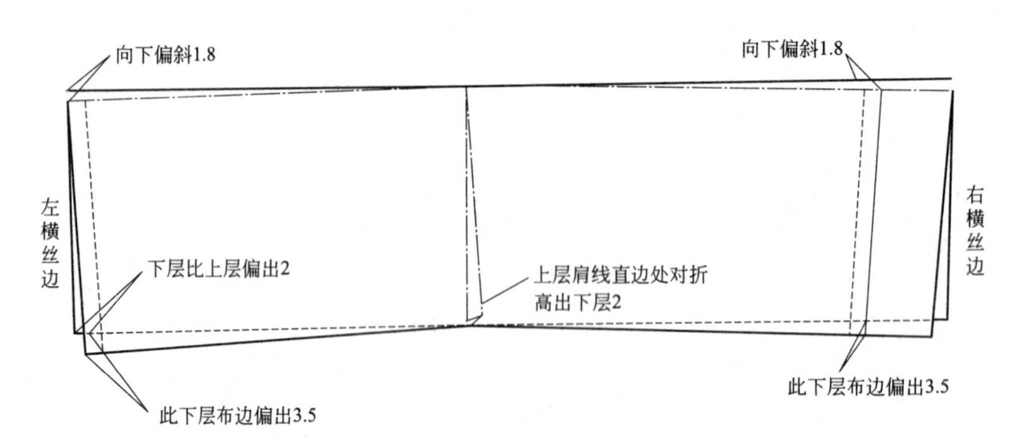

图 7-17　拉折料

（4）按肩线将右横丝边布料向下翻转折好，对齐中线，成为四层布料，上两层布料长为衣长加底摆贴边 3cm；将上下铺平，底边在左侧，肩线在右手边，直布边靠下，中线在上，肩线内层偏进 2cm（图 7-18）。

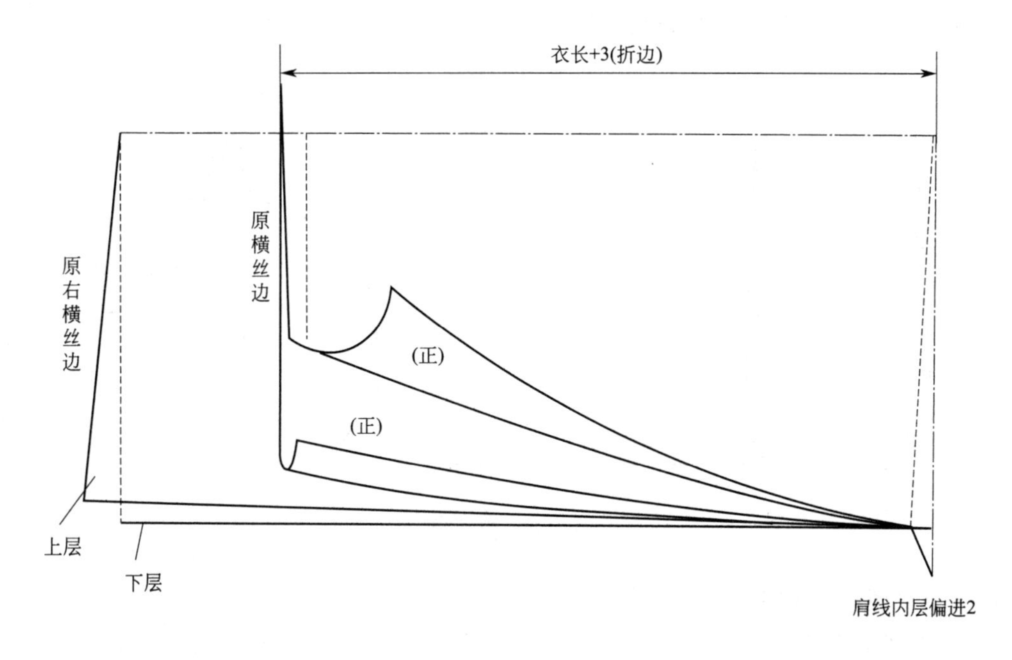

图 7-18　按肩线折料

2. 画大襟（图 7-19）

① 胸高线：从肩线向下纵向线长，计算公式为 $B/5+6.5$cm。画胸围横线与纵向线相交。

② 胸围肥：从前中线向里画胸围肥纵向线长，计算公式为 $B/4$。

③ 前领深：肩线向下纵向线长，计算公式为领/5＋0.45cm。

④ 大襟宽：前领深位置向里横向线长，计算公式为 $B/10-1$cm，再向下斜 1cm 画辅助线。

⑤ 大襟弧线：从大襟宽线点至胸围交点 A 连接一斜线，在斜线的 1/2 点凹进 3cm，参考大襟宽辅线及凹点画弧形线，要自然圆顺。

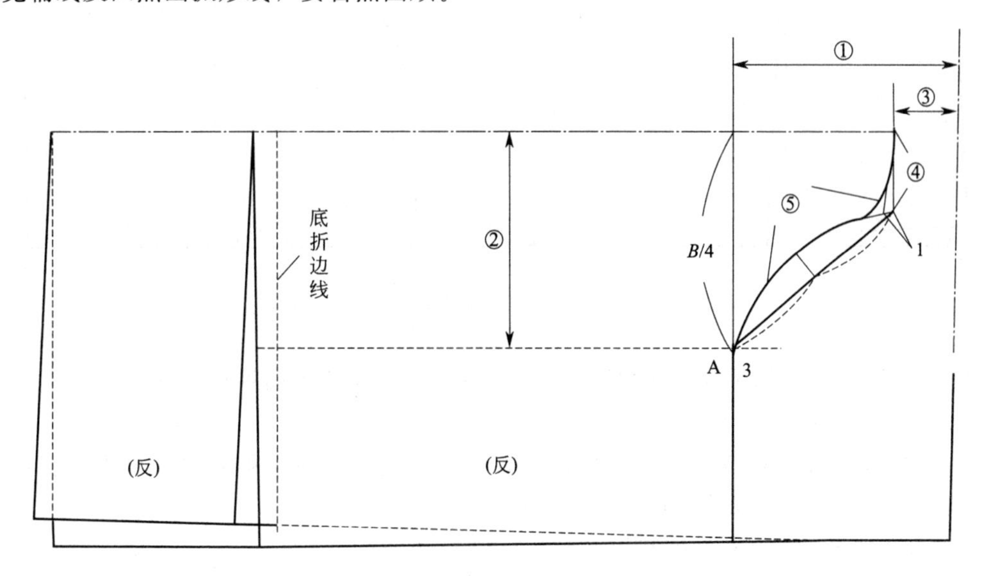

图 7-19　画大襟

3. 剪大襟（图 7-20）

揭起上一层布料，用剪刀顺着画好的大襟弧线剪开，直至剪到领口深处，再沿中线剪向肩线端点处。

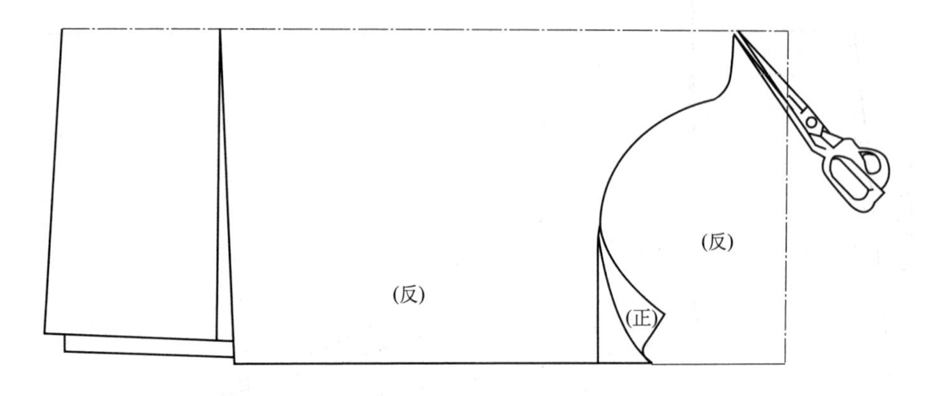

图 7-20　剪大襟

4. 剪小襟领口、拔襟

（1）先将小襟掀开，再在小襟领口处剪两个斜向剪口，剪口长不得超过 3cm（图 7-21）。

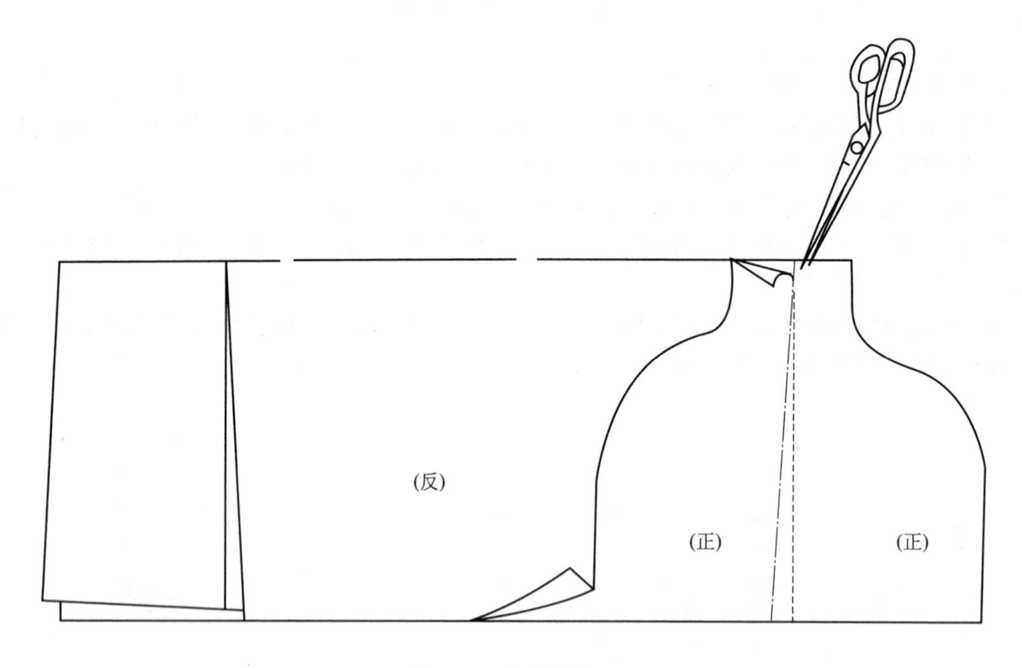

图 7-21　剪小襟领口

（2）再将小襟领口用手和熨斗往外抻拔，稍用力向右手边方向抻拉（图 7-22）。

5. 偏襟（图 7-23）

将上一层的小襟布对齐，里层的肩线折好，还原铺平，使小襟领口深处下大襟宽线约 1.5cm 左右，在 1/4 胸肥交点处向下重叠 3cm 左右。

6. 衣身及袖子（出手）结构制图（图 7-24）

① 衣长：67cm，底折边 3cm。

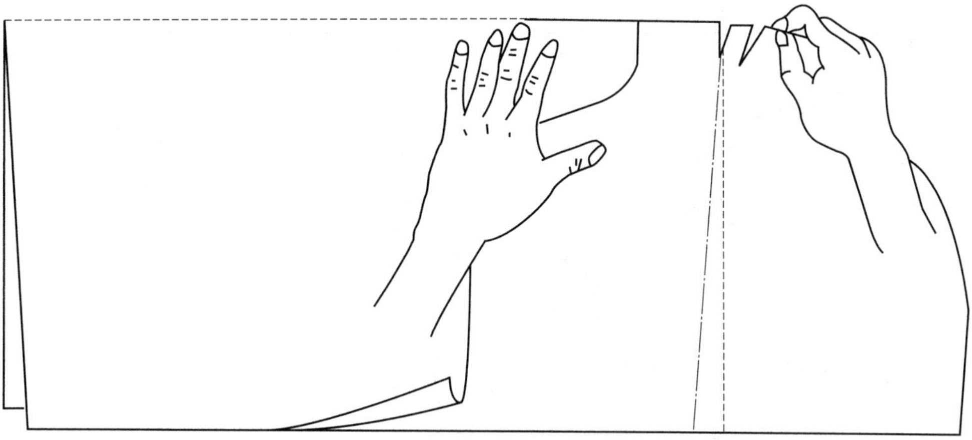

图 7-22　拔襟

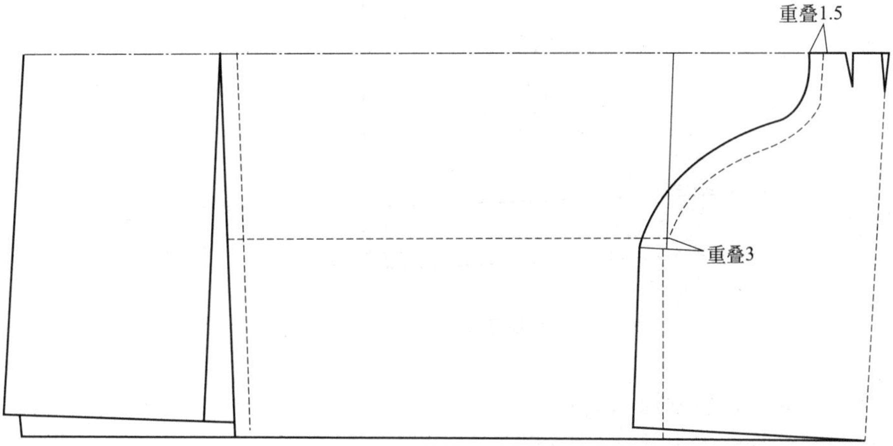

图 7-23　偏襟

② 胸高：$B/4+6.5$cm。

③ 腰节：衣长/2＋3cm。

④ 臀高：总体高 1/10。

⑤ 下摆起翘 5.5cm。

⑥ 侧缝收腰：2cm。

⑦ 臀围侧缝放出 1.5cm，此处也为开衩处。

⑧ 下摆侧缝放出 3cm。

⑨ 连接胸围、腰围、臀围、摆围侧缝处，并画成自然圆顺的摆缝弧线。

⑩ 连接下摆弧线及下摆边线弧线。

⑪ 从前中线画袖长（出手）加缝份 1cm，加袖口贴边 3cm。

⑫ 袖口 14.5cm，袖口贴边 3cm。

⑬ 裉缝弧线（腋下弯位）：由胸围线纵向向上 2.7cm 为抬裉线，横向 2.7cm 画一正方形，正方形斜线的 2/3 处画腋下弯线。

⑭ 抬肩（袖肥处）为 $B/5+2$cm

⑮ 由抬肩裉缝弧线连接袖口画袖下缝线，再凹进 0.7cm，按图示画圆顺。

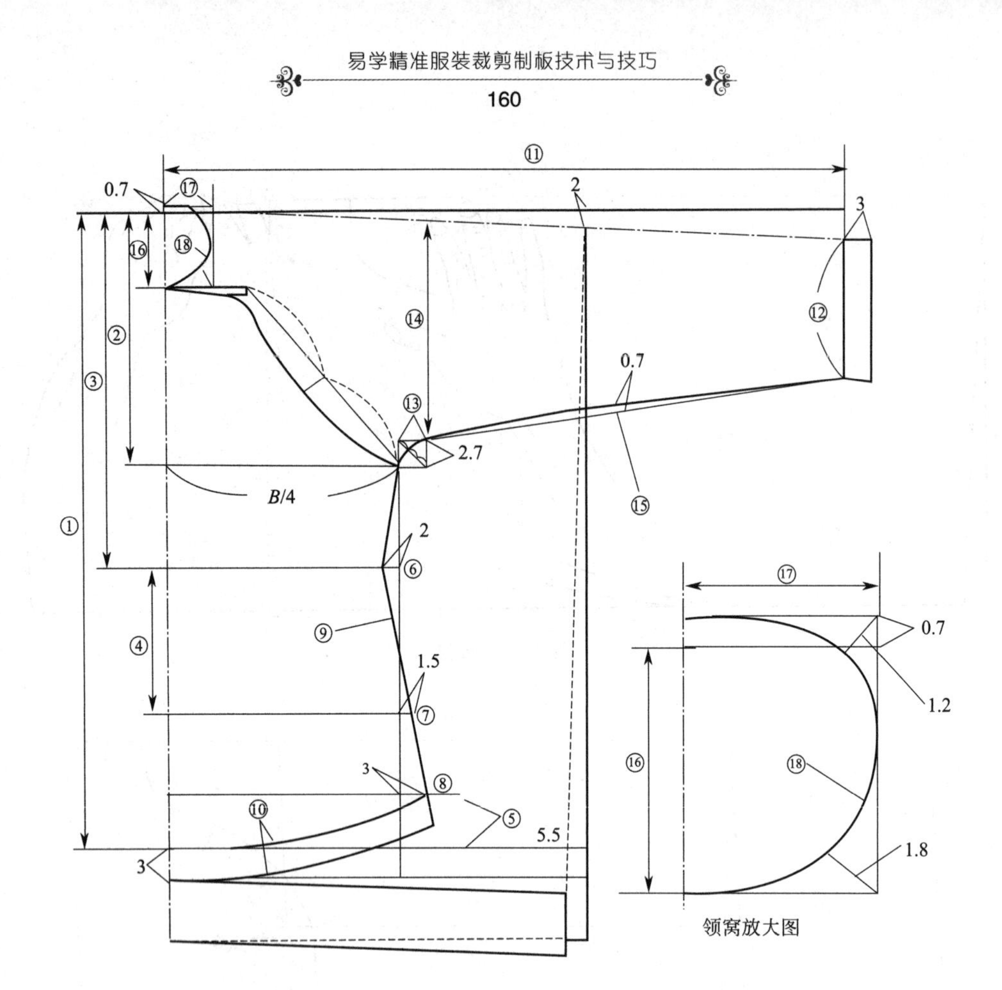

图 7-24 衣身及袖子（出手）结构制图

⑯ 前领深 7.8cm，后领深 0.7cm。

⑰ 前后领宽计算公式为领/5－2cm。

⑱ 参照前领窝角平分线 1.8cm，后领窝角平分线 1.2cm 画领窝弧线（如图 7-25 领窝放大图所示）。领窝为毛缝线，一圈包括有 0.7cm 的做缝。

7. 领子结构制图（图 7-25）

① 后领宽 5cm，加 0.3cm。

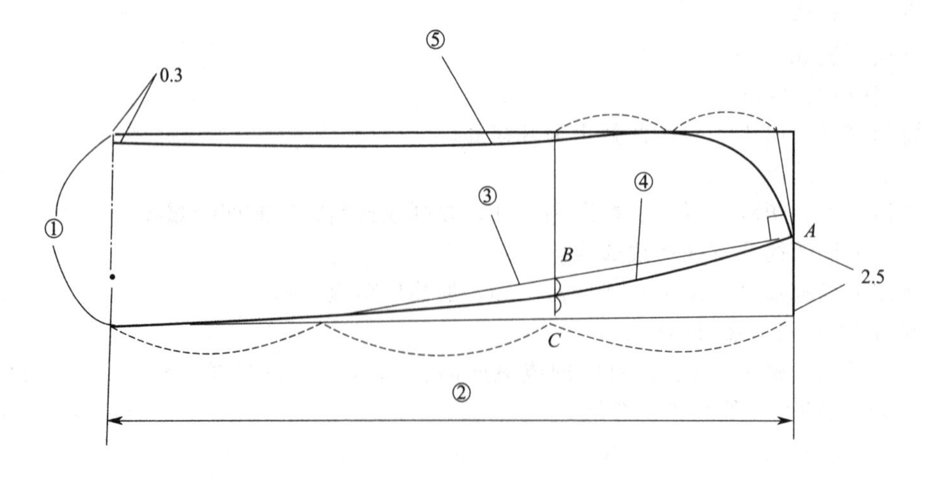

图 7-25 领子结构制图

② 净领围的 1/2 并将其分为 3 等分，做辅助垂线。

③ 从领翘 2.5cm 处 A 点至 1/3 领围点连接斜线，辅助线与 2/3 领围点交点为 B 点，在 A 点做斜线的垂线为辅助线。

④ 将辅助线 B 与辅助线 C 分为两等分作为辅助点，从领翘点 A 过辅助点画领下口弧线，自然圆顺。

⑤ 按图示画领上口弧线。

8. 修剪大襟嘴收后腰围（图 7-26）

① 修剪大襟嘴：胸围腋下处掀起大襟嘴修剪 0.7cm，自然逐渐剪至腰围线的 2/3 止。

② 收后腰围：后身腰围收进 1.3cm，臀围收进 0.6cm，自然收剪圆顺。

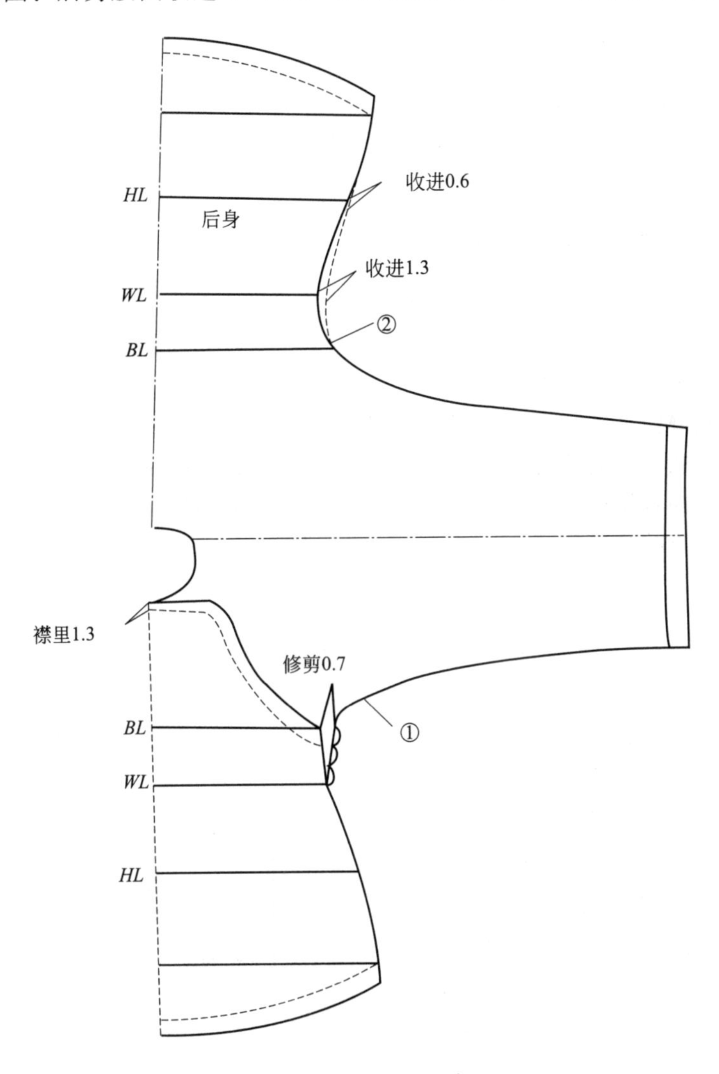

图 7-26　修剪大襟嘴收后腰围

9. 小襟里布及扣位（图 7-27）

① 小襟里布：按小襟弧线放 1.5～2cm 的缝份量，小襟腰部收 1.3cm，臀部收 0.6cm；下部长按臀围衩位下 3.5cm，宽 1.5cm。

② 衣扣位置：大襟扣在大襟头宽处进 1.4cm，腋下扣在大襟嘴处，腰扣在腰围线，衩扣高平右边衩高线，腰扣与衩的 1/2 处为二扣的位置。

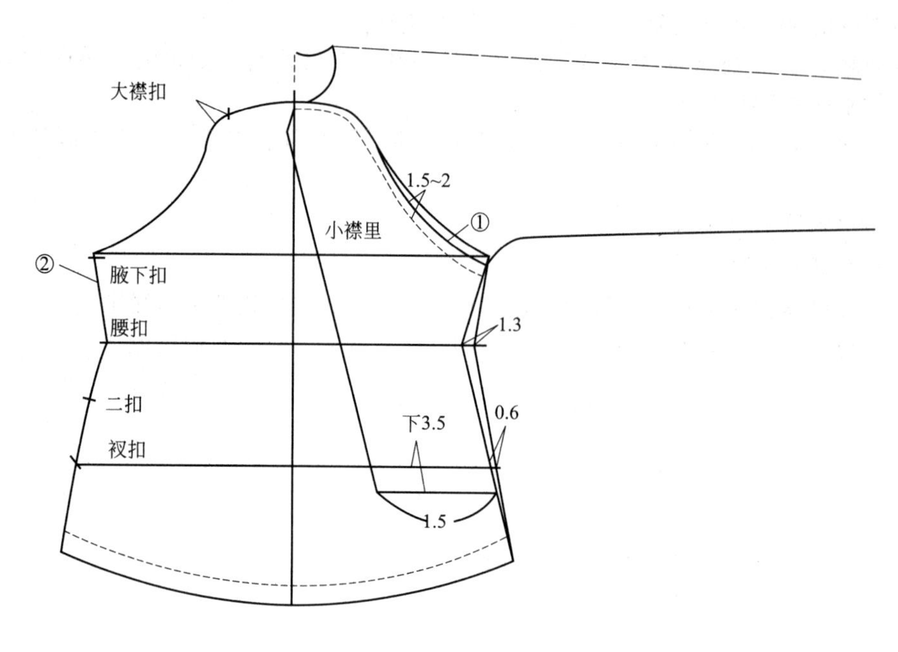

图 7-27　小襟里布及扣位

10. 放缝份方法（图 7-28）

领口弧线已包括缝份 0.7cm，大襟弧已包括缝份 0.33cm，缝份及压口 0.17cm；底摆及袖口已有贴边 3cm，袖子接缝两边各 1.5cm，不再另加放缝份；前后摆缝、袖底缝等部位均按图示另加放缝份。如若做单衣，用贴边的只放 0.7cm，锁边的只放 0.8～1cm；缉来去缝的可放 1.2cm，做棉、皮的缝份 0.7～1cm。

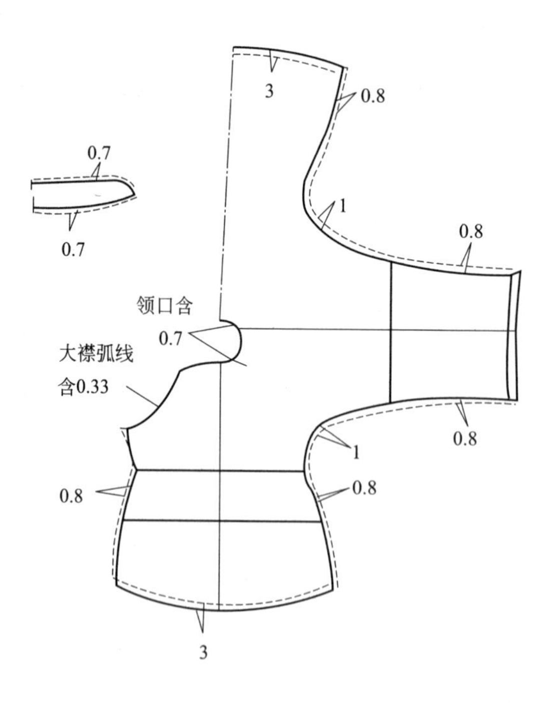

图 7-28　放缝份方法

第二节　朝鲜族男子服装纸样设计

一、男式袄（则高里）纸样设计

（一）男式袄效果、款式图

男式袄效果图如图 7-29(a) 所示。男式袄款式图如图 7-29(b) 所示。

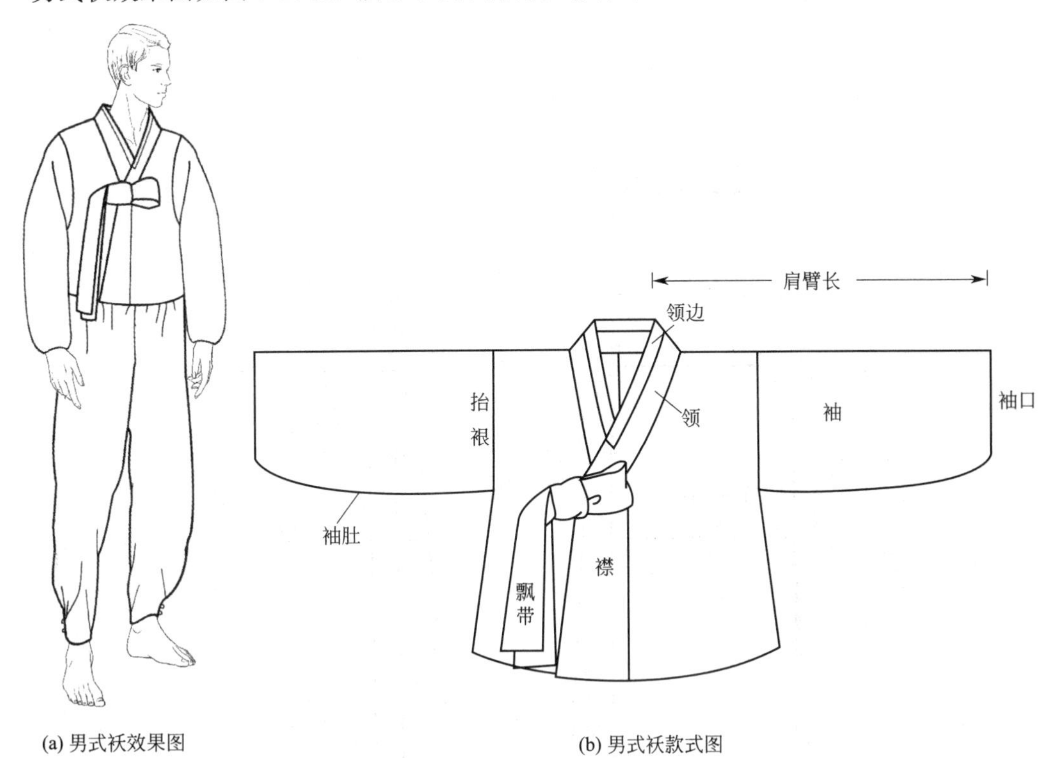

(a) 男式袄效果图　　(b) 男式袄款式图

图 7-29　男式袄效果图、款式图

（二）成品规格

按国家号型 170/88A 确定，成品规格如表 7-4 所示。

表 7-4　成品规格　　单位：cm

部位	衣长	肩臂长	领宽	飘带宽	长衣带	短衣带
尺寸	60	80	7	6.5	70	60

男式袄由衣片、袖、襟、领、领边、衣带构成。斜交领，在颈下相交，并与衣襟连成一片，形成掩襟，衣襟向右掩成右衽式。在衣领处缝上白色领边，可随时拆洗。男式袄无纽扣，前襟左右两侧各钉有一条衣带（飘带），系在右侧打结；衣身宽松，衣袖宽大，穿着起来比较舒适。

（三）制图步骤

制图步骤如图 7-30 所示。

1. 后片结构制图

（1）画后衣长线 60cm。

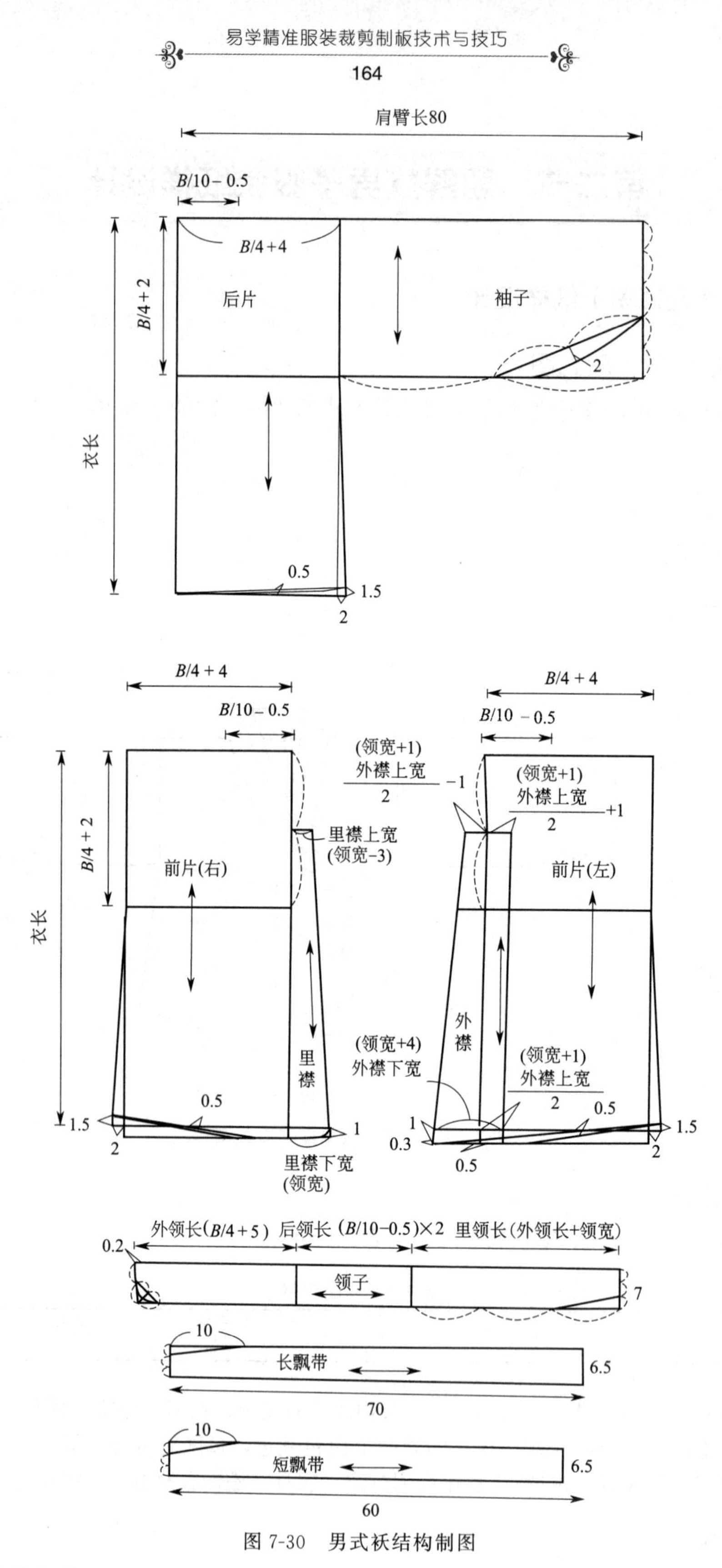

图 7-30　男式袄结构制图

（2）画肩臂长线 80cm。

（3）画后片胸围为 $B/4+4$。

（4）取抬裉 $B/4+2$。

（5）画袖子，修整袖肚弧线。
（6）取后领宽 $B/10-0.5$。
（7）画侧缝线。
（8）修整后衣片下摆弧线。

2. 前片结构制图

（1）画前片左、右两片衣长，与后衣长相同为 60cm；再把前片左、右两片衣长各延长 1cm。
（2）画前片左、右两片胸围为 $B/4+4$。
（3）取前片左、右片抬裉为 $B/4+2$。
（4）画前片左、右两片领宽为 $B/10-0.5$。
（5）画左前片的外襟上宽为 7（领宽）+1，外襟下宽为 7（领宽）+4。
（6）画右前片里襟上宽为 7（领宽）−3，下宽为 7（领宽）。
（7）修整前片左、右两片侧缝线和下摆弧线。

3. 领子结构制图

（1）画领宽 7cm。
（2）画领长，领长由外领长为 $B/4+5$、后领长为 $(B/10-0.5)\times 2$ 和里领长为 $B/4+5+7$ 组成。
（3）修整领子形状。

4. 飘带制图

（1）飘带为两条，分别是长飘带和短飘带，两条飘带制图方法相同。
（2）画飘带宽。
（3）画飘带长。
（4）修整飘带形状。

二、褙子纸样设计

（一）褙子效果图、款式图

褙子效果图如图 7-31(a) 所示，褙子款式图如图 7-31(b) 所示。

(a) 褙子效果图

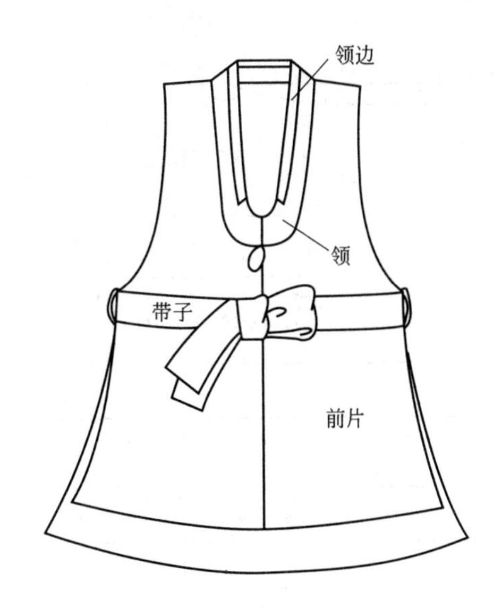

(b) 褙子款式图

图 7-31　褙子效果图、款式图

（二）成品规格

按国家号型 170/88A 确定，褙子成品规格如表 7-5 所示。

表 7-5　成品规格　　单位：cm

部位	背长	衣长	领宽	带子宽	长带子	短带子
尺寸	43	63	8	4.5	85	75

褙子是穿在上袄外面的，后片长，前片短，有领子和领边儿。

（三）制图步骤（图 7-32）

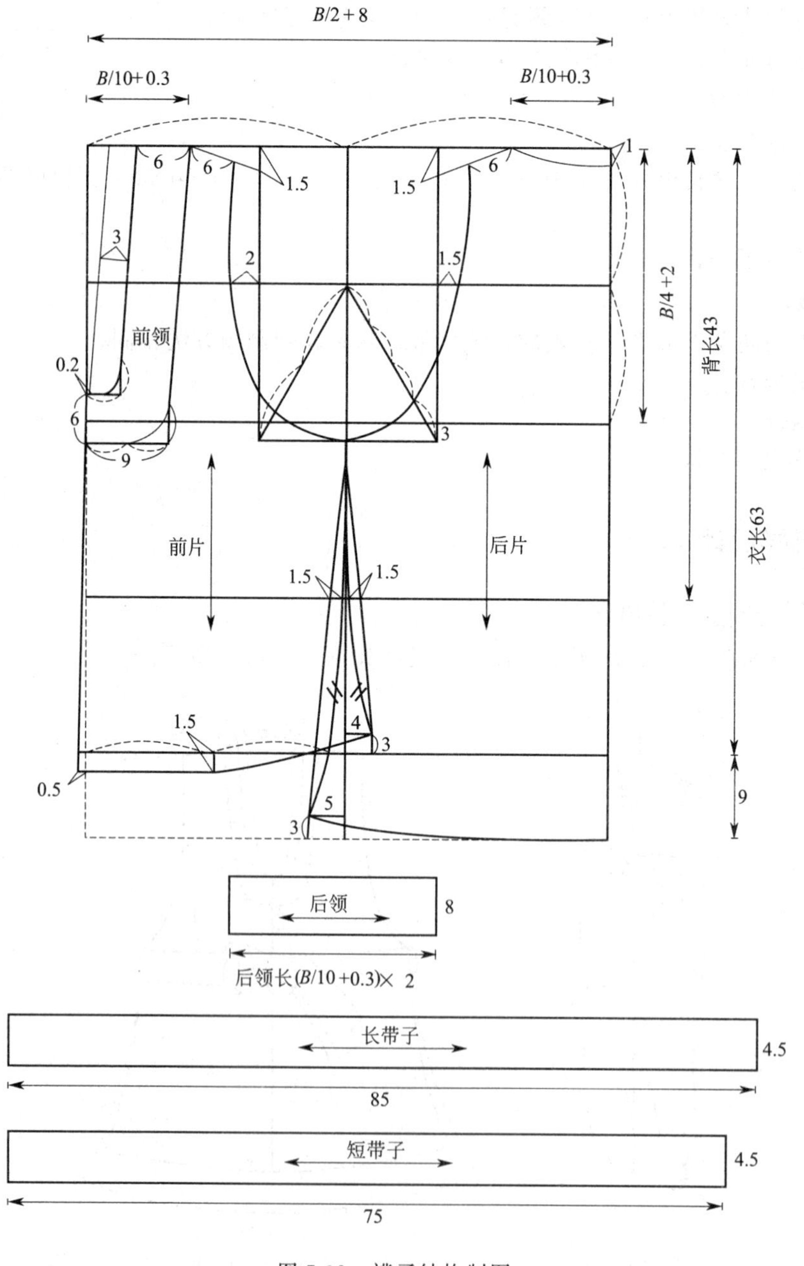

图 7-32　褙子结构制图

1. 后片结构制图

（1）画背长线 43cm。

（2）延长背长线至后片衣长 63cm，再延长衣长 9cm。

（3）画前后片胸围为 $B/2+8$，平分前后片。

（4）取抬裉为 $B/4+2$。

（5）取后领宽为 $B/10+0.3$。

（6）画肩斜。

（7）下挖抬裉 3cm 至所需抬裉尺寸。

（8）画后袖窿弧线。

（9）修整后衣片侧缝线和下摆弧线。

2. 前片结构制图

（1）画前领宽为 $B/10+0.3$。

（2）画前肩斜。

（3）画前袖窿弧线。

（4）画前领，修整前领弧线。

（5）修整前片侧缝线和下摆弧线。

3. 后领结构制图

（1）画后领宽 8cm。

（2）画后领长为（$B/10+0.3$）$\times 2$。

4. 衣带制图

（1）衣带为两条，分别是长带子和短带子；两条飘带制图方法相同。

（2）画带子宽。

（3）画带长。

三、长袍（都鲁麻基）纸样设计

（一）长袍效果图、款式图

长袍效果图如图 7-33(a) 所示。长袍款式图如图 7-33(b) 所示。

（二）成品规格

按国家号型 170/88A 确定，成品规格如表 7-6 所示。

表 7-6　成品规格　　单位：cm

部位	衣长	肩臂长	领宽	外襟上宽	外襟下宽	里襟上宽	里襟下宽	飘带宽	长飘带	短飘带
尺寸	125	82	8.5	10	18.5	6.5	13.5	7.5	110	95

长袍为直领窄袖右衽式，腋下开竖口，有等边三角形的腋夹片；系飘带，长度到小腿，是不开衩的外套。

（三）制图步骤（图 7-34）

1. 后片结构制图

（1）画后衣长线 125cm。

（2）画肩臂长线 82cm。

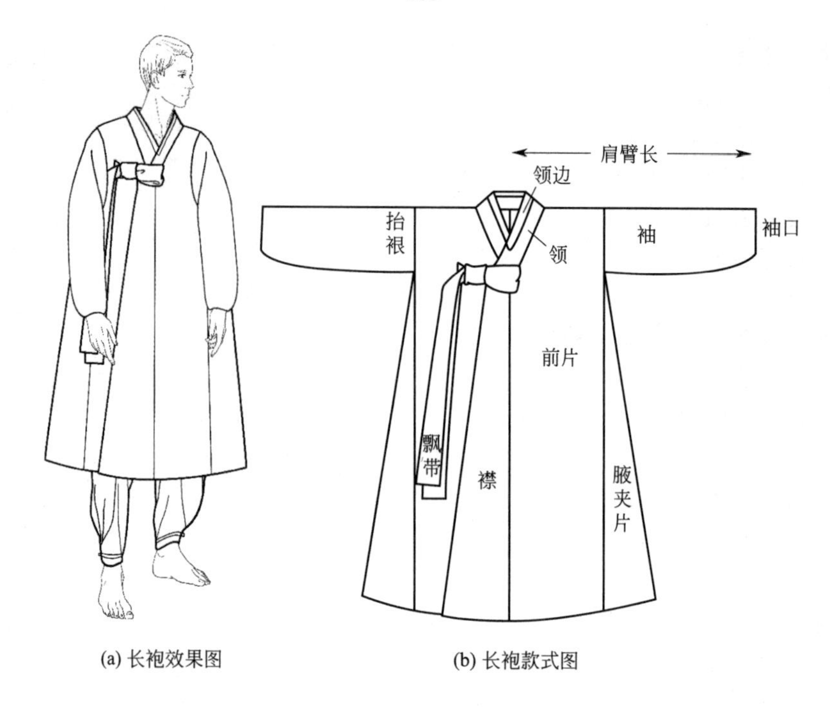

(a) 长袍效果图　　(b) 长袍款式图

图 7-33　长袍效果图、款式图

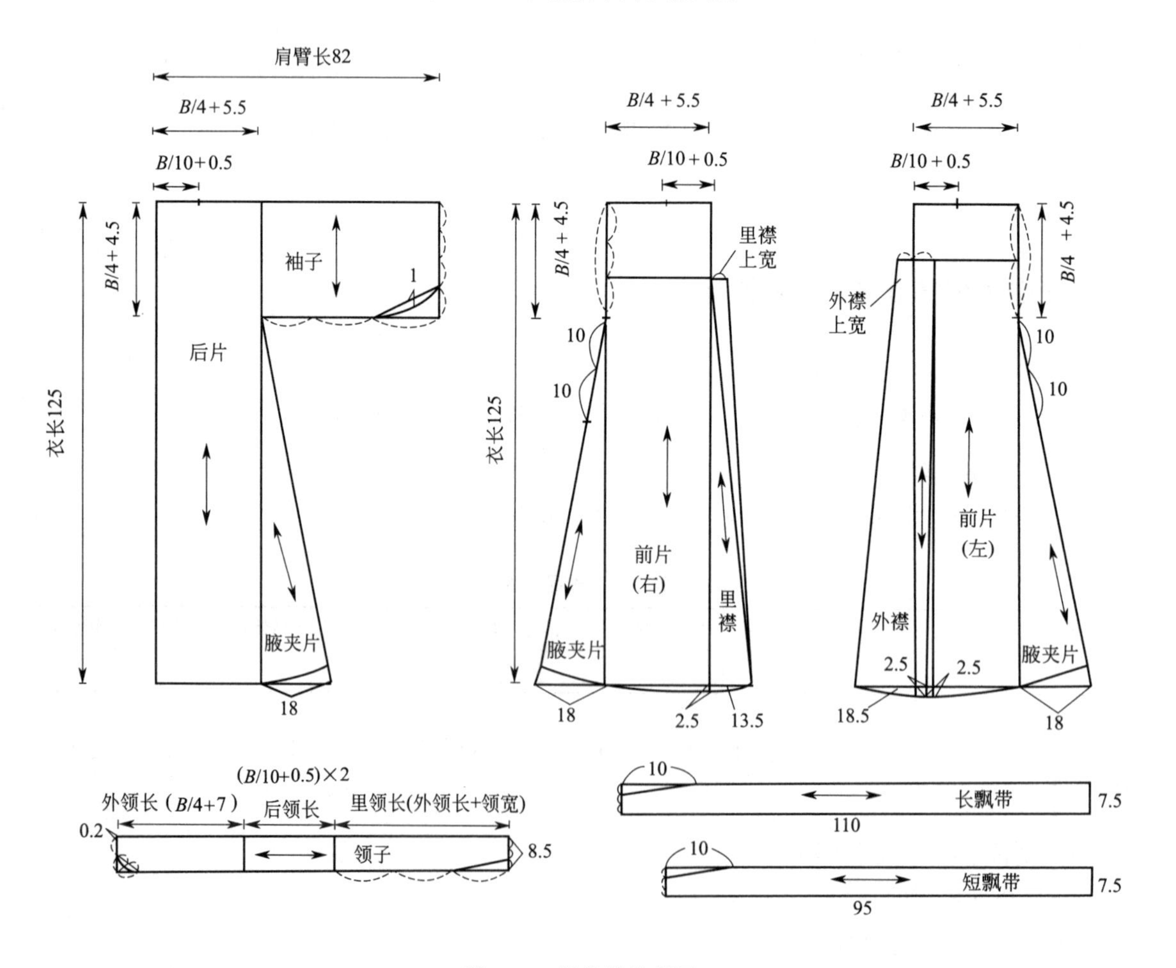

图 7-34　长袍结构制图

(3) 画后片胸围为 $B/4+5.5$。
(4) 取抬裉为 $B/4+4.5$。
(5) 画袖子，修整袖肚弧线。
(6) 取后领宽为 $B/10+0.5$。
(7) 画腋夹片，修整腋夹片弧线。

2. 前片结构制图

(1) 画前片左、右两片衣长与后片衣长相同。
(2) 画前片左、右两片胸围分别为 $B/4+5.5$。
(3) 取抬裉 $B/4+4.5$。
(4) 画前片左、右两片领宽为 $B/10+0.5$。
(5) 画前片外襟上宽 10cm，下宽为 18.5cm。
(6) 画里襟上宽为 6.5，下宽为 13.5。
(7) 画前片左、右腋夹片。
(8) 画前片左、右腋下竖口 20cm。
(9) 修整前片左、右下摆弧线。

3. 领子结构制图

(1) 画领宽 8.5cm。
(2) 画领长，领长由外领长为 $B/4+7$、后领长为 $(B/10+0.5)\times2$ 和里领长为 $B/4+7+8.5$ 组成。
(3) 修整领子形状。

4. 飘带制图

(1) 飘带为两条，分别是长飘带和短飘带，两条飘带制图方法相同。
(2) 画飘带宽。
(3) 画飘带长。
(4) 修整飘带形状。

四、男裤（巴几）纸样设计

（一）男裤效果图、款式图

男裤效果图如图 7-35(a) 所示，大裆裤款式图如图 7-35(b) 所示。

（二）成品规格

按国家号型 170/74A 确定，成品规格如表 7-7 所示。

表 7-7　成品规格　　单位：cm

部位	裤长	臀围	腰宽	腰带长	腰带宽	裤腿带长	裤腿带宽
尺寸	110	96	15	150	8	80	3.5

男裤为裆部较宽松的男子下装，附属物品有腰带和裤腿带；裤腰宽，为了盘坐和在生活中比较便利，裤裆和裤腿宽松肥大。穿着时把裤腰前部折起来系上腰带，并把裤腿折叠后用裤腿带（绑住裤腿的缎条布带）系紧，现代裤口工艺常采用收褶系纽扣来代替布带捆绑。

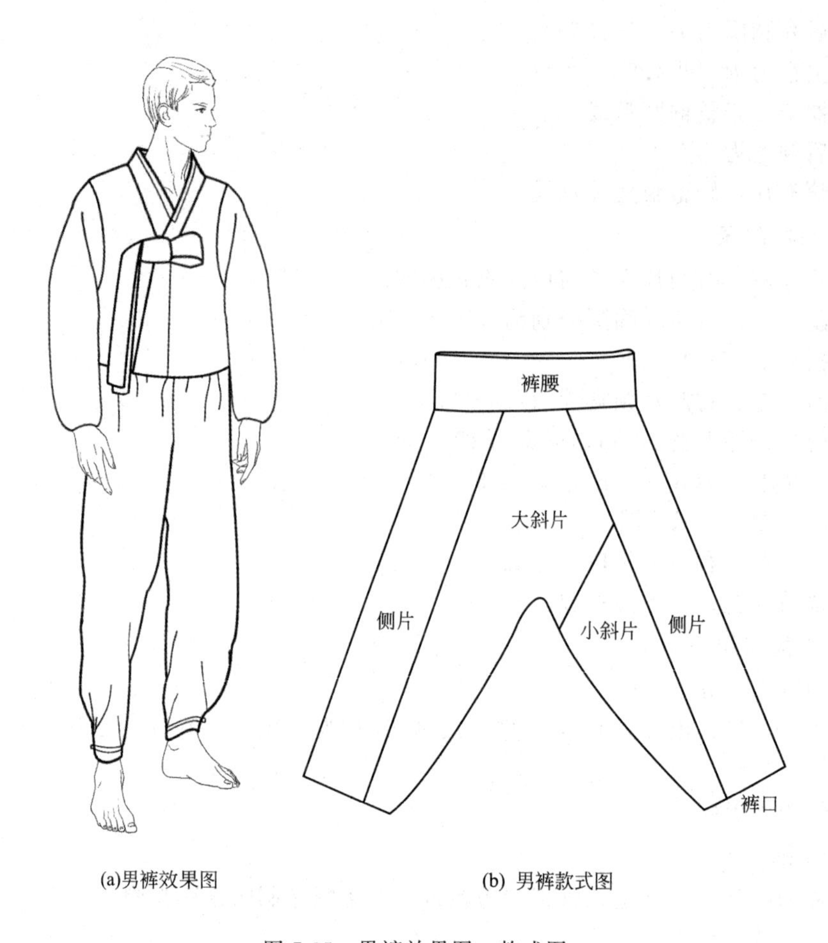

图 7-35 男裤效果图、款式图

（三）制图步骤（图 7-36）

1. 裤身制图

（1）画裤长线为 110cm。

（2）画上平线，在上平线上取前片半个腰围值为 $H/4+5$。

（3）将裤长 5 等分，再将第 2 份 3 等分，取 2/3 作为臀围线，取臀围值为 $H/4+20$cm。

（4）连接腰围线与臀围线作为前片对称中线。

（5）将臀围 5 等分，取 2/5 为侧片。

（6）将侧片下平线 3 等分，再加 1/3 作为裤口尺寸。

（7）画裤子内侧缝线。

（8）延长裤前片对称中线，与侧片上平线端点画直角三角形，再画此直角三角形的对称等大的直角三角形。

（9）取另半个前片的腰围值为 $H/4+5$。

（10）画小斜片。

（11）画另一侧片。

2. 画裤腰

3. 画腰带

4. 画裤腿系带

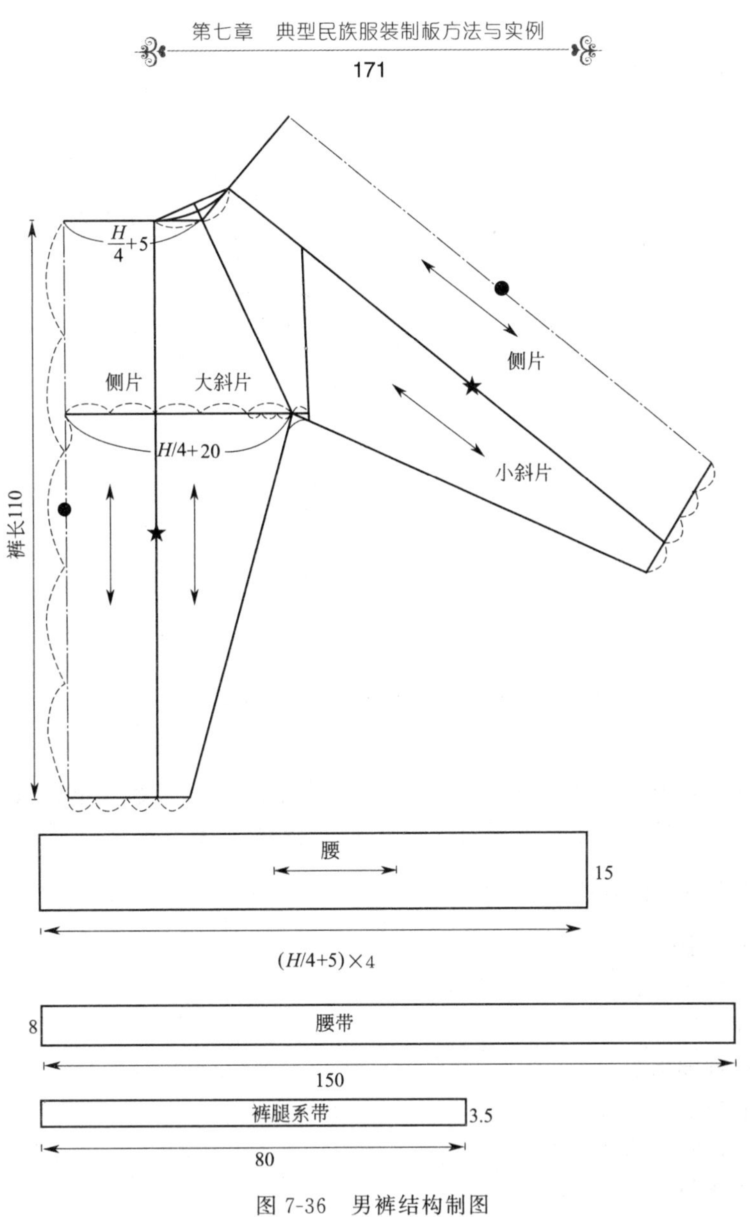

图 7-36　男裤结构制图

第三节　朝鲜族女子服装纸样设计

一、上袄（则高里）纸样设计

（一）上袄效果图、款式图

上袄效果图如图 7-37(a) 所示，上袄款式图如图 7-37(b) 所示。

（二）成品规格

按国家号型 160/84A 确定，成品规格如表 7-8 所示。

表 7-8　成品规格　　单位：cm

部位	衣长	肩臂长	领宽	飘带宽	长飘带	短飘带
尺寸	26	75	4.4	5.5	105	95

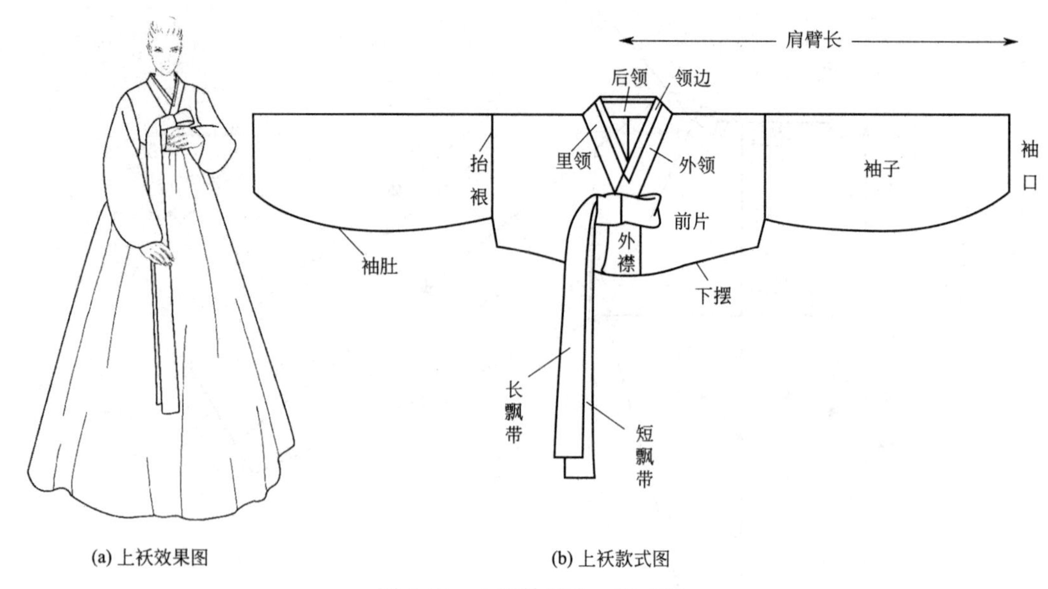

(a) 上袄效果图

(b) 上袄款式图

图 7-37 上袄效果图、款式图

上袄是朝鲜族女上装的基本款，衣长较短，斜领、右衽式、袖口窄，肩和袖子上部呈一条水平线，袖子下部呈鱼肚形；采用同色同质的面料制作衣身、袖子、领子。

（三）制图步骤（图 7-38）

1. 后片结构制图

（1）画后衣长线 26cm。

（2）画肩臂长线 75cm。

（3）画后片胸围为 $B/4+1$。

（4）取抬裉为 $B/4+0.5$。

（5）画袖子，修整袖肚弧线。

（6）取后领宽为 $B/10-0.5$。

（7）画后片侧缝线。

（8）修整后衣片下摆弧线。

2. 前片结构制图

（1）画前片左、右两片衣长，前片衣长比后片衣长长 3cm。

（2）画前片左、右两片胸围为 $B/4+1$。

（3）取抬裉为 $B/4+0.5$。

（4）画前片左、右两片领宽为 $B/10-0.5$。

（5）画左前片的外襟上宽为 4.4（领宽）+1，外襟下宽为 4.4（领宽）+1.4。

（6）画右前片里襟下宽为 4.4（领宽）−1.4。

（7）画前片左、右两片侧缝线。

（8）修整前片左、右两片的下摆弧线。

3. 领子结构制图

（1）画领宽 4.4cm。

（2）画领长。

（3）修整领子形状。

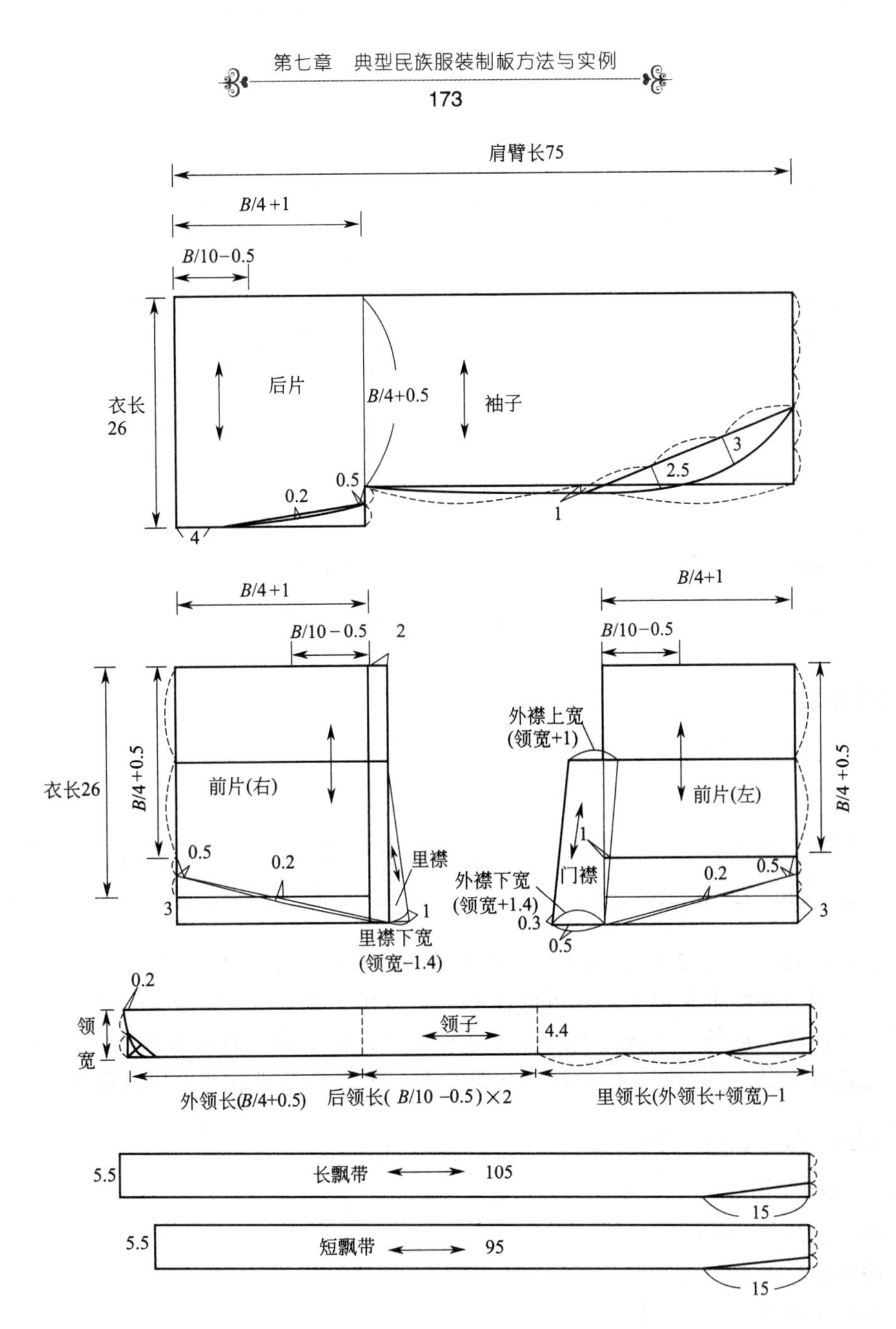

图 7-38　上袄结构制图

4. 飘带制图

(1) 飘带为两条，分别是长飘带和短飘带，两条飘带制图方法相同。

(2) 画飘带宽。

(3) 画飘带长。

(4) 修整飘带形状。

二、半回装袄（半回装则高里）纸样设计

（一）半回装袄效果图、款式图

半回装袄效果图如图 7-39(a) 所示，半回装袄款式图如图 7-39(b) 所示。

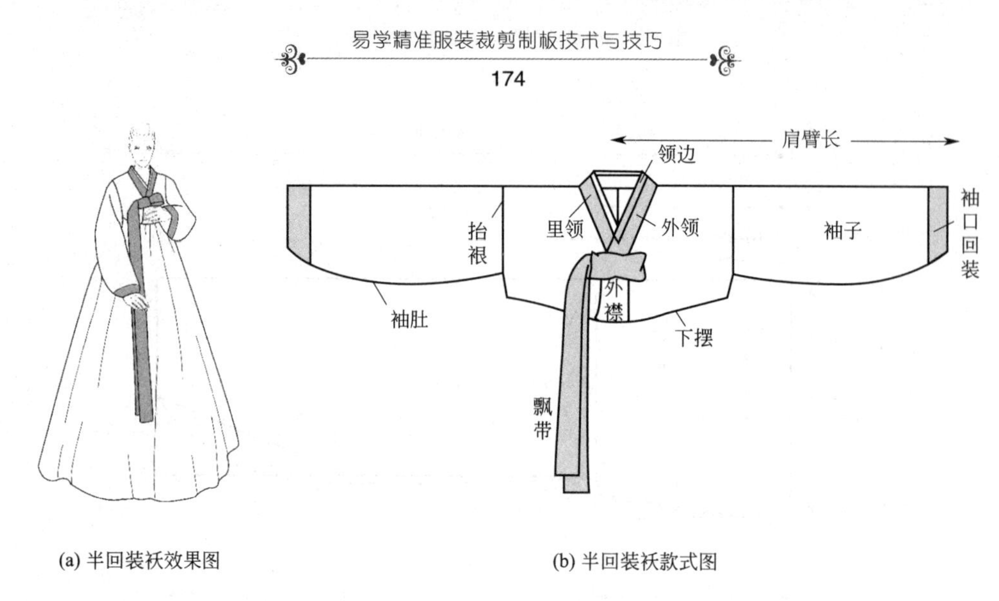

(a) 半回装袄效果图　　(b) 半回装袄款式图

图 7-39　半回装袄效果图、款式图

（二）成品规格

按国家号型 160/84A 确定，成品规格如表 7-9 所示。

表 7-9　成品规格　　单位：cm

部位	衣长	肩臂长	领宽	飘带宽	长飘带	短飘带
尺寸	26	74	4.4	5.5	105	95

半回装袄的袖口和飘带采用不同颜色的面料，或者是领子和飘带采用不同颜色的面料，或者是领子、袖口和飘带采用不同颜色的面料。传统配色采用绿色、黄色、粉红色等颜色的衣身配紫色的回装。但是，目前可不局限于这种配色，根据个人喜好和流行因素可采用同色系或者补色进行配色。袖口回装的宽度可根据个人喜好、体型或其他流行因素决定。

（三）制图步骤（图 7-40）

1. 后片结构制图

（1）画后衣长线 26cm。

（2）画肩臂长线 74cm。

（3）画后片胸围为 $B/4+1$。

（4）取抬裉为 $B/4+0.5$。

（5）画袖子，修整袖肚弧线，画袖口回装。

（6）取后领宽为 $B/10-0.5$。

（7）画后片侧缝线。

（8）修整后片下摆弧线。

2. 前片结构制图

（1）画前片左、右两片衣长，前片衣长比后片衣长长 3cm。

（2）画前片左、右两片胸围为 $B/4+1$。

（3）取抬裉为 $B/4+0.5$。

（4）画前片左、右两片领宽为 $B/10-0.5$。

（5）画左前片的外襟上宽为 4.4（领宽）+1，外襟下宽为 4.4（领宽）+1.2。

（6）画右前片里襟下宽为 4.4（领宽）－1.4。

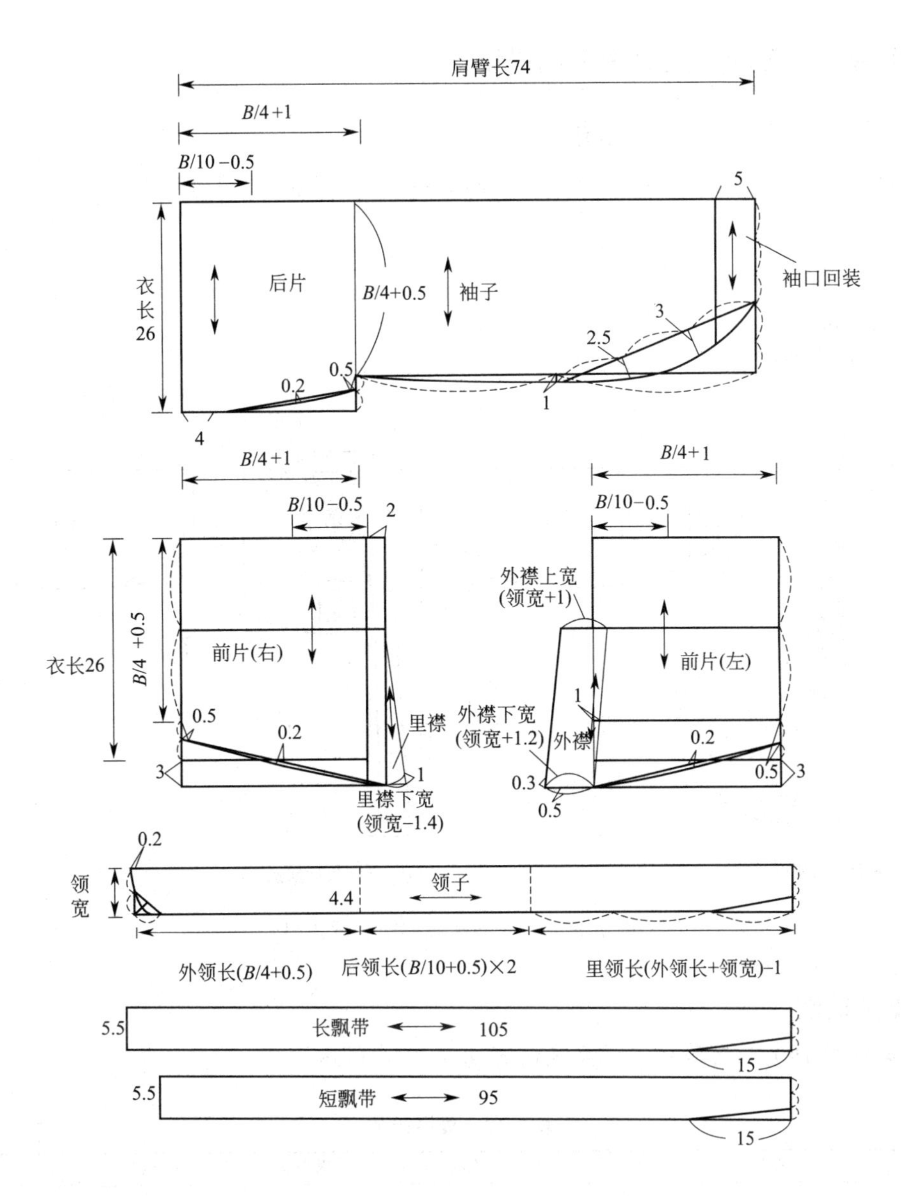

图 7-40　半回装袄结构制图

(7) 画前片左、右两片侧缝线。

(8) 修整前片下摆弧线。

3. 领子结构制图

(1) 画领宽 4.4cm。

(2) 画领长。

(3) 修整领子形状。

4. 飘带结构制图

(1) 飘带为两条，分别是长飘带和短飘带，两条飘带制图方法相同。

(2) 画飘带宽。

(3) 画飘带长。

(4) 修整飘带形状。

三、三回装袄（三回装则高里）纸样设计

（一）三回装袄效果图、款式图

三回装袄效果图如图 7-41(a) 所示。三回装袄款式图如图 7-41(b) 所示。

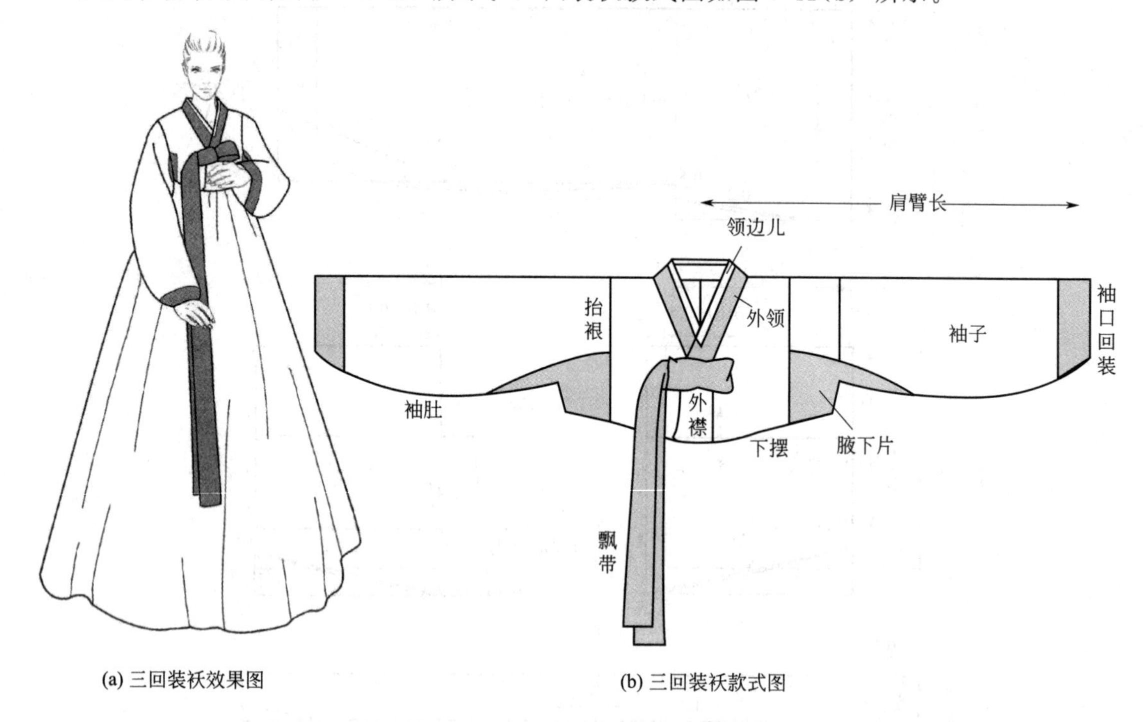

(a) 三回装袄效果图　　(b) 三回装袄款式图

图 7-41　三回装袄效果图、款式图

（二）成品规格

按国家号型 160/84A 确定，成品规格表如表 7-10 所示。

表 7-10　成品规格　　单位：cm

部位	衣长	肩臂长	领宽	飘带宽	长飘带	短飘带
尺寸	26	74	4.4	5.5	105	95

三回装袄在腋下有分片结构，领子、袖口、飘带、腋下片与衣身使用不同颜色的面料。目前其色彩搭配可根据个人喜好和流行因素，采用同色系或者补色进行配色。腋下片和袖口回装的宽度可根据个人喜好、体型或其他流行因素决定。

（三）制图步骤（图 7-42）

1. 后片结构制图

（1）画后衣长线 26cm。

（2）画肩臂长线 74cm。

（3）画后片胸围为 $B/4+1$。

（4）取抬裉为 $B/4+0.5$。

（5）画袖子，修整袖肚弧线，画袖口回装。

（6）取后领宽为 $B/10-0.5$。

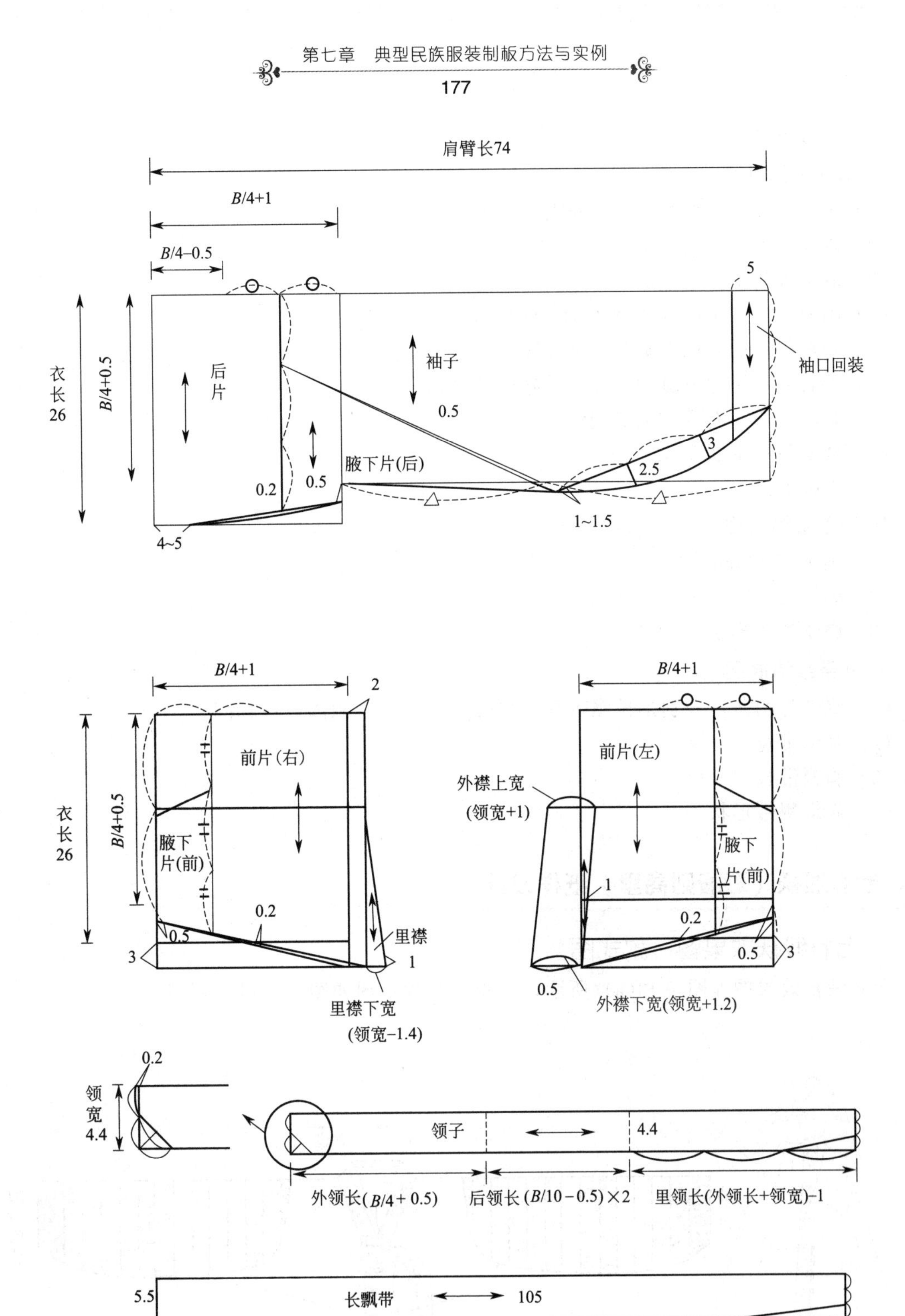

图 7-42　三回装袄结构制图

（7）画后片侧缝线。

（8）修整后片下摆弧线。

（9）画腋下片。

2. 前片结构制图

（1）画前片左、右两片衣长，前片衣长比后片衣长长 3cm。

（2）画前片左、右两片胸围为 $B/4+1$。

（3）取抬裉为 $B/4+0.5$。

（4）画前片左、右两片领宽为 $B/10-0.5$。

（5）画左前片的外襟上宽为 4.4（领宽）+1，外襟下宽为 4.4（领宽）+1.2。

（6）画右前片里襟下宽为 4.4（领宽）−1.4。

（7）画前片左、右两片侧缝线。

（8）修整前片下摆弧线。

（9）画腋下片。

3. 领子结构制图

（1）画领宽 4.4cm。

（2）画领长。

（3）修整领子形状。

4. 飘带结构制图

（1）飘带为两条，分别是长飘带和短飘带，两条飘带制图方法相同。

（2）画飘带宽。

（3）画飘带长。

（4）修整飘带形状。

四、七彩缎袄（彩缎则高里）纸样设计

（一）七彩缎袄效果图、款式图

七彩缎袄效果图如图 7-43(a) 所示，七彩缎袄款式图如图 7-43(b) 所示。

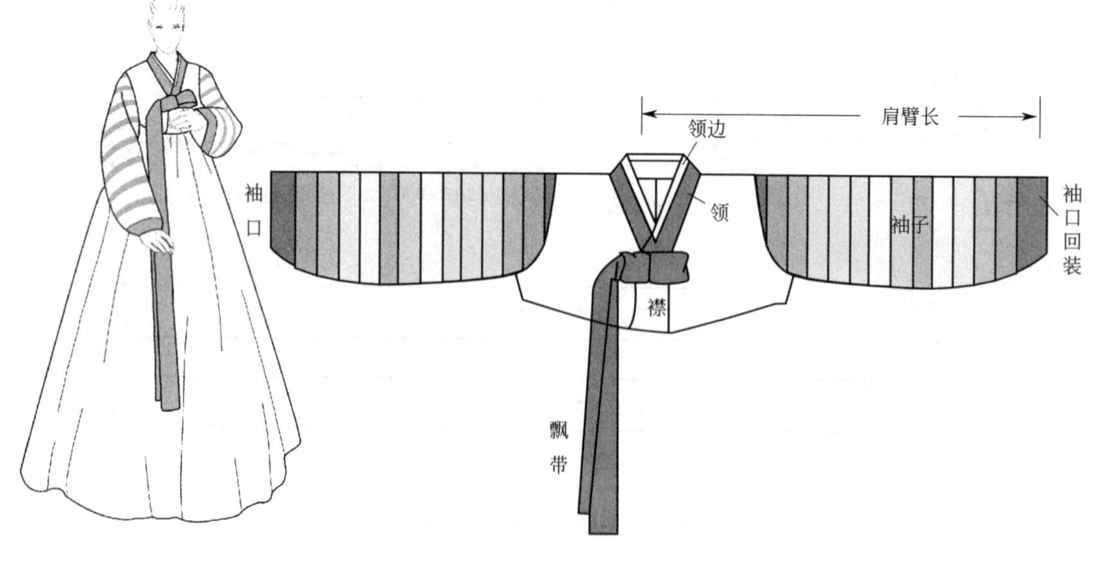

(a) 七彩缎袄效果图

(b) 七彩缎袄款式图

图 7-43　七彩缎袄效果图、款式图

（二）成品规格

按国家号型 160/84A 确定，成品规格如表 7-11 所示。

表 7-11　成品规格　　单位：cm

部位	衣长	肩臂长	领宽	飘带宽	长飘带	短飘带
尺寸	26	74	4.4	5.5	105	95

七彩缎袄的衣袖用红色、黄色、绿色、蓝色、灰色、粉红色、白色 7 种颜色的彩缎条拼接而成，衣身为绿色、黄色、粉红色或乳白色；在其领、飘带、袖口镶金箔印花纹或刺绣。因其色彩艳丽丰富，多为儿童和年轻女孩穿着。目前又出现了符合时代审美需求的变形彩缎和多色彩缎，为增强彩缎上衣的华丽感，可在襟处用彩条或各种颜色的三角形布料进行拼接，也称为彩缎上衣。

（三）制图步骤（图 7-44）

1. 后片结构制图

（1）画后衣长线 26cm。

（2）画肩臂长线 74cm。

（3）画后片胸围为 $B/4+1$。

（4）取抬裉为 $B/4+0.5$。

（5）取后领宽为 $B/10-0.5$。

（6）画袖窿弧线，修整袖肚弧线。

（7）画袖口回装。

（8）画后片侧缝线。

（9）修整后片下摆弧线。

2. 前片结构制图

（1）画前片左、右两片衣长，前片衣长比后片衣长长 3cm。

（2）画前片左、右两片胸围为 $B/4+1$。

（3）取前片左、右两片抬裉为 $B/4+0.5$。

（4）画前片左、右两片领宽与后领宽相同为 $B/10-0.5$。

（5）画前片左、右两片的袖窿弧线。

（6）画左前片的外襟上宽为 4.4（领宽）+1，外襟下宽为 4.4（领宽）+1.2。

（7）画右前片里襟下宽为 4.4（领宽）−1.4。

（8）画前片左、右两片侧缝线。

（9）修整前片下摆弧线。

3. 领子结构制图

（1）画领宽 4.4cm。

（2）画领长。

（3）修整领子形状。

4. 飘带结构制图

（1）飘带为两条，分别是长飘带和短飘带，两条飘带制图方法相同。

（2）画飘带宽。

（3）画飘带长。

（4）修整飘带形状。

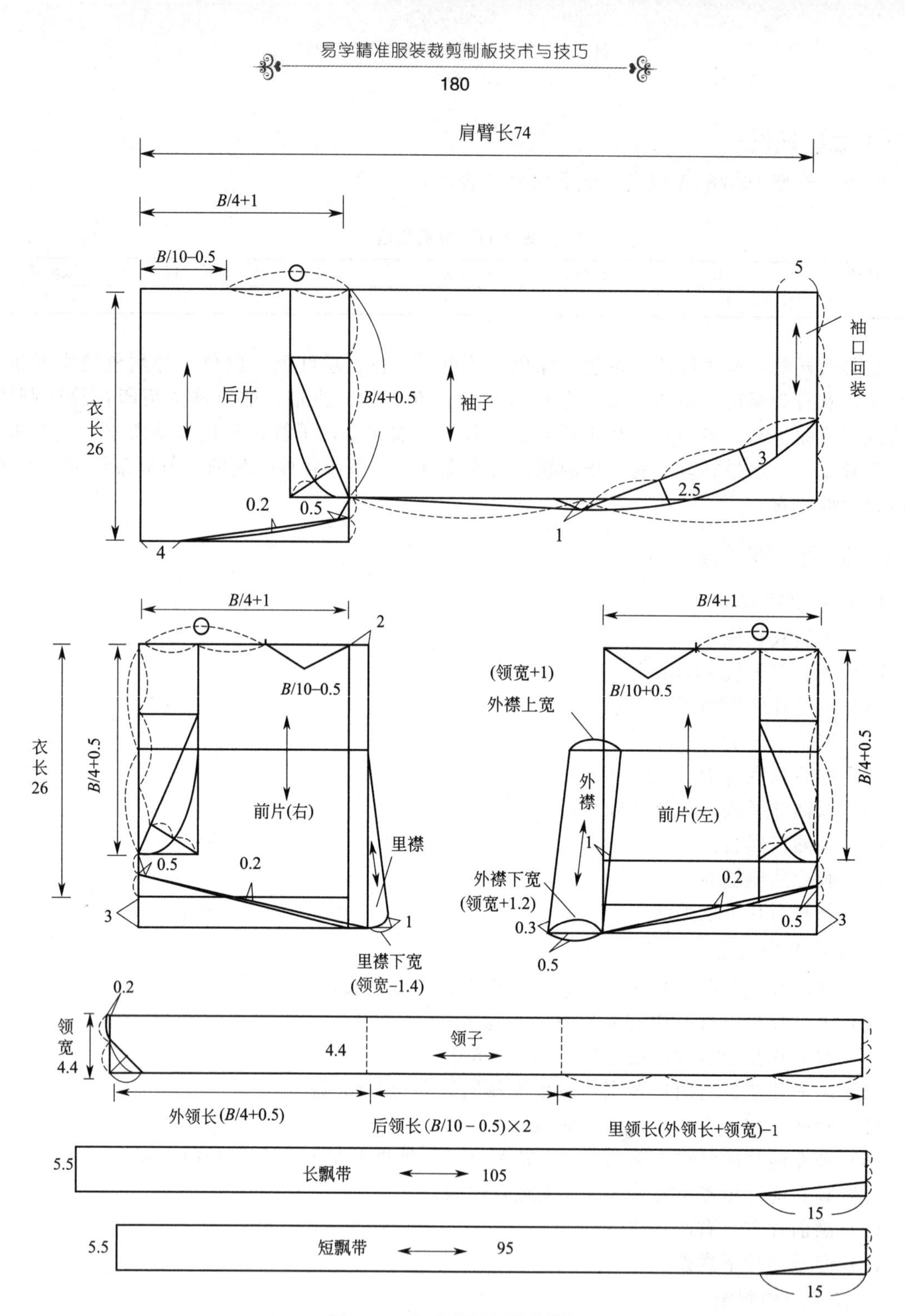

图 7-44　七彩缎袄结构制图

五、唐衣纸样设计

（一）唐衣效果图、款式图

唐衣效果图如图 7-45(a) 所示，唐衣款式图如图 7-45(b) 所示。

（二）成品规格

按国家号型 160/84A 确定，成品规格如表 7-12 所示。

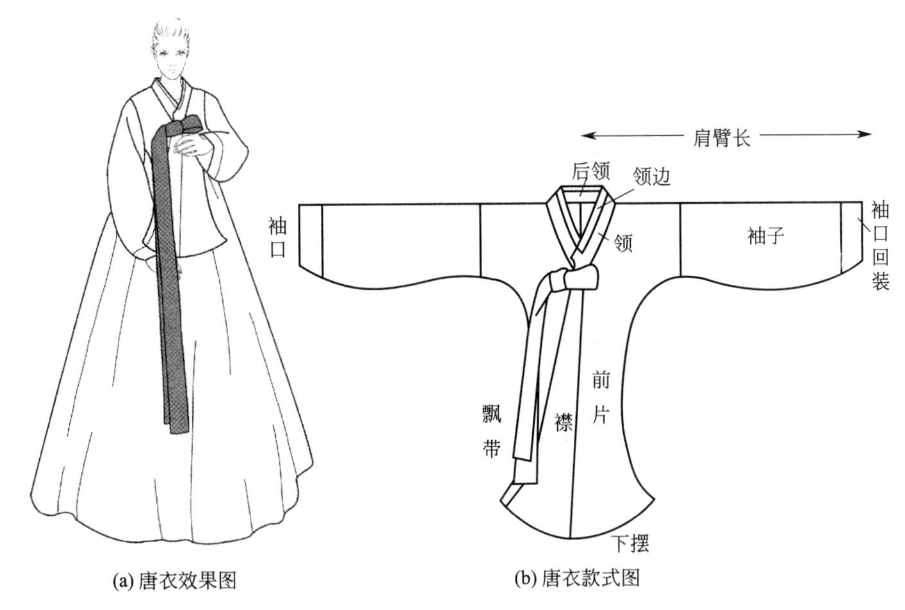

(a) 唐衣效果图
(b) 唐衣款式图

图 7-45　唐衣效果图、款式图

表 7-12　成品规格　　单位：cm

部位	肩臂长	外襟上宽	外襟下宽	里襟上宽	里襟下宽	领宽	飘带宽	长飘带	短飘带
尺寸	75	5.8	18	4	18	4.9	5.5	85	80

唐衣是李氏朝鲜时期由宫中服饰演变而来的。唐衣的底摆随着时代的不同，曲线度略有不同；可根据个人喜好和流行趋势修整唐衣的长度和底摆曲线。本款唐衣衣领处采用有缺口的领型设计，也可采用传统的朝鲜族女上袄衣领领型。

（三）制图步骤（图 7-46）

1. 后片结构制图

（1）画后衣长线为号/2－13cm。

（2）画肩臂长 75cm。

（3）画后片胸围为 $B/4+2$。

（4）取抬裉为 $B/4+1$。

（5）取后领宽 $B/10$。

（6）画袖子，修整袖肚弧线，画袖口回装。

（7）画后片侧缝弧线。

（8）修整后片下摆弧线。

2. 前片结构制图

（1）画前片左、右两片衣长，前片衣长比后片衣长长 3cm。

（2）画前片左右两片胸围为 $B/4+2$。

（3）取抬裉为 $B/4+1$。

（4）画前片左、右两片领宽为 $B/10$。

（5）画左前片的外襟上宽 5.8cm，外襟下宽 18cm。

（6）画右前片的里襟上宽 4cm，里襟下宽 18cm。

（7）画前片左右两片侧缝线。

（8）修整前片下摆弧线。

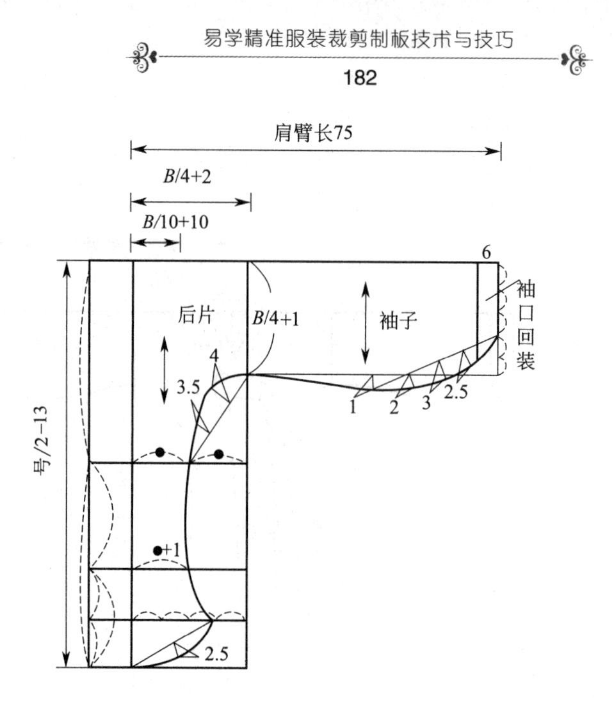

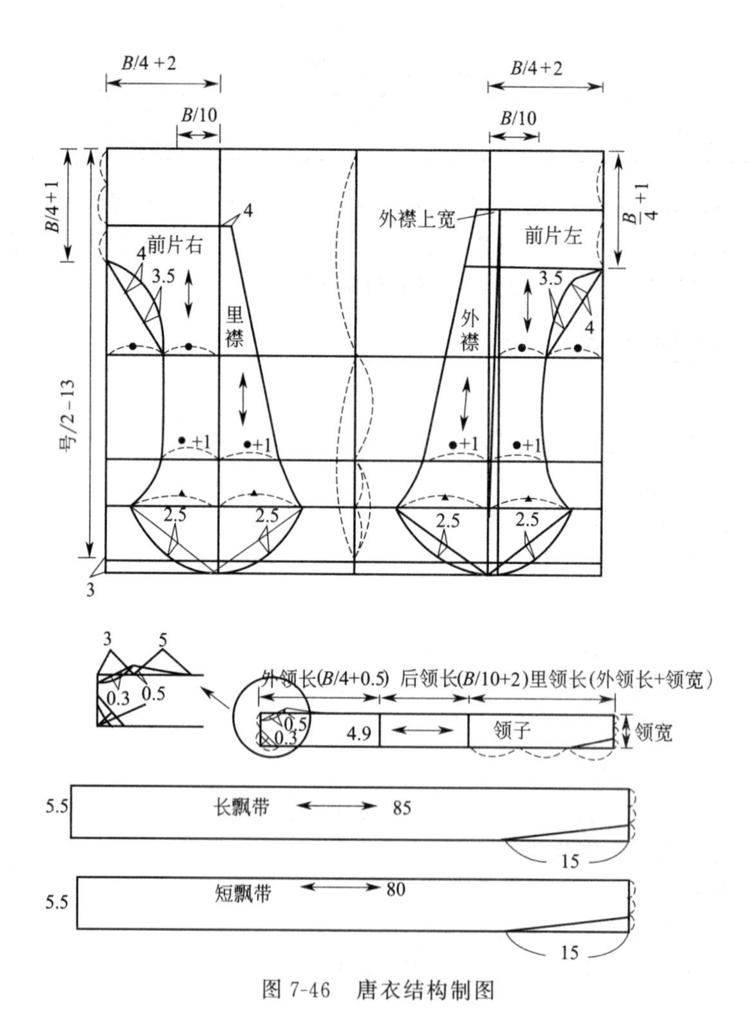

图 7-46 唐衣结构制图

3. 领子结构制图

（1）画领宽 4.9cm。

（2）画领长。

（3）修整领子形状。

4. 飘带结构制图

（1）飘带为两条，分别是长飘带和短飘带，两条飘带制图方法相同。

（2）画飘带宽。

（3）画飘带长。

（4）修整飘带形状。

六、背心裙纸样设计

（一）背心裙效果图、款式图

背心裙效果图如图 7-47(a) 所示，背心裙款式图如图 7-47(b) 所示。

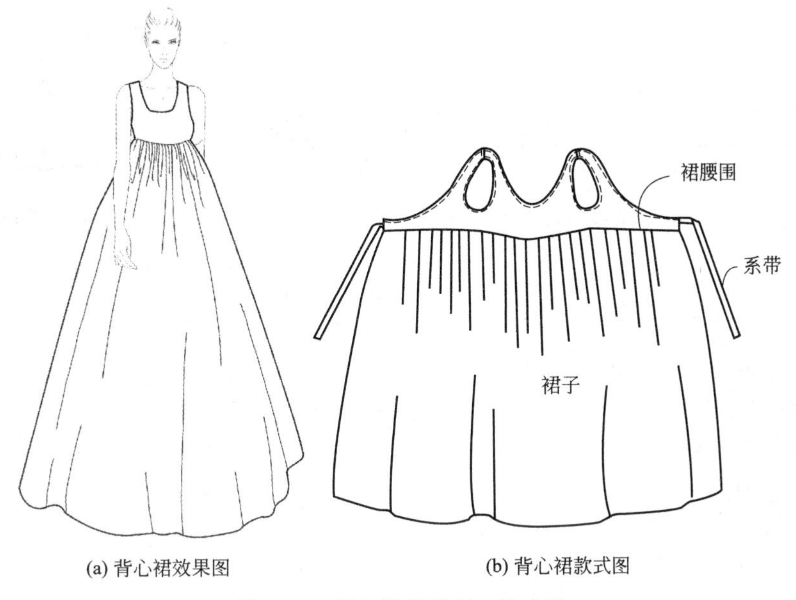

(a) 背心裙效果图　　(b) 背心裙款式图

图 7-47　背心裙效果图、款式图

（二）成品规格

按国家号型 160/84A 确定，成品规格如表 7-13 所示。

表 7-13　成品规格　　单位：cm

部位	裙长	系带宽	外侧带长	里侧带长
尺寸	120	2.5	55	50

本成品为裙腰和背心连接在一起的裙子，裙子后面是敞开的，用系带系紧。裙身采用大小相等的多片裙片拼接缝合而成。

（三）制图步骤（图 7-48）

1. 前后片结构制图

（1）画背心长为衣长－2cm。

（2）画前后片胸围为 $B/2$，二等分分割前后片。

（3）取袖窿深为 $B/4-3$。

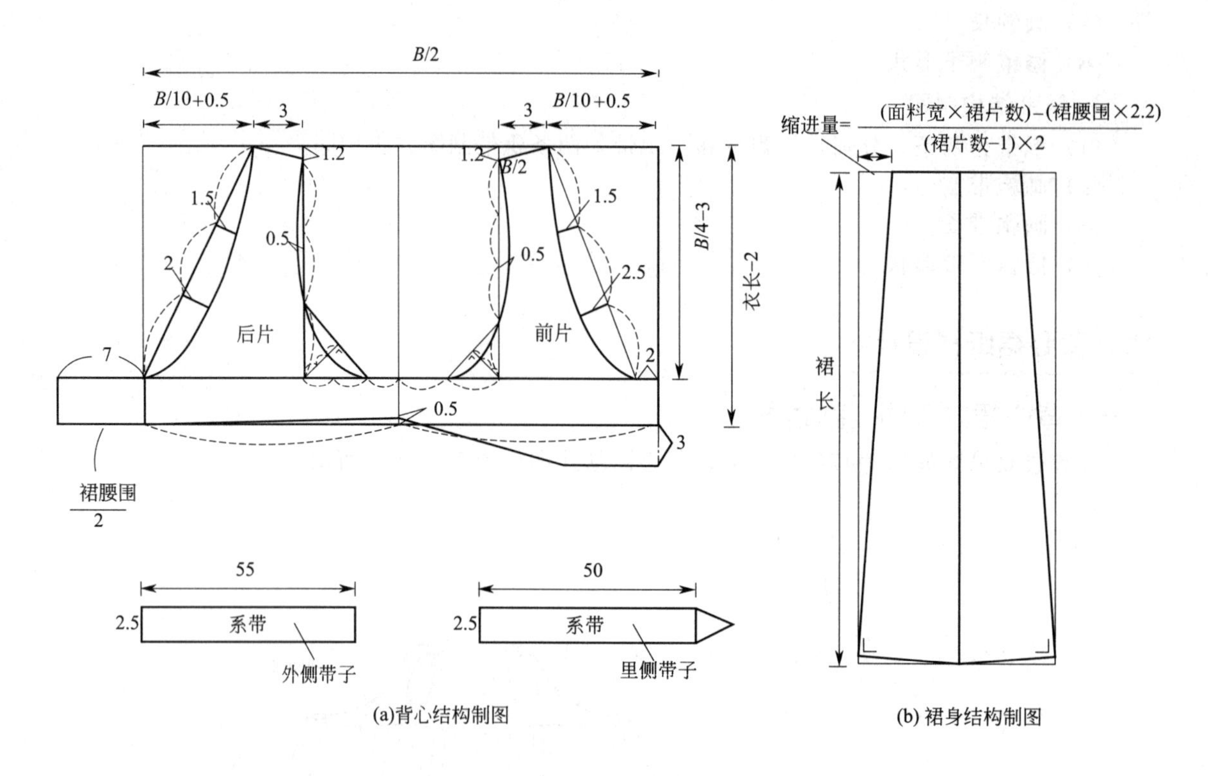

图 7-48　背心裙结构制图

(4) 画后片领宽为 $B/10+0.5$。

(5) 画背心后片肩斜。

(6) 画后袖窿弧线。

(7) 画后领弧线。

(8) 修整后片下摆。

(9) 画前片衣长，前片衣长比后片衣长长 3cm。

(10) 画前片领宽为 $B/10+0.5$。

(11) 画背心前片肩斜。

(12) 画前袖窿弧线。

(13) 画前领弧线。

(14) 修整前片下摆。

2. 系带结构制图

(1) 画外侧带子带宽为 2.5cm。

(2) 画外侧带子带长为 55cm。

(3) 画里侧带子带宽为 2.5cm。

(4) 画里侧带子带长为 50cm。

3. 裙身结构制图

(1) 画裙长为 120cm。

(2) 宽度通常取决于所选择面料的幅宽。如面料幅宽为 110cm，每片裙子的裙摆宽度为 110/2=55cm，裙片数为 6 片。

第八章

男女大衣外套类制板方法与实例

男女式外套类服装，不言而喻是穿着在最外面的服装。其用途是防风、防雨、挡寒，并与内在服饰配套，起修饰整体造型的作用。采用的款式因穿用的场合不同而有所不同：如礼仪场合需要穿正装礼服大衣；日常生活穿便装大衣、流行时装中长大衣等；运动场合穿户外装，工作时穿防护外套等。

第一节　男大衣外套的结构特点与纸样设计

本节选用一款典型礼服、一款生活便装外套和一款时尚外套为实例，可以举一反三地应用和学习。

一、单排扣暗门襟平驳领男礼服大衣的纸样设计

（一）单排扣暗门襟平驳领礼服大衣效果图

单排扣暗门襟平驳领礼服大衣效果图如图 8-1 所示。

（二）成品规格

按国家号型 170/88A 确定，成品规格如表 8-1 所示。

表 8-1　成品规格　　单位：cm

部位	衣长	胸围	腰围	臀围	腰节	总肩宽	袖长	袖口	衬衫领大
尺寸	110	114	102	102	45	47	62	17	41

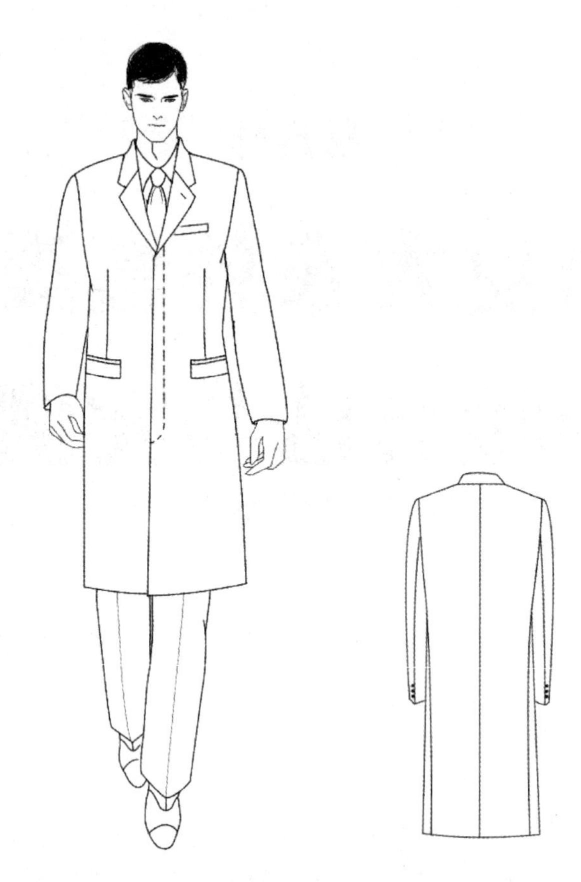

图 8-1 单排扣暗门襟平驳领礼服大衣效果图

此款大衣是与礼服式西服组合、配套穿的大衣。其结构与西服结构基本一致，整体组合成适量略收腰的 H 形，净胸围加放 26cm，净腰围加放 18cm，净臀围加放 12cm，舒适、完美、合体。外套面料颜色以深色为主，左衣片前胸上有手巾袋，前身有左右对称的两个有袋盖的横口袋，门襟单排暗扣，平驳领，通常选择较好的毛呢类面料。

（三）制图步骤

1. 单排扣暗门襟平驳领礼服大衣结构制图（图 8-2）

（1）按衣长尺寸画上下平行线。

（2）以 $B/2+3$cm（省）画横向围度线。

（3）后腰节长 45cm。

（4）袖窿深，计算公式为 $1.5B/10+9.5$cm。

（5）后背宽，计算公式为 $1.5B/10+5$cm。

（6）后领宽线，计算公式为领大/5+1cm。

（7）后领深，计算公式为 $B/40-0.15$。

（8）前后落肩，计算公式为 $B/20-1.5$cm。

（9）从后背宽垂线确定冲肩量为 2cm，此点为后肩端点。

（10）前中线搭门 4.5cm。

（11）前胸宽，计算公式为 $1.5B/10+3.5$cm。

（12）以 $B/4$ 从袖窿谷底点起始，在前中线抬起 2cm 做撇胸，上平线抬起 2cm 成直角

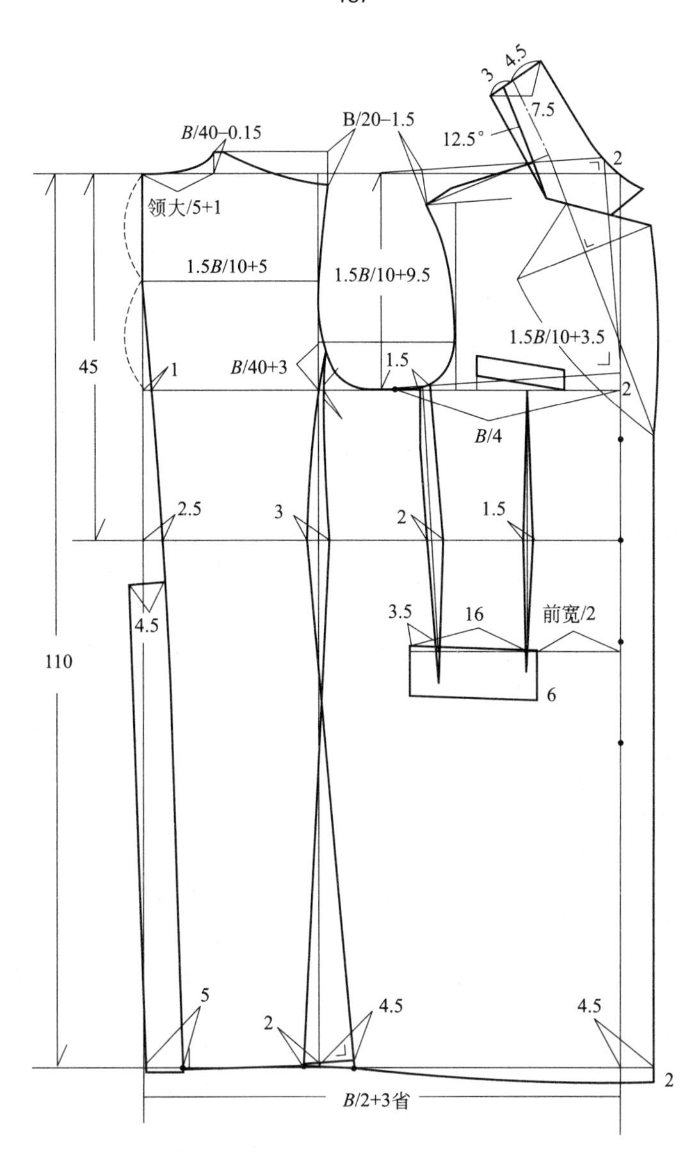

图 8-2　单排扣暗门襟平驳领礼服大衣结构制图

（同男西服做撇胸方法）。

（13）前领宽尺寸同后领宽。

（14）前小肩斜线，量取后小肩斜线实际长度，再减 0.7cm 省量，从前颈侧点开始交至前落肩线。

（15）袖窿谷底点收 1.5cm 省。后中缝下摆收 5cm，侧缝下摆放摆共 6.5cm。

（16）根据 1/2 胸腰差后中线腰部收 2.5cm 省，背宽延长线在腰部收 3cm，腋下腰部 2cm，前中腰部收 1.5cm 省。

（17）腰线平行下 12cm，距前中 1/2 前宽位置设横向口袋，长 16cm，高 6cm。

（18）胸围线上设手巾袋，长 11cm，高 2.5cm。

（19）后中腰下 7cm 设后开衩，宽 4.5cm.

（20）画驳口线，串口线确定驳领宽 9cm。

（21）画领子，参照前领口从颈侧点延长线作出倒伏 12.5°；画后领口弧线，画领宽 7.5cm，底领 3cm，翻领 4.5cm。

（22）驳尖长 4cm，领尖 5cm，根据造型将领外口弧线修正好。

（23）袖子制图，袖山高为前后袖窿均深的 4/5 左右。

2. 单排扣暗门襟平驳领礼服大衣袖子基础制图（图 8-3 左图）

（1）按袖长尺寸，画上下平行线。

（2）袖肘长度计算公式为袖长/2＋5cm，画袖肘线。

（3）袖山高尺寸计算公式为 AH /2×0.7 或参照前后袖窿平均深度的 5/6［即前肩端点至胸围线的垂线长加后肩端点至胸围线垂线长的（1/2）×(5/6)］。两种公式所形成的袖山高与袖窿圆高那个越接近，就越符合结构设计的合理性。

（4）以 AH/2 从袖山高点画斜线交于袖肥基础线来确定实际袖肥尺寸。此线与袖肥线形成的夹角约 45°。将前袖山高分为 4 等分作为辅助点。

（5）袖肥线在上平线上将袖肥分为 4 等分作为辅助点。将后袖山高分为 3 等分为辅助点。

（6）画大袖前缝线（辅助线），由前袖肥前移 3cm，袖肘倾斜 1cm。

（7）画小袖前缝线，由前袖肥后移 3cm，袖肘倾斜 1cm。

（8）从下平线下移 1.3cm 处画平行线。在大袖下前缝线上提 1cm，前袖肥下中线上提 1cm，两点相连，再从中线点画袖口宽 15cm 线交于下平行线。

（9）从袖口至后袖肥画辅助斜线。

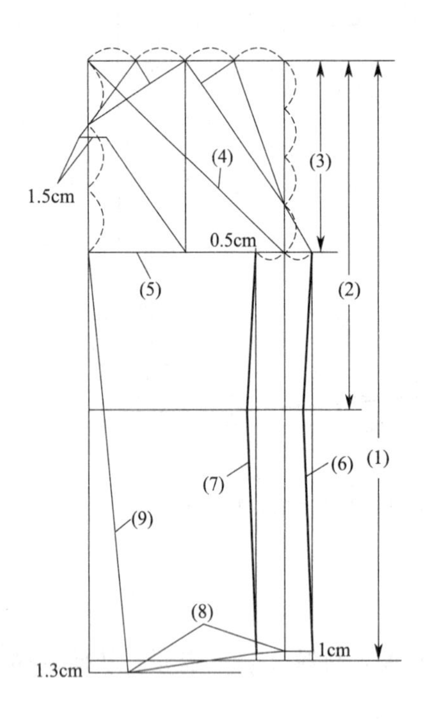

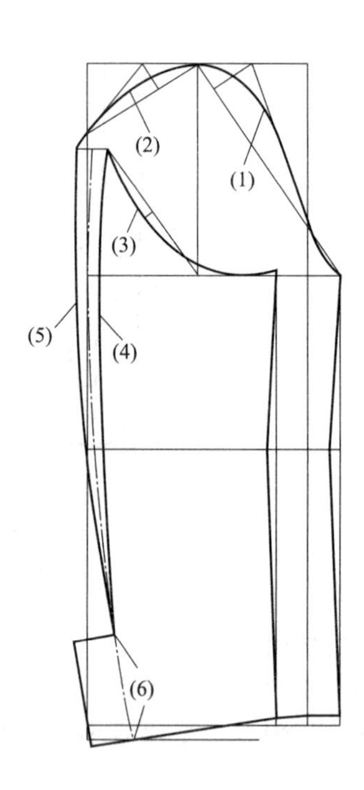

图 8-3　单排扣暗门襟平驳领礼服大衣袖子结构制图

3. 单排扣暗门襟平驳领礼服大衣袖子完成制图（图 8-3 右图）

（1）按辅助线画前大袖山弧线。前袖山高分为 4 等分的下 1/4 辅助点为绱袖对位点。

（2）按辅助线画后大袖山弧线。上平线袖山高中点前移 0.5～1cm 为绱袖时与肩点的对位点。

（3）在后袖山高 2/3 处点平行向里进大小袖互借 1.5cm，画小袖弧线。

（4）连接后小袖肥点与袖口后端点。

（5）连接后大袖肥点与袖口后端点。

（6）按辅助线画后袖缝弧线，袖开衩长 10cm，宽 4cm。

二、巴布尔式生活装外套纸样设计

（一）巴布尔式生活装外套效果图

巴布尔式生活装外套效果图如图 8-4 所示。

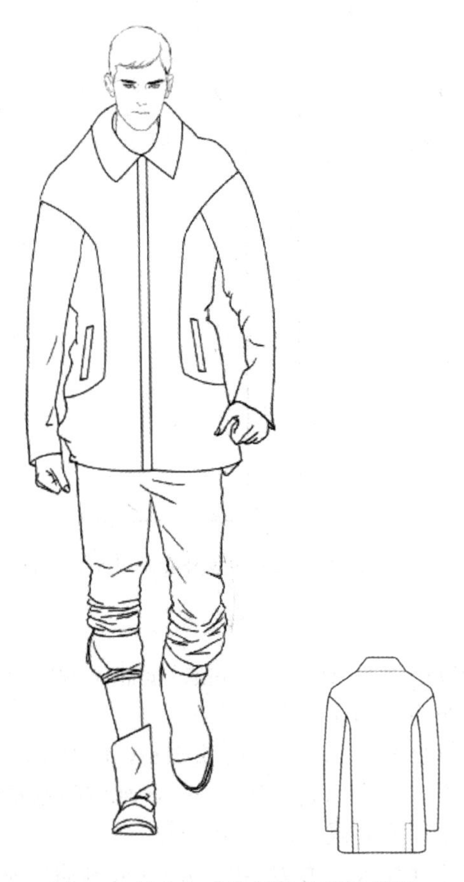

图 8-4　巴布尔式生活装外套效果图

（二）成品规格

按国家号型 170/88A 确定，成品规格如表 8-2 所示。

表 8-2　成品规格　　单位：cm

部位	衣长	胸围	腰节	总肩宽	袖长	袖口
尺寸	80	114	45	47	60	17

此款巴布尔式生活装外套，其结构为四开身，整体组合成适量直身形，净胸围加放 26cm，舒适、完美、合体。落肩袖，大翻领，面料颜色以中性色为主，前身有左右对称的两个斜口袋。

（三）制图步骤

1. 巴布尔式生活装外套基础结构制图（图 8-5）

（1）画后中线，按后衣长尺寸 80cm 画纵向线，上下画平行线。

（2）画腰节长，从上平线向下的长度。尺寸计算公式为衣长/2＋5cm，以此长度画腰围

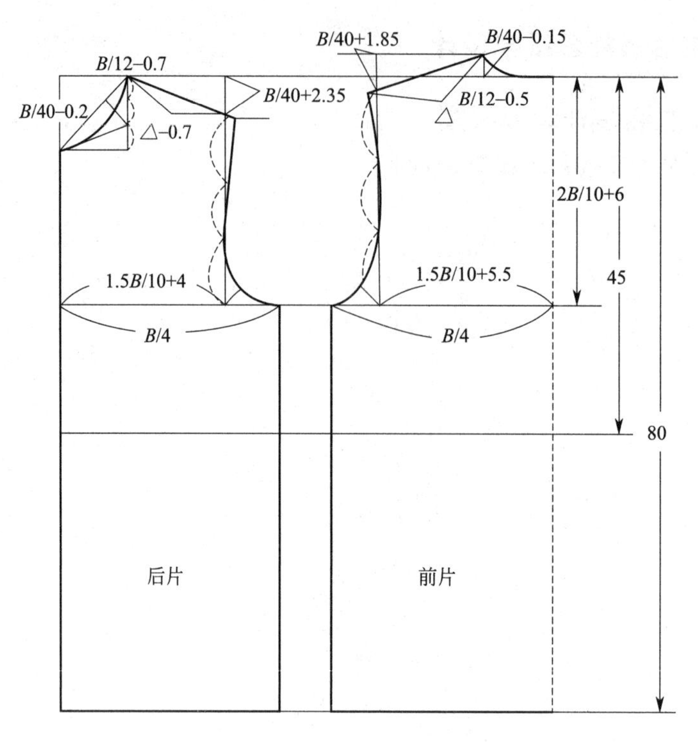

图 8-5　巴布尔式生活装外套基础结构制图

水平线。

（3）袖窿深，其尺寸计算公式为 $2B/10+6$cm，据此画胸围水平线。

（4）四开身前后片胸围肥为 $B/4$。

（5）后背宽，其尺寸计算公式为 $1.5B/10+5.5$cm，画背宽垂线。

（6）前胸宽，其尺寸计算公式为 $1.5B/10+4$cm，画前胸宽垂线。

（7）画后领宽线，其尺寸计算公式 $B/12-0.5$cm。

（8）画后领深线，其尺寸计算公式为 $B/40-0.15$cm 画后领窝弧线。

（9）画后落肩线，其尺寸计算公式为 $B/40+1.85$cm。后冲肩量为 1.5cm，以此确定后肩端点。

（10）画前领宽线为 $B/12-0.7$cm（后领宽－0.3cm），领深为 $N/5+0.5$cm。

（11）画前落肩线，其尺寸计算公式为 $B/40+2.35$cm。

（12）画前小肩斜线，量取后小肩斜线实际长度－0.7cm，从前颈侧点开始交至前落肩线。

（13）从胸围线向上画后袖窿与前袖窿弧的辅线，参照后宽垂线上的前后宽垂线的 1/3 处。

（14）画后袖窿弧线，从后肩端点开始画弧线，过袖窿弧辅助点及后角平分 3cm 至 $B/4$ 处。

（15）画前袖窿弧，从前肩端点开始与前宽垂线上的袖窿弧辅助线相切过前角平分线 2.5cm 至 $B/4$ 处。

2. 巴布尔式生活装外套结构完成线制图（图 8-6）

（1）画前片袖子，从肩点延长线 15cm，作出垂线 6.2cm；参照此点画袖长 60cm，画袖口垂线 15cm－0.5cm。

（2）前肩宽垂线分三等分，从前肩点以前 AH 长过垂线的下 1/3 点画线，从此点作出袖

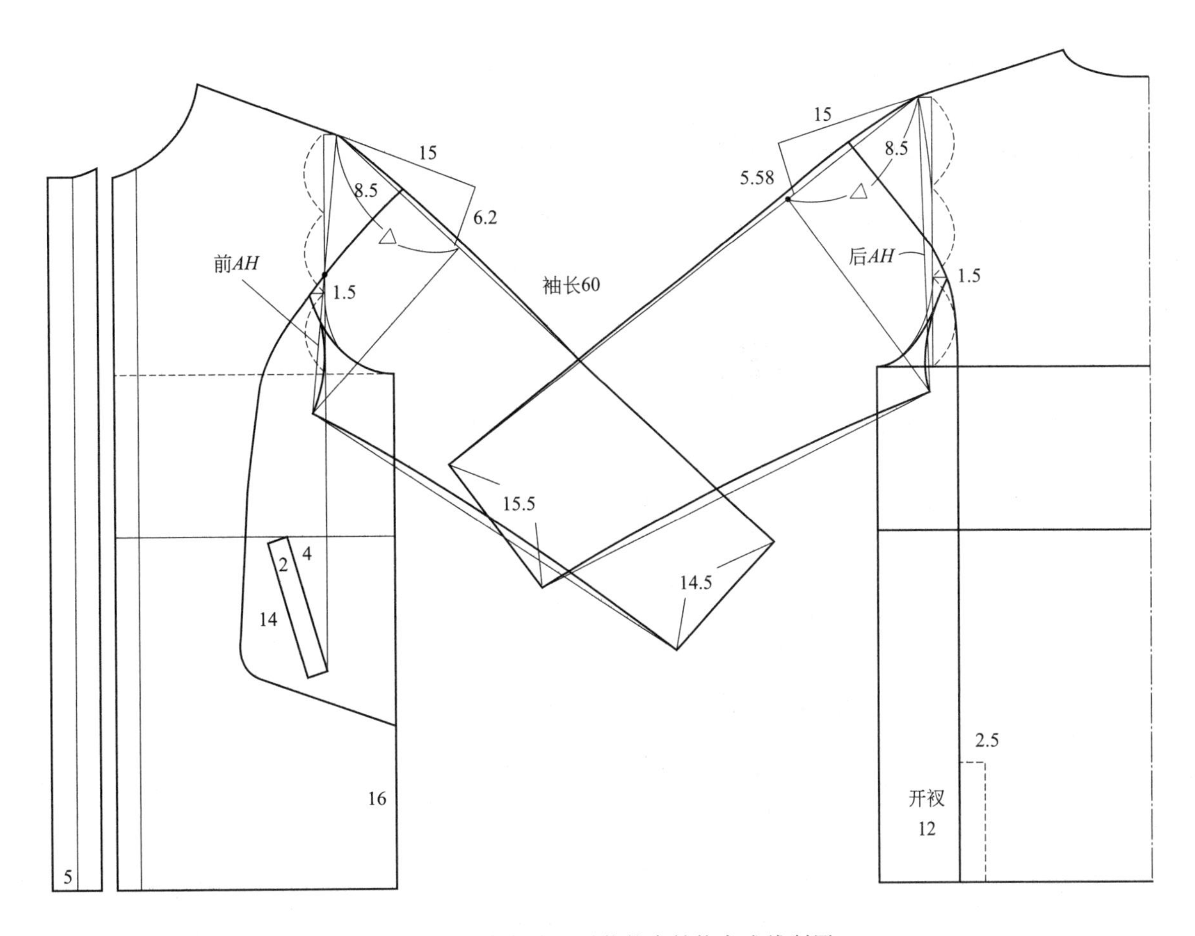

图 8-6　巴布尔式生活装外套结构完成线制图

中线的垂线确立袖山高。连接袖下缝。

（3）从前肩点画落肩 8.5cm，画落肩分割线；参照前宽垂线三等分位置所作的 1.5cm 线点，画衣身上的款式分割线至侧缝下摆上 16cm。腰下设袋板兜长 14cm。

（4）前门襟 5cm 宽。

（5）画前片袖子，从肩点延长线 15cm，作垂线 5.58cm 参照此点画袖长 60cm，画袖口垂线 15cm＋0.5cm。

（6）后袖山高与前袖山高相同，从后肩点以后 *AH* 长确定后袖肥，连接袖下缝。

（7）从后肩点画落肩 8.5cm，画落肩分割线；参照后宽垂线三等分位置所作的 1.5cm 线点，画后衣身上的款式分割线至下摆，设开衩 12cm。

（8）后中线连裁。

3. 巴布尔式生活装外套翻领结构制图（图 8-7）

（1）以总领宽 8.5cm 前后领窝弧线长画矩形基础线，底领 3.5cm，翻领 5cm。

（2）参照前后领窝弧线的分割线打开∠12.35°，修正领下口线和领上口线领尖，长 9cm。

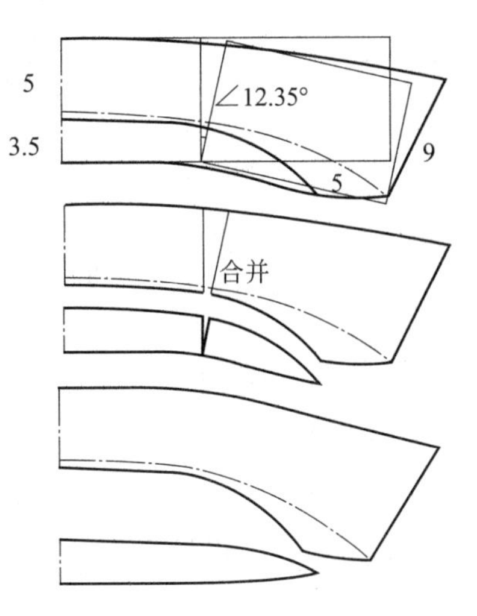

图 8-7　巴布尔式生活装外套翻领结构制图

（3）翻折线下 0.5cm 至领下口 5cm 处，画分体领。

（4）剪开分体领将 12.35°角合并，修正上下领。

三、三开身斜向门襟立领生活装男长外套纸样设计

（一）三开身斜向门襟立领生活装男长外套效果图

三开身斜向门襟立领生活装男长外套效果图如图 8-8 所示。

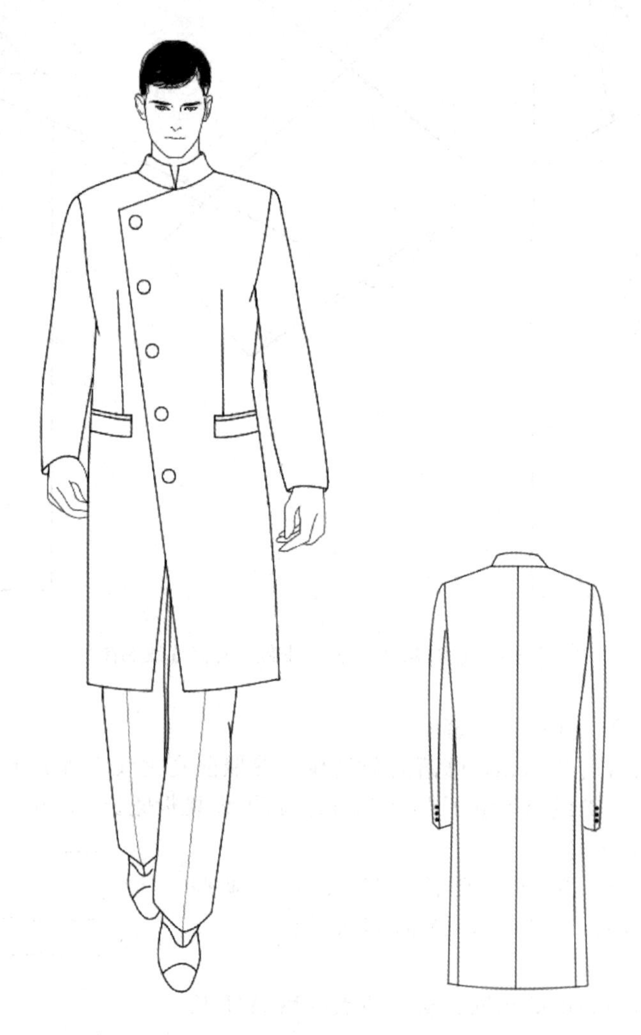

图 8-8　三开身斜向门襟立领生活装男长外套效果图

（二）成品规格

按国家号型 170/88A 确定，成品规格如表 8-3 所示。

表 8-3　　成品规格　　　　单位：cm

部位	衣长	胸围	腰围	臀围	腰节	总肩宽	袖长	袖口
尺寸	100	114	98	106	45	47	62	17

此款为三开身斜向门襟立领生活装男长款外套，属于时尚型。三开身结构整体略收腰，

下摆直身形，净胸围加放 26cm；净腰围加放 24cm；净臀围加放 16cm；舒适、完美、合体。两片袖，立领，采用中厚垂感面料，颜色以中性色为主，前身有左右对称的两个实用口袋。

（三）制图步骤

1. 三开身斜向门襟立领生活装男长外套结构制图（图 8-9）

（1）首先画后中线，按后衣长尺寸 100cm 画纵向线、上下画平行线。

（2）横向围度 $B/2+1.6$cm。

（3）画腰节长，从上平线向下的长度。尺寸计算公式为衣长/2＋5cm，以此长度画腰围水平线。

（4）臀高 18cm 画臀围线。

（5）袖窿深，其尺寸计算公式为 $1.5B/10+8.5$cm，据此画胸围水平线。

（6）后宽为 $1.5B/10+5$cm，画后宽垂线。

（7）前宽为 $1.5B/10+3.5$cm，画前宽垂线。

（8）画后领宽线，其尺寸计算公式为 $B/12-0.3$cm。

（9）画后领深线，其尺寸计算公式为 $B/40-0.15$cm，画后领窝弧线。

（10）画后落肩线，其尺寸计算公式为 $B/40+1.35$cm（包括垫肩量 1.5cm 左右）。后冲肩量为 1.5cm，以此确定后肩端点。

（11）从胸围线向上画后袖窿与前袖窿弧的辅线，尺寸计算公式为 $B/40+3$cm。

（12）画后袖窿弧线，从后肩端点开始画弧线，与后背横宽线点自然相切；过袖窿弧辅助

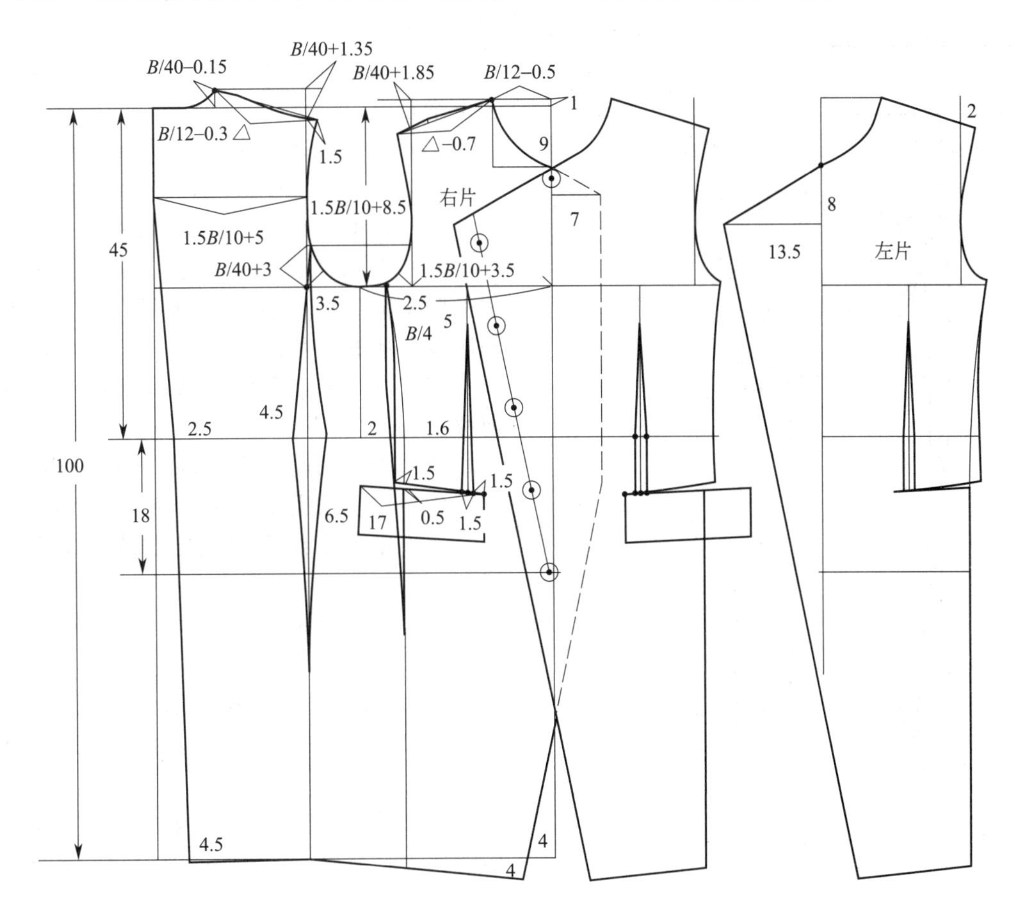

图 8-9　三开身斜向门襟立领生活装男长外套结构制图

点及后角平分 3.5cm 至袖窿谷底点即 $B/4$ 的位置。

（13）前片上平行线参照后片基础上平行线上移 1cm。

（14）画前领宽线 $B/12-0.5$cm，前领口深 9cm。

（15）画前落肩线，其尺寸计算公式为 $B/40+1.85$cm（包括垫肩量 1.5cm）。

（16）画前小肩斜线，量取后小肩斜线实际长度，再减 0.7cm 省量，从前颈侧点开始交至前落肩线。

（17）画前袖窿弧，从前肩端点开始与袖窿弧辅助线相切过前角平分线 2.5cm 至袖窿谷底点。

（18）画后中缝斜线，参照胸围线收 1cm，腰部收 2.5cm，下摆收 4.5cm。

（19）画三开身腋下后片腰部侧缝线，中腰收省 4.5cm。

（20）口袋参照前宽 1/2 垂直向下在腰围线下移 10cm，袋口长 17cm.

（21）参照袋口画三开身腋下前片侧缝线，中腰收省 2cm。

（22）参照西服制图方法前腰省 1.6cm，袋口形成肚省 0.5cm。

（23）画右片前止口线，搭门宽 7cm。下摆画斜线，下中线斜 4cm 画尖摆造型。

（24）左衣片参照领口下 8cm，斜搭门宽 13.5cm，画前止口斜线与右片交叉对称。

（25）依据款式设计左片斜线止口设扣子 5 粒，下扣位在臀围线。

2. 三开身斜向门襟立领生活装男长外套领子与袖子结构制图（图 8-10）

（1）画立领，以立领高 3.5cm 前后领弧线长画基础矩形，在前领弧端点起翘 2cm；作出垂线前领高 2.5cm，上口进 0.5cm，修正上下领口弧线。

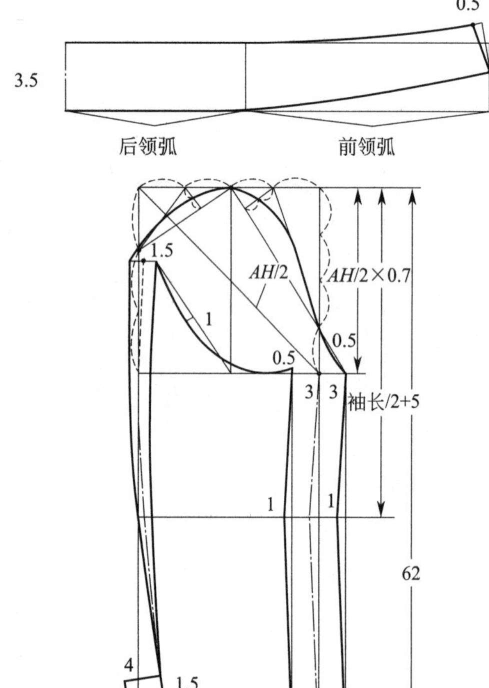

图 8-10　三开身斜向门襟立领生活装男长外套领子与袖子结构制图

（2）画两片袖子，按袖长尺寸 62cm，画上下平行线。

（3）袖肘长度计算公式为袖长$/2+5$cm，画袖肘线。

（4）袖山高尺寸计算公式为 $AH/2\times0.7$。

（5）以 $AH/2$ 线长从袖山高点画斜线交于袖肥基础线来确定实际袖肥尺寸。此线与袖肥线形成的夹角约 45°。

（6）画大袖前缝线（辅助线），由前袖肥前移 3cm。

（7）画小袖前缝线，由前袖肥后移 3cm。

（8）将前袖山高分为 4 等分作为辅助点。

（9）在上平线上将袖肥分为 4 等分作为辅助点。

（10）将后袖山高分为 3 等分作为辅助点。

（11）按辅助线画前大袖山弧线。前袖山高分为 4 等分的下 1/4 辅助点作为绱袖对位点。

（12）按辅助线画后大袖山弧线。上平线袖山高中点前移 0.5～1cm 为绱袖时与肩点的对位点。

（13）在后袖山高 2/3 处点平行向里进大小袖互借 1.5cm，画小袖弧辅助线。

（14）从下平线下移1.3cm处画平行线。

（15）在大袖下前缝线上提1cm，前袖肥下中线上提1cm，两点相连，再从中线点画袖口宽17cm线交于下平行线。

（16）连接后袖肥点与袖口后端点。

（17）大袖肘处进1cm画大袖前袖缝弧线，小袖肘处进1cm画小袖前袖缝弧线。

（18）按辅助线画后袖缝弧线，袖开衩长10cm，宽4cm。

第二节　生活装女大衣的结构特点与纸样设计

一、装袖单排一粒扣西服领女长大衣纸样设计

（一）装袖单排一粒扣西服领女长大衣效果图

装袖单排一粒扣西服领女长大衣效果图如图8-11所示。

图8-11　装袖单排一粒扣西服领女长大衣效果图

（二）成品规格

按国家号型160/84A确定，成品规格如表8-4所示。

表8-4　成品规格　　单位：cm

部位	后衣长	胸围	总肩宽	腰围	袖长	袖口	后腰节	臀围
尺寸	110	94	38	74	54	14	38	100

此款装袖单排一粒扣西服领长大衣，较时尚，四开身结构，净胸围加放 10cm，净腰围加放 6cm；整体造型收腰，下摆略收，舒适、完美、合体。采用纯毛或混纺面料，前身有左右对称的两个横向口袋。

（三）制图步骤

1. 装袖单排一粒扣西服领女长大衣结构制图方法（采用原型裁剪法）

首先按照号型 160/84A 型制作文化式女子新原型图，具体方法如前文化式女子新原型制图，然后依据原型制作纸样。

2. 装袖单排一粒扣西服领女长大衣衣身结构制图（图 8-12）

（1）将原型的前后片画好，腰线置同一水平线；先画后片，再画前片。

（2）画后中衣长 110cm。后领宽展宽 1cm，肩点上抬 1cm 后，冲肩 1.5cm 决定小肩宽尺寸包括 0.7cm 省量，其余肩省转移至后袖窿。

（3）胸围线下移 1.5cm，从肩点修正后袖窿弧线。

（4）根据 1/2 胸腰差量 60%收在后片为 6.6cm 省，分别收后中 2cm、侧缝 1.5cm、后中腰 3.1cm 省。

（5）臀高 18cm，画后片臀围肥为 $H/4-0.5$cm；侧缝垂直下摆收 3cm 摆量。

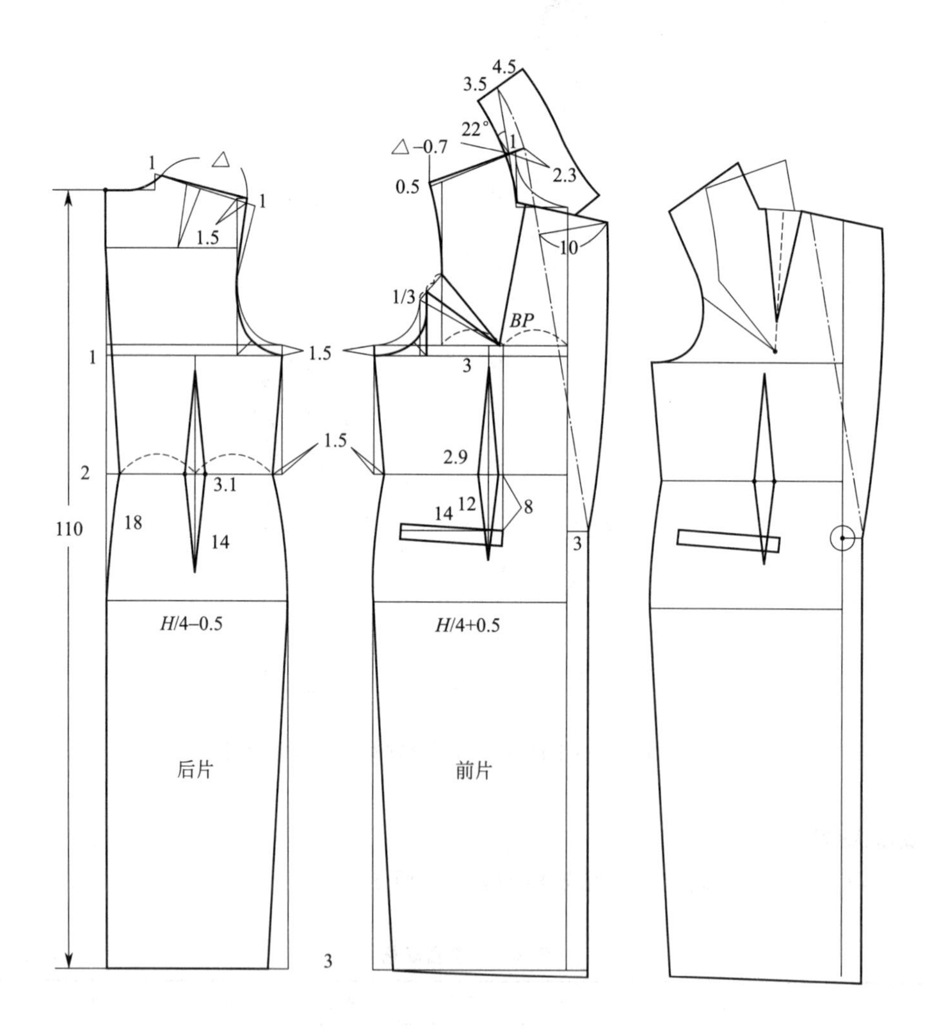

图 8-12 装袖单排一粒扣西服领女长大衣衣身结构制图

（6）前片将原型胸凸省 1/3 放置袖窿作为松量。

（7）腰部根据 1/2 胸腰差收省后腰围共收 6.6cm，前片腰围共收 4.4cm 省。前中搭门 3cm。

（8）前领宽展宽 1cm，肩点上抬 0.5cm；后小肩尺寸减 0.7cm 省量为前小肩尺寸。

（9）画前领深和串口线，参照上驳口位及下驳口位腰节下 8cm 画驳口线，驳领宽 10cm，止口画圆顺。

（10）在前领口确定省位，将剩余的胸省转移至领口，胸围线下移 1.5cm，从肩点修正前袖窿弧线。

（11）臀高 18cm，画前片臀围肥为 $H/4+0.5$cm，侧缝垂直下摆收 3cm 摆量。

（12）前腰节下 8cm 设横向口袋长 14cm。

（13）在前领口画西服领型，从颈侧点参照领口画延长线后领弧长作倒伏角 22°。

（14）总领口宽 8cm，底领 3.5cm，翻领 4.5cm；画领尖 4cm，驳尖 4cm。

3. 装袖单排一粒扣西服领长大衣袖子结构制图（图 8-13）

（1）按袖长尺寸，画上下平行线。

（2）袖肘长度计算公式为袖长/2＋3cm，画袖肘线。

（3）袖山高尺寸计算公式为 $AH/2\times0.7$。

（4）以 $AH/2$ 从袖山高点画斜线交于袖肥基础线来确定实际袖肥尺寸。此线与袖肥线形成的夹角约 45°。

（5）画大袖前缝线（辅助线），由前袖肥前移 3cm。

（6）画小袖前缝线，由前袖肥后移 3cm。

（7）将前袖山高分为 4 等分作为辅助点。

（8）在上平线上将袖肥分为 4 等分作为辅助点。

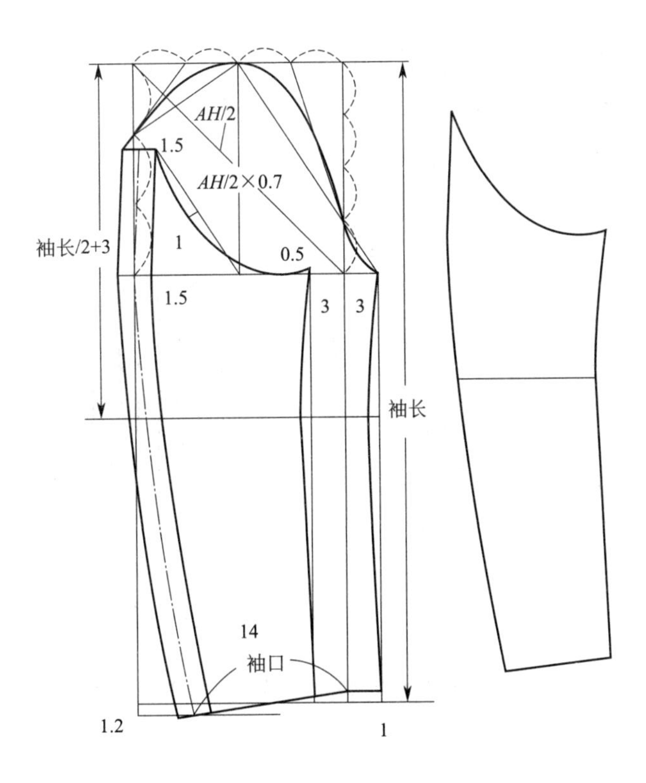

图 8-13　装袖单排一粒扣西服领长大衣袖子结构制图

（9）将后袖山高分为3等分为辅助点。

（10）按辅助线画前大袖山弧线。前袖山高分为4等分的下1/4辅助点为绱袖对位点。

（11）按辅助线画后大袖山弧线。上平线袖山高中点前移0.5～1cm为绱袖时与肩点的对位点。

（12）在后袖山高2/3处点平行向里进大小袖互借1.5cm，画小袖弧辅助线。

（13）从下平线下移1.2cm处画平行线。

（14）在大袖下前缝线上提1cm，前袖肥下中线上提1cm，两点相连；再从中线点画袖口长14cm线交于下平行线。

（15）连接后袖肥点与袖口后端点。

（16）大袖肘处进1cm画大袖前袖缝弧线。小袖肘处进1cm画小袖前袖缝弧线。

（17）按辅助线画大小袖缝弧线平行1.5cm。

二、公主线西服领紧身式生活装女大衣纸样设计

（一）公主线西服领紧身式生活装女大衣效果图

公主线西服领紧身式生活装女大衣效果图如图8-14所示。

图8-14　公主线西服领紧身式生活装女大衣效果图

（二）成品规格

按国家号型160/84A确定，成品规格如表8-5所示。

表 8-5　成品规格　　单位：cm

部位	后衣长	胸围	总肩宽	腰围	袖长	袖口	后腰节	臀围
尺寸	98	94	38	74	54	14	38	100

此款为公主线西服领紧身式生活装女大衣，四开身结构，净胸围加放 10cm，净腰围加放 6cm，整体造型收腰，下摆略收，右片斜襟单排设 7 粒扣，舒适、完美、合体。采用纯毛或混纺面料。

（三）制图步骤

1. 公主线西服领紧身式生活装女大衣结构制图方法（采用原型裁剪法）

首先按照号型 160/84A 型制作文化式女子新原型图，具体方法如前文化式女子新原型制图，然后依据原型制作纸样。

2. 公主线西服领紧身式生活装女大衣基础衣片结构制图（图 8-15）

（1）将原型的前后片画好，腰线置同一水平线；先画后片，再画前片。

（2）画后中衣长线 98cm。后领宽展宽 1cm，冲肩 1.5cm 决定小肩宽尺寸包括 0.7cm 省量，其余肩省转移至后袖窿。

（3）从肩点修正后袖窿弧线。

（4）根据 1/2 胸腰差量 60％收在后片为 6.6cm 省，分别收后中 2cm、侧缝 1.5cm、后中腰 3.1cm。

（5）臀高 18cm，画后片臀围肥为 $H/4-0.5$cm，侧缝垂直下摆收 1.5cm 摆量。

（6）后肩点进 5cm 左右处设公主线与中腰省结合画分割线至下摆共放 4cm 摆量，两边各

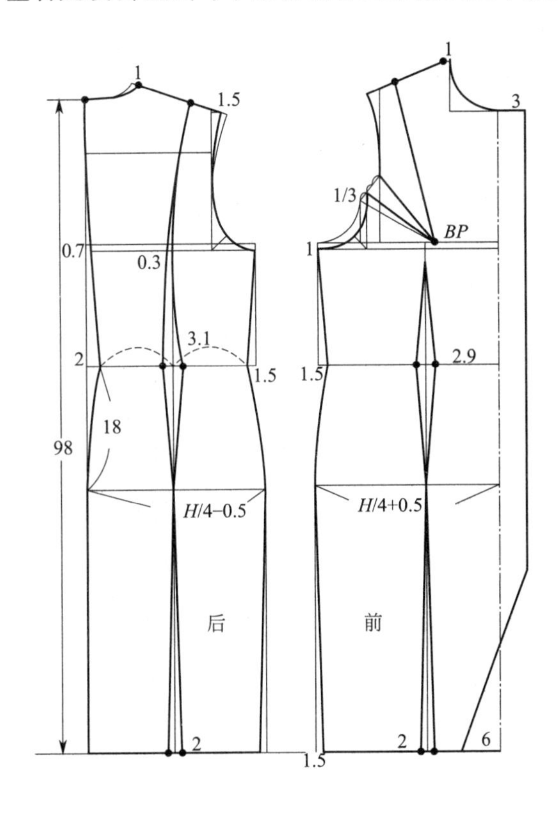

图 8-15　公主线西服领紧身式生活装女大衣基础衣片结构制图

放 2cm。

（7）前片将原型胸凸省 1/3 放置袖窿作为松量。

（8）腰部根据 1/2 胸腰差收省后，腰围后片共收 6.6cm；前片腰围共收 4.4cm 省。前中搭门 3cm 至下摆以上 27cm 处画斜线。

（9）前领宽展宽 1cm，后小肩宽尺寸减 0.7cm 省量为前小肩尺寸。

（10）臀高 18cm，画前片臀围肥为 $H/4+0.5$cm，侧缝垂直下摆收 1.5cm 摆量。

（11）在前肩线确定省位 5cm，将剩余的胸省转移至小肩，从肩点修正前袖窿弧线。

3. 公主线西服领紧身式生活装女大衣片完成制图（图 8-16）

（1）画前领深和串口线，参照上驳口位及下驳口位腰节下 8cm 画驳口线，驳领宽 8cm，止口画圆顺。

（2）前片参照肩省与中腰省至下摆画前公主线，下摆共放 4cm 摆量，两边各放 2cm。

（3）在前领口画西服领型，从颈侧点参照领口画延长线后领弧长作倒伏角 20°。

（4）总领口宽 7cm，底领 3cm，翻领 4cm；画领尖 4cm，驳尖 4cm。

（5）右衣片前止口从下扣位斜向至下摆 4.5cm 画线；设 7 粒扣，扣子直径 3cm。

（6）左衣片前止口从第一扣位斜向至下摆 9cm 画线。

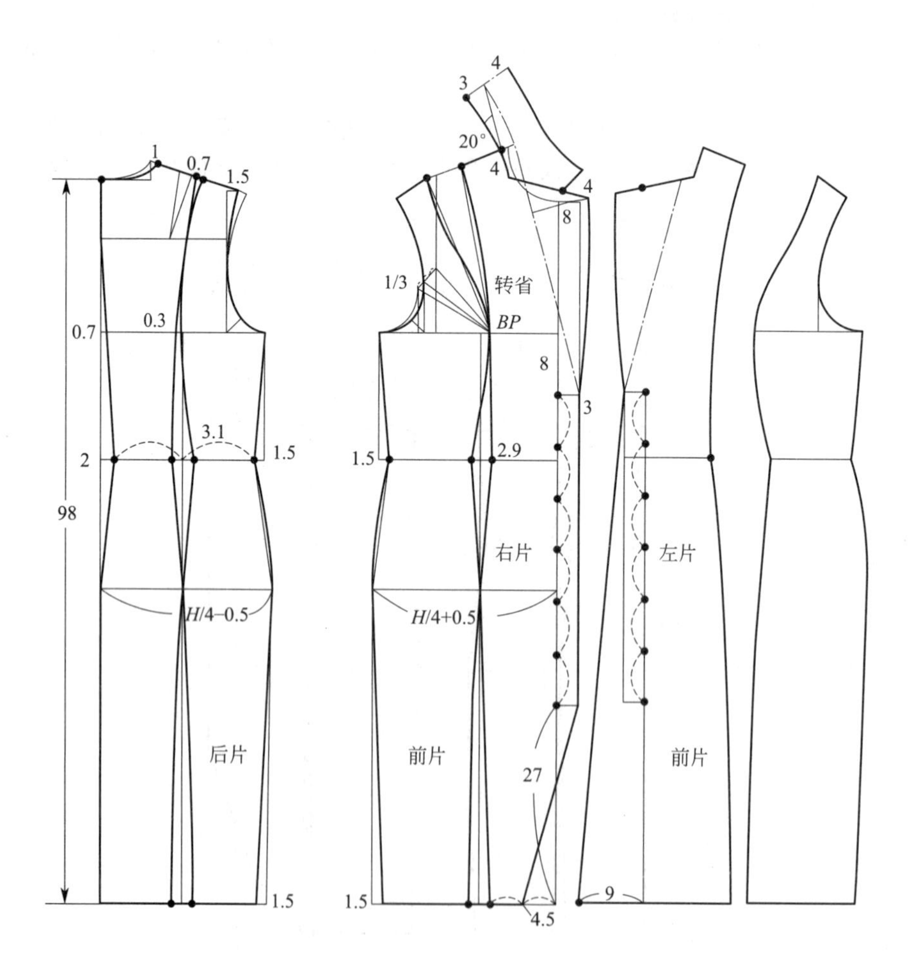

图 8-16　公主线西服领紧身式生活装女大衣片完成制图

4. 公主线西服领紧身式生活装女大衣袖子结构制图（图 8-17）

（1）先画基础一片袖，袖长 54cm，袖山高计算公式 $AH/2\times0.65$cm，以 $AH/2$ 长从袖山高顶点画斜线确立前、后袖肥画侧缝线。

（2）袖肘从上平线向下为袖长/2＋3cm。画前、后袖肥等分线，画袖口辅助线。

（3）从袖山高点采用前 AH 画斜线长取得前袖肥、后 AH 画斜线长取得后袖肥；通过辅助点画前后袖山弧线。

（4）根据袖肥画直筒基础袖，画袖口辅助线。

（5）袖中线前倾 2cm 以此画前袖口 14cm，后袖口 14cm，画前后袖缝；在后袖缝从袖肘下 4cm 左右位置设一袖肘省 1.5cm 指向后袖肘缝处。

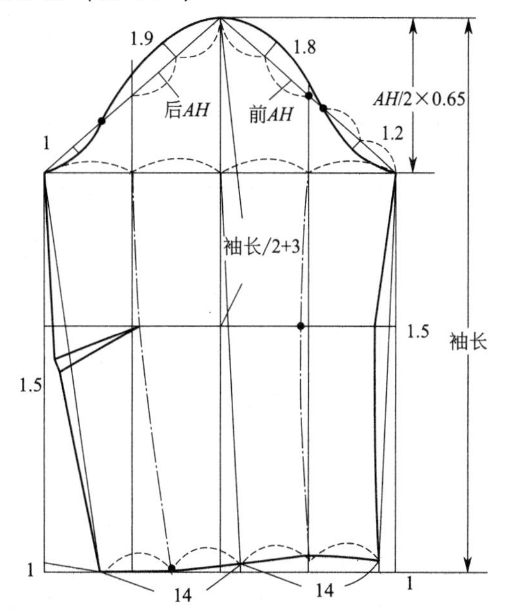

图 8-17　公主线西服领紧身式生活装女大衣袖子结构制图

三、双排扣翻领生活装女大衣纸样设计

（一）双排扣翻领生活装女大衣效果图

双排扣翻领生活装女大衣效果图如图 8-18 所示。

图 8-18　双排扣翻领生活装女大衣效果图

（二）成品规格

按国家号型 160/84A 确定，成品规格如表 8-6 所示。

表 8-6　成品规格　　单位：cm

部位	后衣长	胸围	总肩宽	腰围	袖长	袖口	后腰节
尺寸	108	102	40	82	54	15	38

此款为双排扣翻领生活装女大衣，收腰、下摆较大，为裙式造型；双排五粒扣，大翻领，净胸围加放 18cm，净腰围加放 14cm，袖长适中。面料可选垂感较好的中厚质地的含毛或化纤面料。

（三）制图步骤

1. 双排扣翻领生活装女大衣结构制图方法（采用原型裁剪法）

首先按照号型 160/84A 型制作文化式女子新原型图，具体方法如前文化式女子新原型制图，然后依据原型制作纸样。

2. 双排扣翻领生活装女大衣衣片结构制图（图 8-19）

（1）将原型的前后片画好，腰线置同一水平线；先画后片，再画前片。

（2）画后中衣长线 108cm，修正前后胸围/4 各加放 1.5cm，前后宽各加放 0.75cm；胸围线下移 2cm。

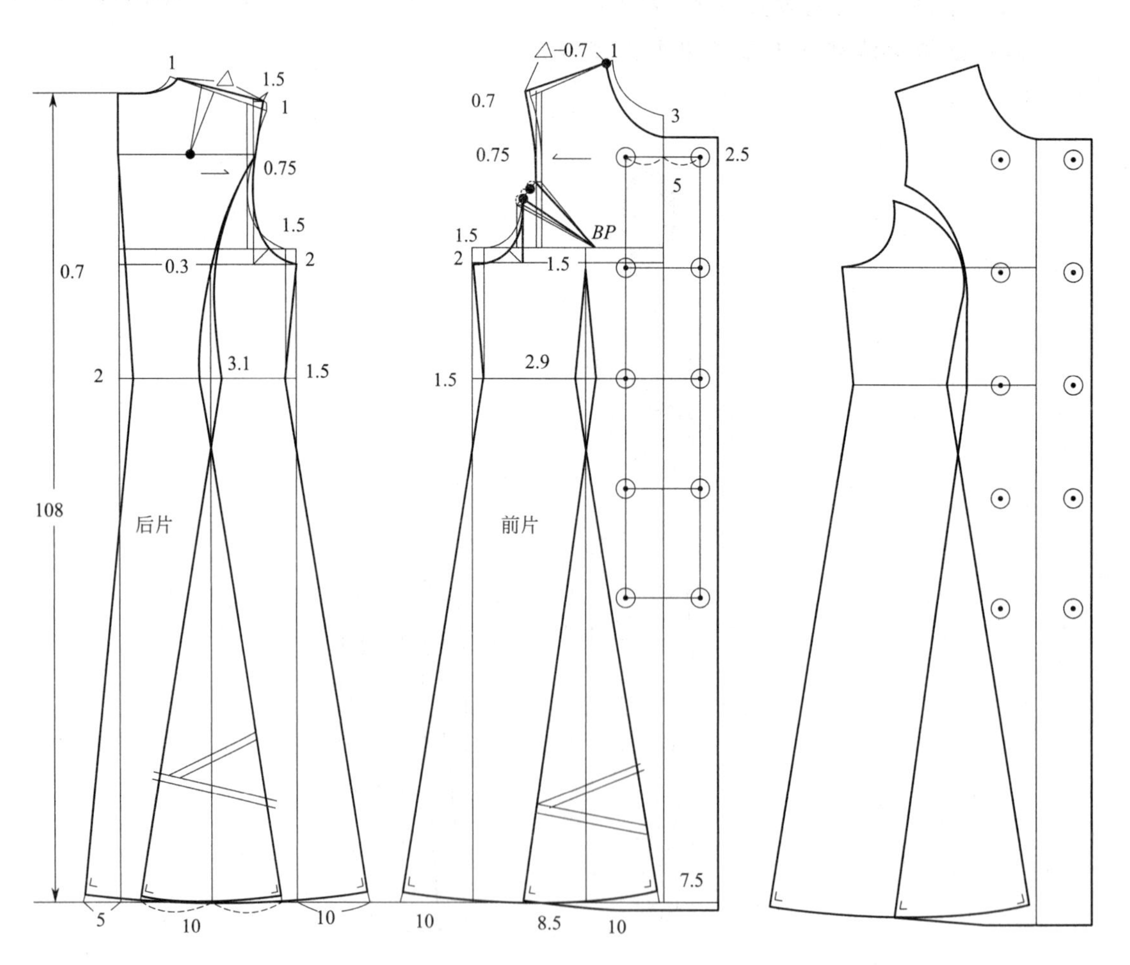

图 8-19　双排扣翻领生活装女大衣衣片结构制图

（3）后领宽展宽 1cm，肩点上抬 1cm 后，冲肩 1.5cm 决定小肩宽尺寸包括 0.7cm 省量，其余肩省转移至后袖窿；从肩点参照后宽修正袖窿弧线。

（4）根据 1/2 胸腰差量 60％收在后片为 6.6cm 省，分别收后中 2cm、侧缝 1.5cm、后中腰 3.1cm。

（5）下摆后中线放 5cm，侧缝线放 10cm，画刀背缝，起始点背宽横线在袖窿的交点；至中腰省位下摆各放 10cm，修正好下摆呈 180°平角。

（6）前领宽展宽 1cm，肩点上抬 0.7cm，后小肩减 0.7cm 省决定前小肩宽尺寸；前宽展宽 0.75cm，从肩点参照前宽修正袖窿弧线。

（7）前片将原型胸凸省 1/3 放置袖窿作为松量。胸围线下移 2cm。

（8）根据 1/2 胸腰差量 40％收在前片，为 4.4cm 省，分别收侧缝 1.5cm、前中腰 2.9cm 的省。参照前中腰省位下摆放 8.5cm 和 10cm。

（9）下摆侧缝放 10cm，修正好下摆呈 180°平角。

（10）前领深挖深 3cm，搭门 7.5cm；设双排扣间距 5cm，扣子直径 2.5cm。

（11）参照胸凸省与前中腰省画前刀背款式线与结构线。

3. 双排扣翻领生活装女大衣翻领结构制图（图 8-20）

（1）以总领宽 10cm 前后领窝弧线长画矩形基础线，底领 3.5cm，翻领 6.5cm。

（2）参照前后领窝弧线的分割线打开 21°角，修正领下口线和领上口线领尖长 11cm。

（3）也可以制作成分体领形式，其方法参照图 8-7。

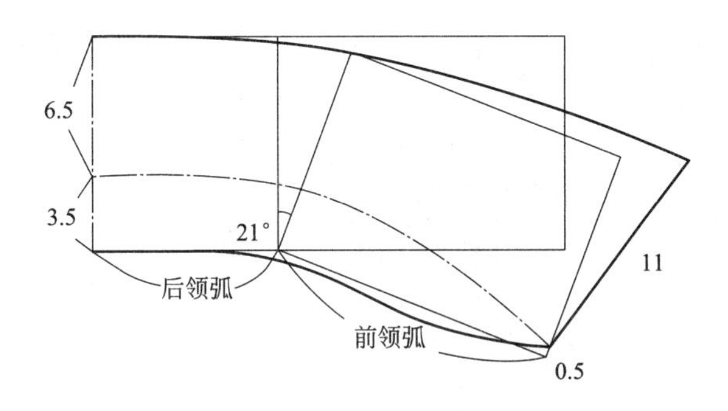

图 8-20　双排扣翻领生活装女大衣翻领结构制图

4. 双排扣翻领生活装女大衣袖子结构制图（图 8-21）

（1）先画基础一片袖，袖长 54cm，袖山高 $AH/2\times0.65$。

（2）袖肘（EL）从上平线向下为袖长/2＋3cm。

（3）从袖山高点采用前 AH 画斜线长取得前袖肥、后 AH 画斜线长取得后袖肥。通过辅助点画前后袖山弧线，从袖山高顶点画斜线确立前后袖肥后画侧缝线。

（4）前袖缝互借平行 3.5cm，倾斜 1.5cm，后袖缝平行互借 1.5cm。画大小袖形。

（5）袖口 15cm。

四、下摆缩褶裙式生活装女大衣纸样设计

（一）下摆缩褶裙式生活装女大衣效果图

下摆缩褶裙式生活装女大衣效果图如图 8-22 所示。

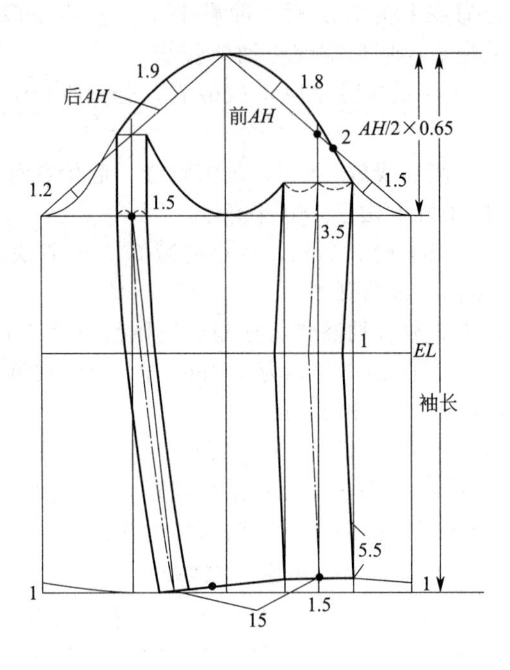

图 8-21　双排扣翻领生活装女大衣袖子结构制图

图 8-22　下摆缩褶裙式生活装女大衣效果图

（二）成品规格

按国家号型 160/84A 确定，成品规格如表 8-7 所示。

表 8-7　成品规格　　单位：cm

部位	后衣长	胸围	总肩宽	腰围	袖长	袖口	后腰节
尺寸	105	94	38	78	54	28	38

此款为下摆缩褶裙式生活装女大衣，如果采用薄面料也可作为连衣裙穿着；净胸围加放 10cm，净腰围加放 10cm，腰部采用腰带调整松量，长袖，整体造型舒适、自然。

（三）制图步骤

1. 下摆缩褶裙式生活装女大衣结构制图方法（采用原型裁剪法）

首先按照号型 160/84A 型制作文化式女子新原型图，具体方法如前文化式女子新原型制图，然后依据原型制作纸样。

2. 下摆缩褶裙式生活装女大衣衣片基础制图（图 8-23）

（1）将原型的前后片画好，腰线置同一水平线。先画后片，再画前片。

（2）画后中衣长 105cm，下摆上 12cm 为缩褶部分。

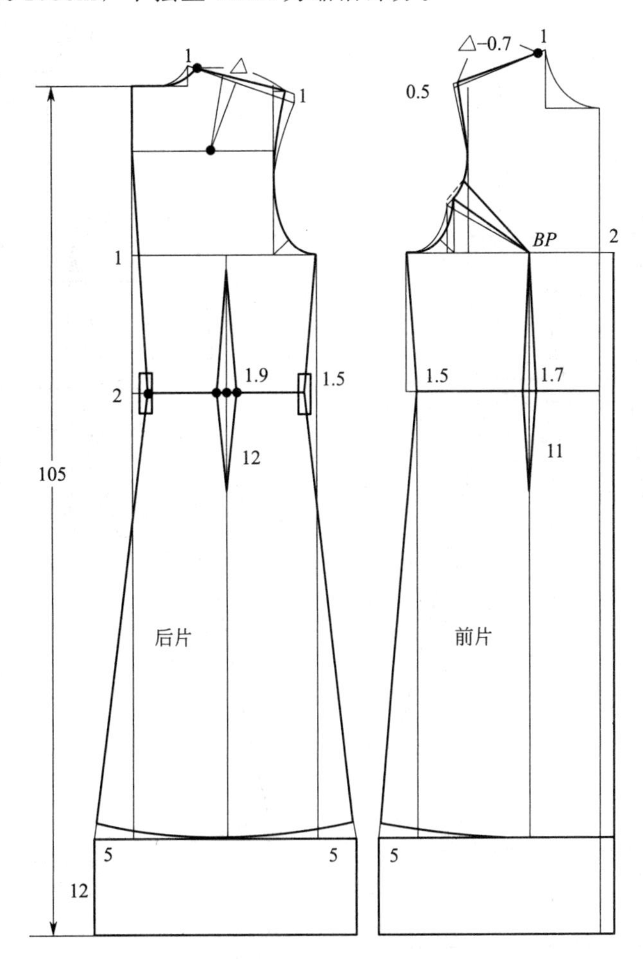

图 8-23　下摆缩褶裙式生活装女大衣衣片基础制图

（3）后领宽展宽 1cm，肩点上抬 1cm 后，冲肩 1.5cm 决定小肩宽尺寸包括 0.7cm 省量，其余肩省转移至后袖窿。从肩点参照后宽修正袖窿弧线。

（4）根据 1/2 胸腰差量 8cm，60% 收在后片为 4.8cm 省，分别收后中 1.5cm、侧缝 1.5cm、后中腰 1.8cm。

（5）下摆后中线放 5cm 摆，侧缝线放 5cm。

（6）前领宽展宽 1cm，肩点上抬 0.5cm，后小肩尺寸减 0.7cm 省决定前小肩宽尺寸，从肩点参照前宽修正袖窿弧线。

（7）前片将原型胸凸省 1/3 放置袖窿做松量。

（8）根据 1/2 胸腰差量 40% 收在前片，为 3.2cm 省，分别收侧缝 1.5cm、前中腰 1.7cm。下摆侧缝放 5cm 摆，搭门 2cm。

3. 下摆缩褶裙式生活装女大衣衣片完成制图（图 8-24）

（1）腰围线分开，后裙片纸样将省剪开，合腰省下摆打开；裙下摆缩褶部分依据裙摆尺寸再展开 15cm 的缩褶量。

（2）前片腰围线分开后，裙片纸样将省剪开，合腰省下摆打开；裙下摆缩褶部分依据裙

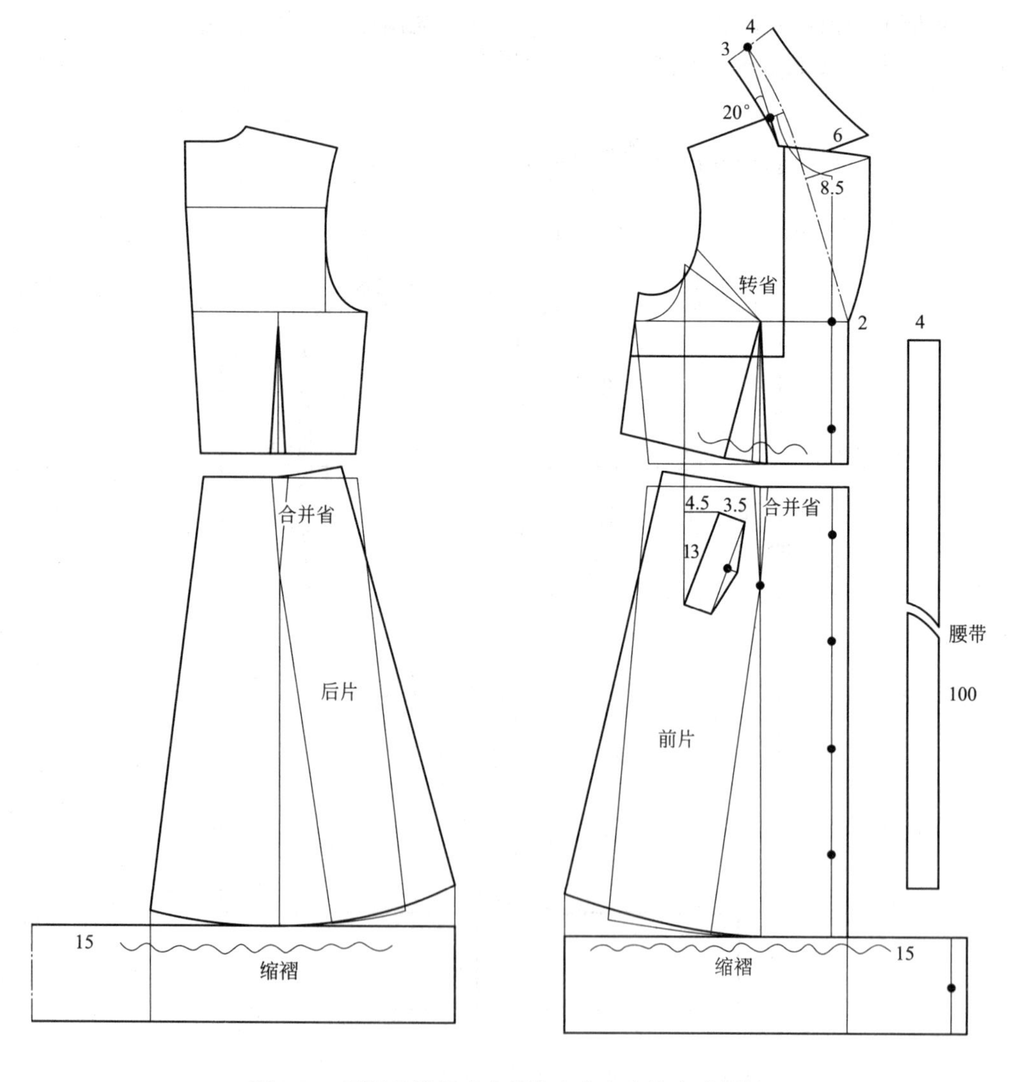

图 8-24　下摆缩褶裙式生活装女大衣衣片完成制图

摆尺寸再展开 15cm 的缩褶量。

（3）前片裙腰下设斜插袋长 13cm。

（4）前衣片上部，可参照腰省将袖窿部分的胸凸省转移合并于腰部工艺缩褶处理。

（5）前片颈侧点延长 2cm 点至胸围线画驳口线，画领口深 3.5cm 画串口线，定驳领宽 8.5cm 画顺驳领止口线。

（6）画翻驳领，依据前领口延长线作倒伏角 20°，按照后领弧长作垂线底领宽 3cm，翻领宽 4cm；画领外口线，领尖 6cm，驳尖 6cm。

（7）参照领口及侧缝设装饰育克片。

（8）画腰带宽 4cm，长 100cm，置于腰围自然调整腰部松量。

4. 下摆缩褶裙式生活装女大衣袖子结构制图（图 8-25）

（1）先画基础一片袖，袖长 54cm，袖山高 $AH/2\times0.6$，袖山高所对应的角为 37°。

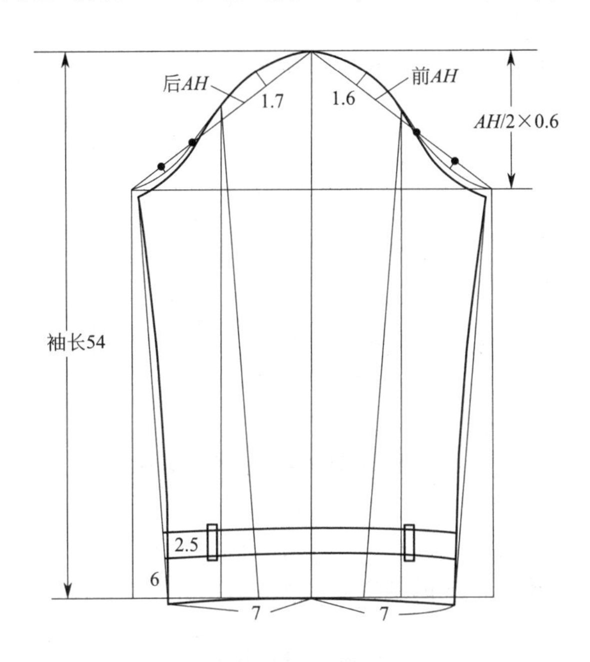

图 8-25　下摆缩褶裙式生活装女大衣袖子结构制图

（2）从袖山高点采用前 AH 画斜线长取得前袖肥、后 AH 画斜线长取得后袖肥。通过辅助点画前后袖山弧线。以前后袖肥画袖子侧缝基础线。

（3）从袖中线两侧画 1/2 袖口尺寸各 7cm，以前后袖肥的 1/2 辅助线剪开，通过纸样收袖口后修正袖口弧线及袖山弧线，袖口上 6cm 处设袖袢宽 2.5cm。

第三节　时装类女大衣及女长衣套装纸样设计

一、波浪褶披风式女长衣套装纸样设计

（一）波浪褶披风式女长衣套装效果图

波浪褶披风式女长衣套装效果图如图 8-26 所示。

图 8-26　波浪褶披风式女长衣套装效果图

（二）成品规格

按国家号型 160/84A 确定，成品规格如表 8-8 所示。

表 8-8　成品规格　　单位：cm

部位	总裙长	胸围	总肩宽	腰围	袖长	整袖口	臀围
尺寸	88	94	37.5	74	54	24	98

此款为波浪褶披风式女长衣套装，外披风有自然波浪褶，里层为合体连身衣裙造型，里裙净胸围加放 10cm，净腰围加放 6cm，净臀围加放 8cm，整体造型舒适、自然。波浪褶披风的尺寸参照里裙的尺寸加放。

（三）制图步骤

1. 波浪褶披风式女长衣套装结构制图方法（采用原型裁剪法）

首先按照号型 160/84A 型制作文化式女子新原型图，具体方法如前文化式女子新原型制图，然后依据原型制作纸样。

2. 波浪褶披风基础结构制图（图 8-27）

(1) 将原型的前后片画好，腰线置同一水平线；先画后片，再画前片。

(2) 画后中衣长 88cm。

(3) 前后胸围线下移 1.5cm，前后领宽展宽 1.5cm。

（4）前后衣片下摆侧缝各放 4cm 摆，起翘 1cm 画顺下摆弧线。

（5）后片以肩胛省位画垂直于下摆的辅助线。

（6）前片以 *BP* 点垂直下摆画辅助线。

（7）前片将原型胸凸省 1/3 放置袖窿作为松量，修正袖窿弧线。

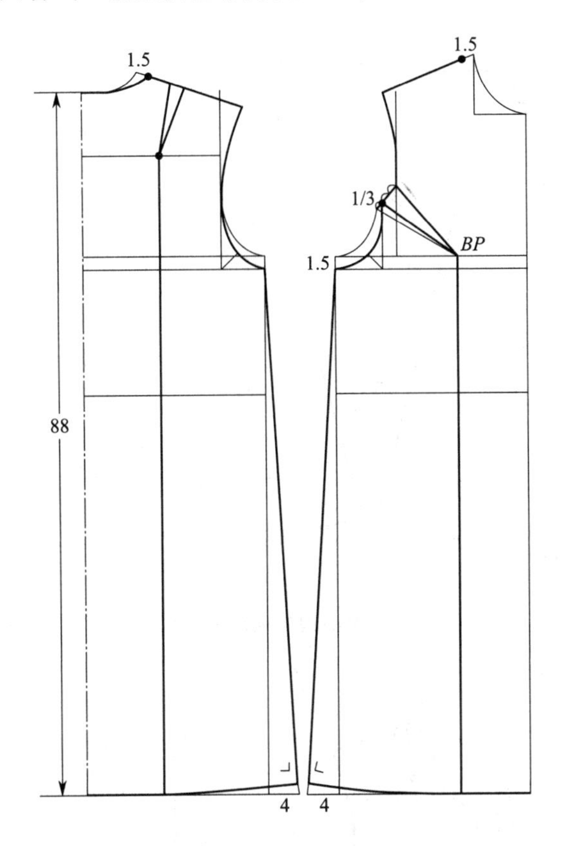

图 8-27 波浪褶披风基础结构制图

3. 波浪褶披风结构完成制图（图 8-28）

（1）后片参照以肩胛省位画垂直于下摆的辅助线，将肩胛省转移至下摆。

（2）前片参照以 *BP* 点垂直下摆画的辅助线，将胸凸省转移至下摆。

（3）参照前中线的胸围线延长 26.5cm，腰节线下 20cm 处，延长 18cm；颈侧点平行延长线作角 30°，长 30cm 的位置点画弧线至下摆侧缝线止。

（4）后波浪褶披风部分，从后颈侧点画平行线 30cm 画弧线至后中胸围线止，后中连裁；与前片对接披风于后肩部。

4. 波浪褶披风式女长衣套装里裙结构制图（图 8-29）

（1）将原型的前后片画好，腰线置同一水平线。先画后片再画前片。

（2）画后中衣长线 88cm。

（3）前后胸围线下移 1.5cm，前后领宽展宽 3cm。

（4）臀高从腰节下 18cm，后片臀围肥为 $H/4-0.5$cm，前片臀围肥 $H/4+0.5$cm。

（5）根据成品 1/2 胸腰差后片收省 6.6cm，后中线收 2cm 侧缝、1.5cm 中缝、3.1cm 省，后下摆略收下摆起翘 4.5cm 画圆摆。

（6）前片根据成品 1/2 胸腰差，后片收省 4.4cm；前中线收 2.9cm 侧缝、1.5cm 省，前下摆略收下摆起翘 4.5cm 画圆摆。

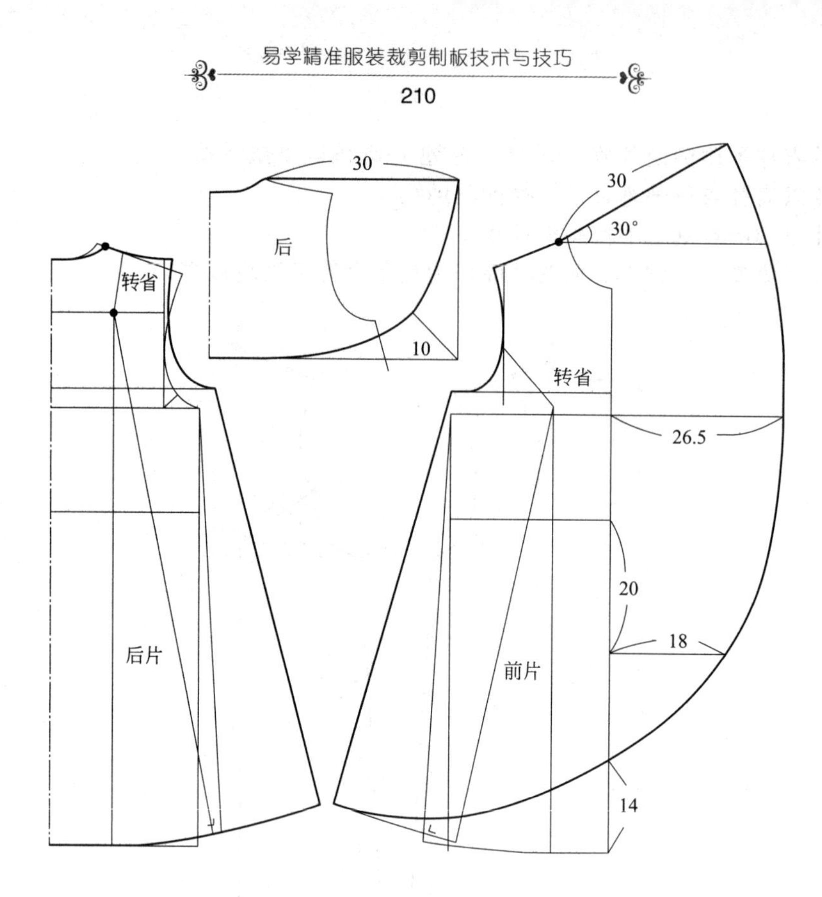

图 8-28 波浪褶披风结构完成制图

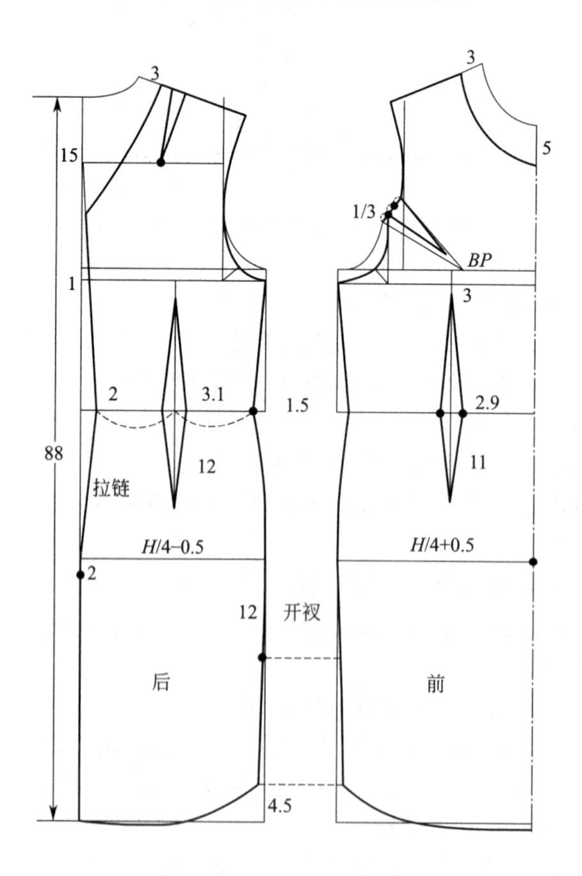

图 8-29 波浪褶披风式女长衣套装里裙结构制图

（7）原型前袖窿的胸省 1/3 放置袖窿作为松量，修正袖窿弧线。

（8）前领深开深 5cm，画领口弧线。后领开深 15cm，画 V 字领。

5. 波浪褶披风式女长衣套装里裙一片袖子结构制图（图 8-30）

（1）先画基础一片袖，袖长 54cm，袖山高为 $AH/2\times0.7$cm，以 $AH/2$ 长从袖山高顶点画斜线确定后袖肥画侧缝线。

（2）袖肘从上平线向下为袖长/2＋2.5cm。画前后袖肥等分线，画袖口辅助线。

（3）从袖山高点采用前 AH 画斜线长取得前袖肥、后 AH 画斜线长取得后袖肥。通过辅助点画前后袖山弧线。

（4）根据袖肥画直筒基础袖，画袖口辅助线。

（5）袖中线前倾 2cm，以此画前袖口 12cm，后袖口 12cm，画前后袖缝，在后袖缝从袖肘下 4cm 左右位置设一袖肘省 1.5cm 指向后袖肘缝处。

（6）修正前后袖缝弧线使其长度相等。

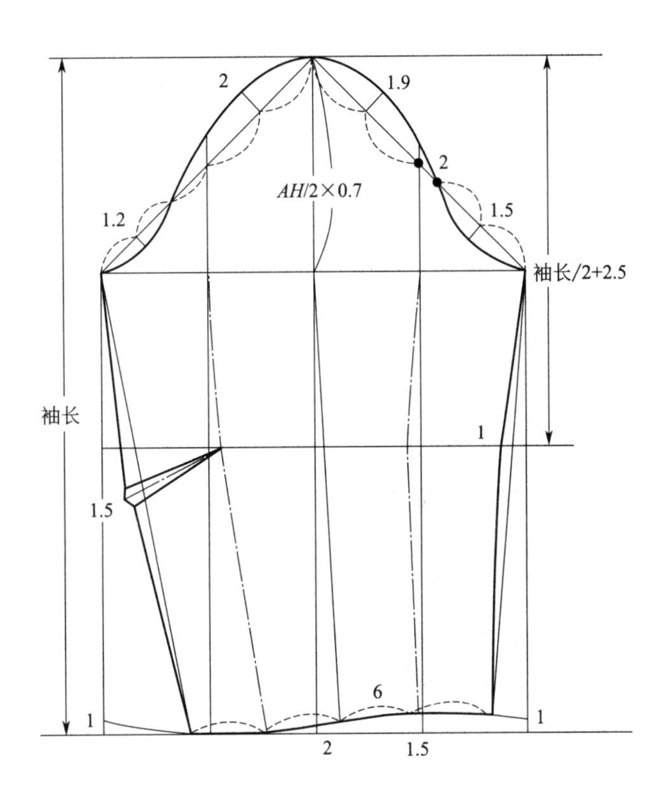

图 8-30　波浪褶披风式女长衣套装里裙一片袖子结构制图

二、翻领大摆式女大衣纸样设计

（一）翻领大摆式女大衣效果图

翻领大摆式女大衣效果图如图 8-31 所示。

（二）成品规格

按国家号型 160/84A 确定，成品规格如表 8-9 所示。

图 8-31 翻领大摆式女大衣效果图

表 8-9 成品规格

单位：cm

部位	后衣长	胸围	总肩宽	腰围	袖长	袖口	后腰节
尺寸	108	100	39	80	54	15	38

此款为翻领单排六粒扣或暗门襟大摆生活装女大衣，大翻领，净胸围加放 16cm，净腰围加放 12cm，袖长适中。面料可选垂感较好的、中厚质地的含毛或化纤面料。

（三）制图步骤

1. 翻领大摆式女大衣结构制图方法（采用原型裁剪法）

首先按照号型 160/84A 型制作文化式女子新原型图，具体方法如前文化式女子新原型制图，然后依据原型制作纸样。

2. 翻领大摆式生活装女大衣衣片基础制图（图 8-32）

（1）将原型的前后片画好，腰线置同一水平线。先画后片，再画前片。

（2）画后中衣长线 108cm，修正前后胸围/4 各加放 1.5cm，前后宽各加放 0.75cm。胸围线下移 2cm。

（3）后领宽展宽 1cm，肩点上抬 1cm 后，冲肩 1.5cm 决定小肩宽尺寸包括 0.7cm 省量，其余肩省转移至后袖窿。从肩点参照后宽修正袖窿弧线。

（4）根据 1/2 胸腰差量 60%收在后片为 6.6cm 省，分别收后中 2cm、侧缝 1.5cm、后中腰 3.1cm。

（5）下摆后中线放 5cm 摆，侧缝线放 21cm，画公主缝；起始点后小肩进 5cm 至中腰省位侧缝垂线下摆各放 12cm，侧缝再放 9cm，修正好下摆呈 180°平角。

（6）前领宽展宽 1cm，肩点上抬 0.5cm 后小肩减 0.7cm 省决定前小肩宽尺寸；前宽展宽 0.75cm，从肩点参照前宽修正袖窿弧线。

（7）前片将原型胸凸省 1/3 放置袖窿作为松量，胸围线下移 2cm。

（8）根据 1/2 胸腰差量 40% 收在前片，为 4.4cm 省，分别收侧缝 1.5cm、前中腰 2.9cm。参照前中腰省位下摆两侧各放 23cm。

（9）下摆侧缝放 13.5cm 摆，修正好下摆呈 180°平角。

3. 翻领大摆式生活装女大衣前衣片完成制图（图 8-33）

（1）前片小肩斜线进 5cm 处设公主线省位对准 *BP* 点将胸凸省转移至肩部。

（2）修正公主线与腰省线呈自然流畅的结构与造型线。

（3）前领深下移 3cm，前搭门 2.5cm，设 6 粒扣，或制作暗门襟宽 5cm。

（4）腰节下 2.5cm，设斜插袋长 14cm、宽 2.5cm 袋板。

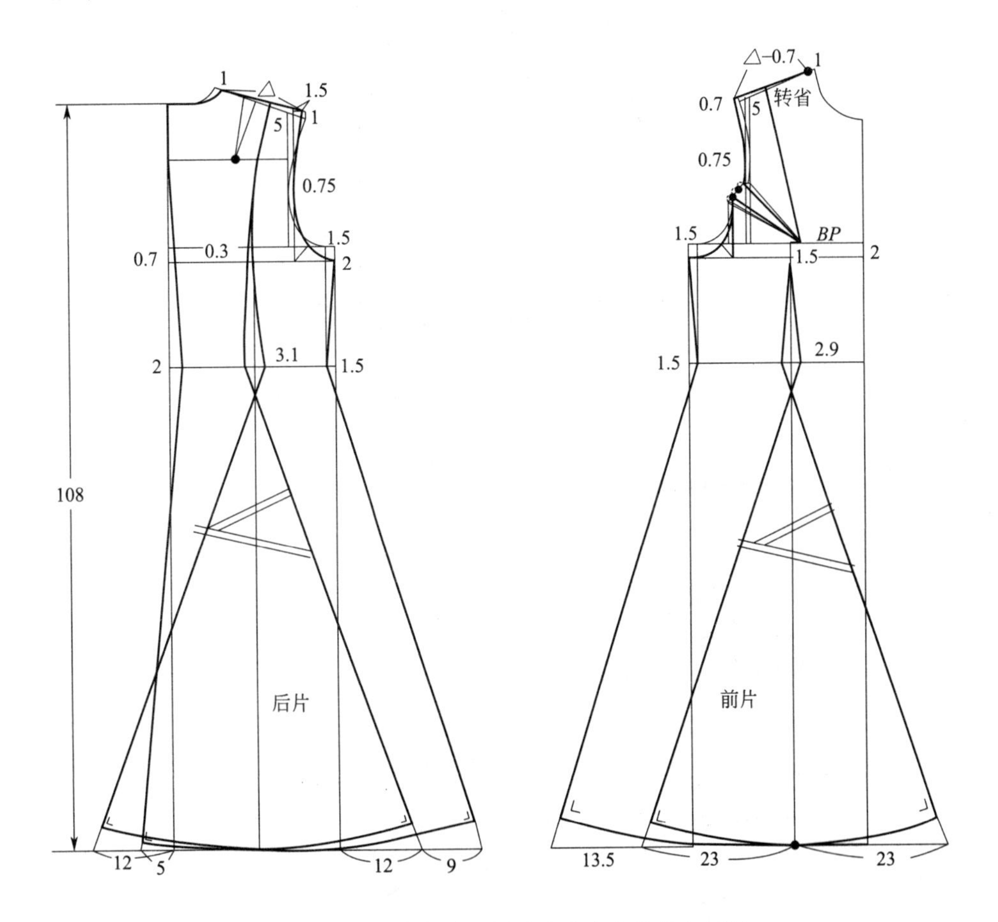

图 8-32　翻领大摆式生活装女大衣衣片基础制图

4. 翻领大摆式生活装女大衣大翻领结构制图（图 8-34）

（1）以总领宽 10cm 画矩形基础线，底领 3.5cm，翻领 6.5cm。

（2）参照前后领窝弧线的分割线打开 21°角，修正领下口线和领上口线领尖，长 11cm。

（3）翻折线下 0.7cm 至领下口 5cm 处，画分体领。

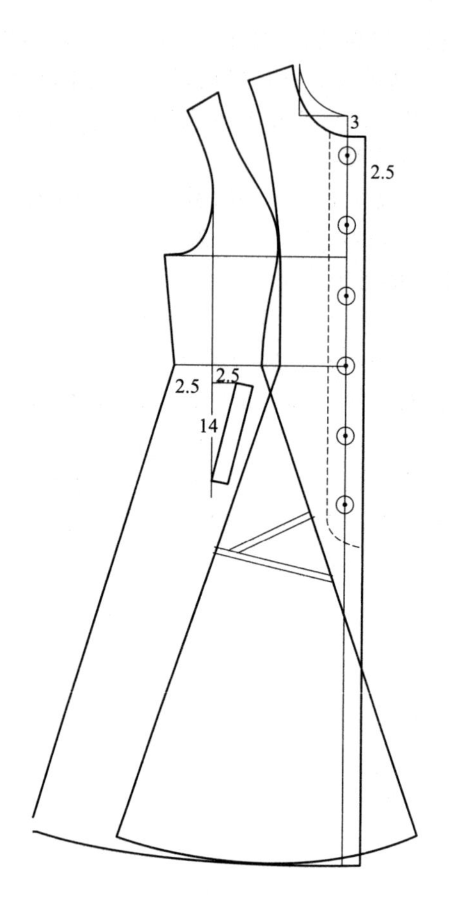

图 8-33 翻领大摆式生活装女大衣前衣片完成制图

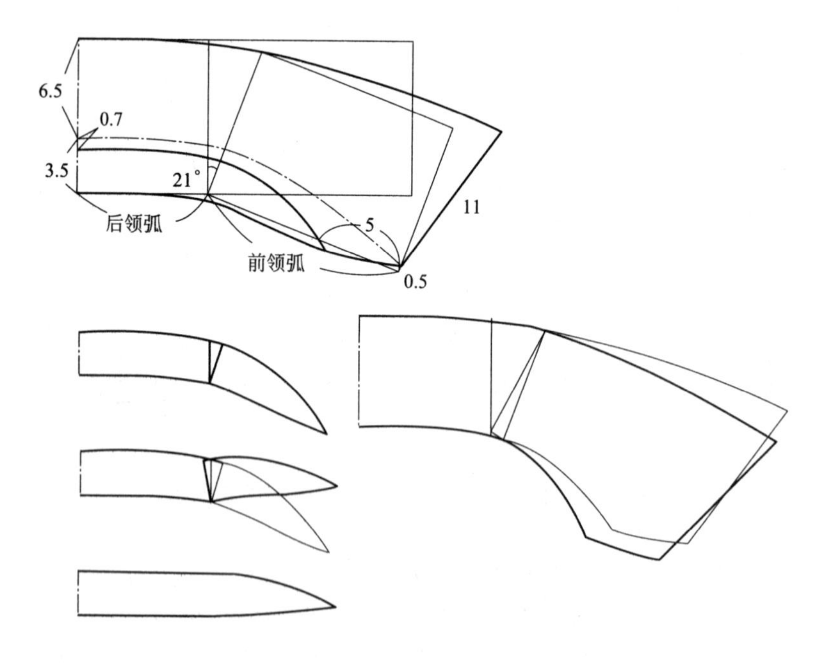

图 8-34 翻领大摆式生活装女大衣大翻领结构制图

（4）剪开分体领将21°角合并，修正上下领。

5. 翻领大摆式生活装女大衣袖子结构制图（图8-35）

（1）先画基础一片袖，袖长54cm，袖山高$AH/2 \times 0.65$。

（2）袖肘（EL）从上平线向下为袖长/2＋3cm。

（3）从袖山高点采用前AH画斜线长取得前袖肥、后AH画斜线长取得后袖肥。通过辅助点画前后袖山弧线。从袖山高顶点画斜线确立前后袖肥后画侧缝线。

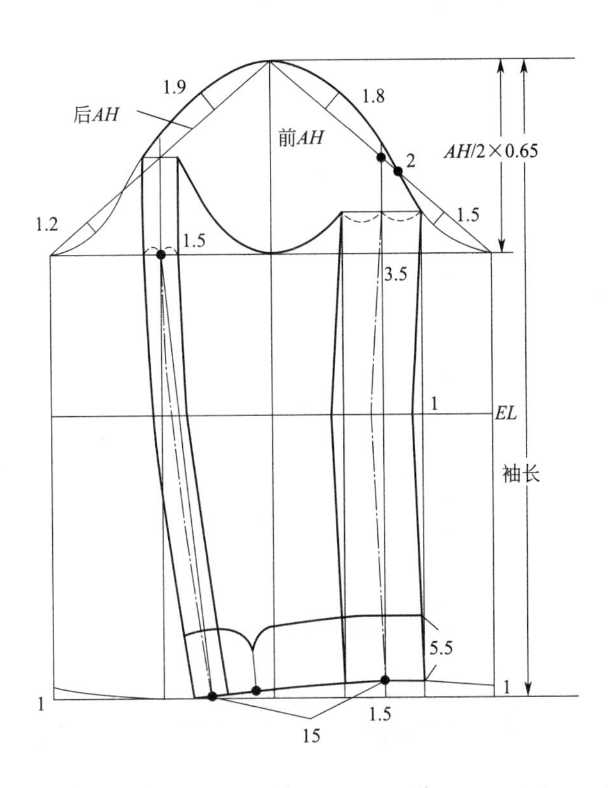

图8-35　翻领大摆式生活装女大衣袖子结构制图

（4）前袖缝互借平行3.5cm，倾斜1cm，后袖缝平行互借1.5cm。画大小袖形。

（5）袖口宽15cm，袖口外翻折边宽5.5cm。

第四节　经典流行生活装类女大衣纸样设计

一、A字形翻领女中长大衣纸样设计

（一）A字形翻领女中长大衣效果图

A字形翻领女中长大衣效果图如图8-36所示。

（二）成品规格

按国家号型160/84A确定，成品规格如表8-10所示。

图 8-36 A 字形翻领女中长大衣效果图

表 8-10 成品规格

单位：cm

部位	后衣长	胸围	总肩宽	袖长	整袖口
尺寸	80	94	38	56	28

此款为单排五粒扣 A 字形翻领女中长大衣，大翻领；净胸围加放 10cm，袖长适中，造型简洁，下摆有较大的摆浪。面料可选垂感较好的、中厚质地的含毛或化纤面料。

（三）制图步骤

1. A 字形翻领女中长大衣结构制图方法（采用原型裁剪法）

首先按照号型 160/84A 型制作文化式女子新原型图，具体方法如前文化式女子新原型制图，然后依据原型制作纸样。

2. A 字形翻领女中长大衣衣片基础制图（图 8-37）

（1）将原型的前后片画好，腰线置同一水平线。先画后片，再画前片。

（2）画后中衣长线 80cm。

（3）后领宽展宽 1.5cm。

（4）后中线展宽 4cm 褶裥量后中连裁。

（5）后片侧缝线放 4cm 摆，侧缝起翘，修正好下摆呈 90°角。

（6）对准肩胛省支点纵向画垂线至下摆的辅助线。

（7）前片将原型胸凸省 1/3 放置袖窿作为松量。前领口展宽 1.5cm，领深 3cm，搭门 2.5cm，设 5 粒扣。

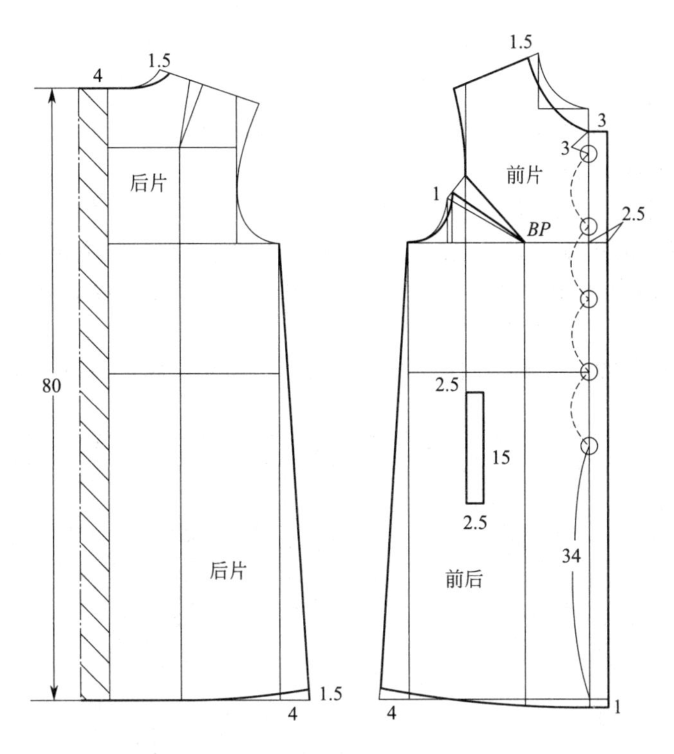

图 8-37　A 字形翻领女中长大衣衣片基础制图

(8) 对准 BP 支点纵向画垂线至下摆的辅助线。

(9) 前片下摆侧缝放 4cm 摆。修正好下摆呈 90°角。

(10) 腰节下 2.5cm，参照前宽垂线画插袋，长 15cm、宽 2.5cm。

3. A 字形翻领女中长大衣衣片完成制图（图 8-38）

(1) 后片参照肩胛省纵向垂线至下摆的辅助线，将肩胛省合并转移至下摆，修正好下摆弧线。

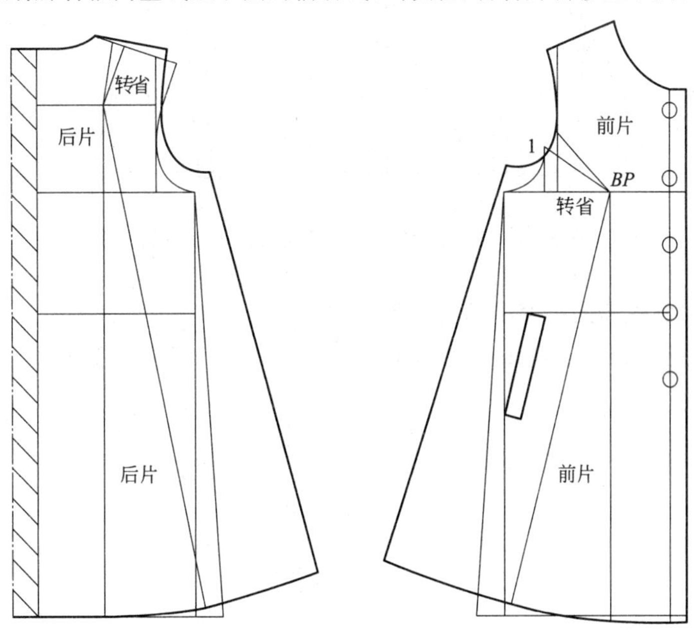

图 8-38　A 字形翻领女中长大衣衣片完成制图

(2) 前片参照 BP 点纵向垂线至下摆的辅助线，将胸省合并转移至下摆，修正好下摆弧线。

4. A字形翻领女中长大衣袖子结构制图（图8-39）

(1) 一片袖，画袖长56cm。

(2) 袖山高采用中袖山计算公式 $AH/2\times0.6$。

(3) 从袖山高点采用前 AH 画斜线长取得前袖肥、后 AH 画斜线长取得后袖肥，先画直筒袖。通过辅助点画前后袖山弧线。从袖山高顶点画斜线，确立前后袖肥后画侧缝线。

(4) 通过前后袖肥的1/2基础线收前后袖口肥各14cm，修正袖口，修正袖山弧线。

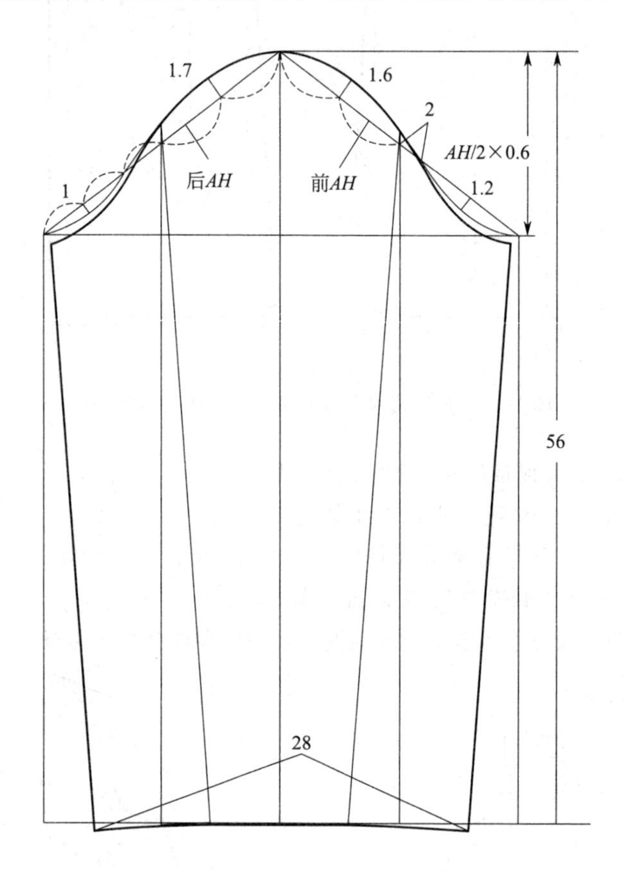

图8-39　A字形翻领女中长大衣袖子结构制图

5. A字形翻领女中长大衣领子结构制图（图8-40）

(1) 以前后领窝弧线长，画矩形基础线，底领3.5cm，翻领5.5cm。

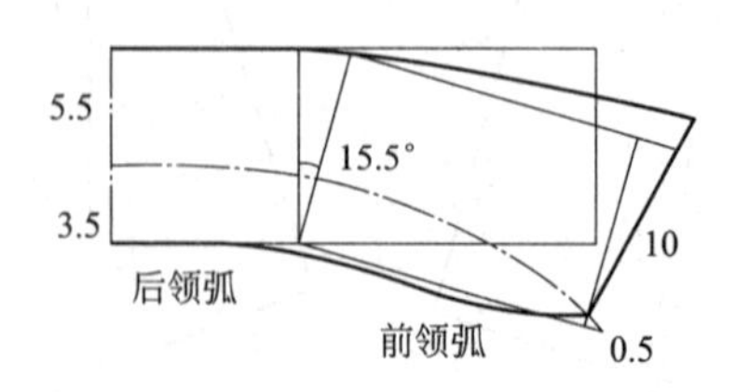

图8-40　A字形翻领女中长大衣领子结构制图

（2）参照前后领窝弧线的分割线打开 15.5°角，画翻折线及修正领下口线和领上口线领尖，长 10cm。

二、插肩袖刀背式生活装女大衣纸样设计

（一）插肩袖刀背式生活装女大衣效果图

插肩袖刀背式生活装女大衣效果图如图 8-41 所示。

图 8-41　插肩袖刀背式生活装女大衣效果图

（二）成品规格

按国家号型 160/84A 确定，成品规格如表 8-11 所示。

表 8-11　成品规格　　单位：cm

部位	后衣长	胸围	总肩宽	袖长	袖口	腰围	腰节
尺寸	93	94	38	54	14	74	38

此款为插肩袖刀背式生活装女大衣，大翻领；净胸围加放 10cm，净腰围加放 6cm，整体简洁，下摆有较大的摆浪。面料可选垂感较好的、中厚质地的含毛或化纤面料。

（三）制图步骤

1. 插肩袖刀背式生活装女大衣结构制图方法（采用原型裁剪法）

首先按照号型 160/84A 型制作文化式女子新原型图，具体方法如前文化式女子新原型制

图，然后依据原型制作纸样。

2. 插肩袖刀背式生活装女大衣衣片基础制图（图 8-42）

（1）画后中衣长 93cm，后肩点上抬 1cm 后，冲肩 1.5cm 决定小肩宽尺寸包括 0.7cm 省量，其余肩省转移至后袖窿。胸围线下移 1cm 从肩点参照后宽修正袖窿弧线。

（2）根据 1/2 胸腰差量 60%收在后片为 6.6cm 省，分别收后中 2cm 侧缝、1.5cm 后中腰 3.1cm。

（3）下摆后中线放 5cm 摆，侧缝线放 5cm；侧缝起翘修正好，下摆呈 90°角，修正好下摆。

（4）前肩点上抬 0.5cm，后小肩减 0.7cm 省决定前小肩宽尺寸，从肩点参照前宽修正袖窿弧线。

（5）前片将原型胸凸省 1/3 放置袖窿作为松量。

（6）根据 1/2 胸腰差量 40%收在前片，为 4.4cm 省，分别收侧缝 1.5cm、前中腰 2.9cm。前侧缝下摆放 5cm。

（7）侧缝下 4cm 设转省位置，将袖窿处胸省转移至侧缝。胸围线下移 1cm，前侧缝下摆放 5cm，侧缝起翘修正好；下摆呈 90°角，修正好下摆。

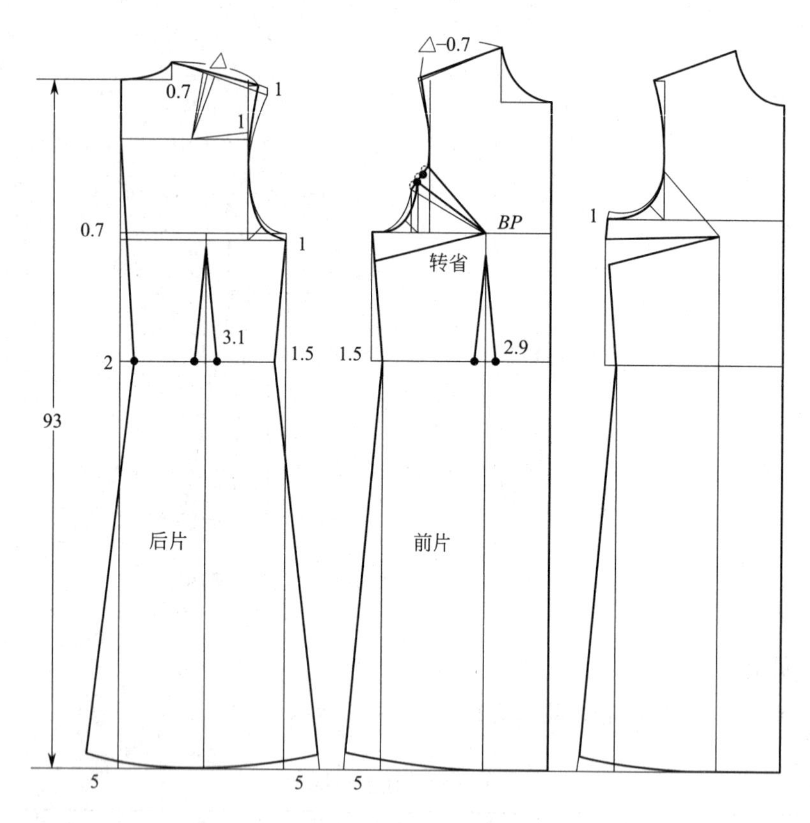

图 8-42 插肩袖刀背式生活装女大衣衣片基础制图

3. 插肩袖刀背式生活装女大衣袖子及衣身结构制图（图 8-43）

（1）前领宽展宽 1.5cm，领深开深 2.5cm，修正前领弧线，搭门 2.5cm，设 5 粒扣。

（2）前肩点延长 15cm 作垂线 5cm，参照此点画袖长 54cm；作袖口垂线 14cm－0.5cm，在前袖窿弧线确定 1/2 点；参照此点从肩点画斜线，其长度为前袖窿弧线尺寸；再从此点作袖中线的垂线确定袖山高，连接袖口，修正袖子侧缝线，袖口呈直角。

（3）前宽垂线平分 3 等分，下 1/3 点作 1cm 垂线为插肩袖辅助点，参照此点从前领口颈侧点下 5cm 处画插肩袖的肩与衣片的款式分割线。

（4）在肩与衣片的款式分割线处与 *BP* 点设转省位置，将侧缝的胸凸省转移至此画刀背；下摆各放 5cm 与刀背修正成造型线。

（5）从肩点将袖中线修正成自然的弧线。

（6）后领宽展宽 1.5cm。

（7）后肩点延长 15cm 作垂线 4.5cm，参照此点画袖长 54cm；作袖口垂线 14cm＋0.5cm。根据前袖确定的袖山高画袖肥线，以后袖窿弧长确定后袖肥尺寸，连接袖口，修正袖子侧缝线，袖口呈直角。

（8）后宽垂线平分 3 等分，下 1/3 点作 1cm 垂线为插肩袖辅助点，参照此点从后领口颈侧点下 3cm 处画插肩袖的肩与衣片的款式分割线。

（9）参照后中腰省和插肩袖的肩与衣片的款式分割线画后刀背，下摆各放 6cm，修正后刀背整体造型线。

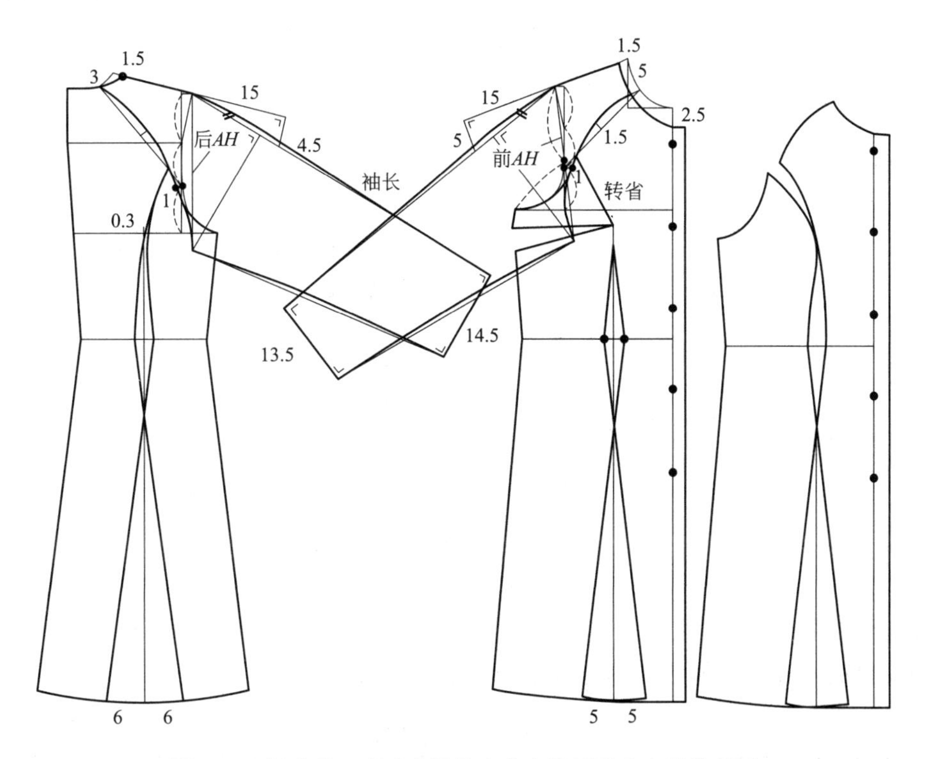

图 8-43　插肩袖刀背式生活装女大衣袖子及衣身结构制图

4. 插肩袖刀背式生活装女大衣大翻领结构制图（图 8-44）

（1）以总领宽 12cm 及前后领窝弧线长画矩形基础线，底领 4cm，翻领 8cm。

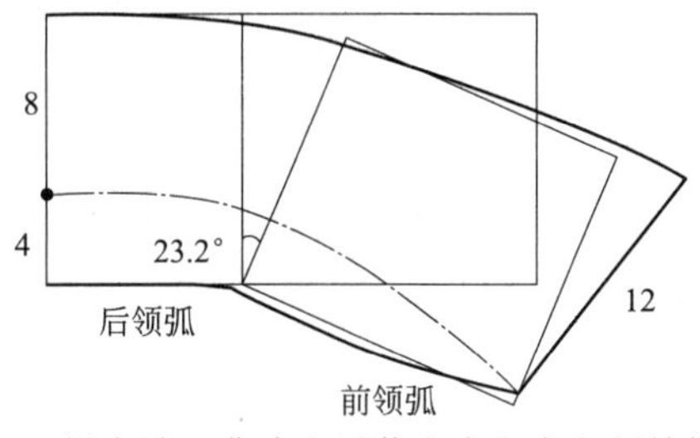

图 8-44　插肩袖刀背式生活装女大衣大翻领结构制图

（2）参照前后领窝弧线的分割线打开 23.2°角，画翻折线及修正领下口线和领上口线，领尖长 12cm。

三、翻驳领落肩袖女大衣纸样设计

（一）翻驳领落肩袖女长大衣效果图

翻驳领落肩袖女长大衣效果图如图 8-45 所示。

图 8-45 翻驳领落肩袖女长大衣效果图

（二）成品规格

按国家号型 160/84A 确定，成品规格如表 8-12 所示。

表 8-12 成品规格 单位：cm

部位	后衣长	胸围	总肩宽	袖长	袖口	腰围	腰节
尺寸	93	94	38	54	14	86	38

此款为翻驳领落肩袖女长大衣，单排设 3 粒扣，腰部设腰带；净胸围加放 10cm，净腰围加放 18cm，整体简洁，下摆有较大的摆浪。面料可选择垂感较好的、中厚质地含毛或化纤面料。

（三）制图步骤

1. 翻驳领落肩袖女长大衣结构制图方法（采用原型裁剪法）

首先按照号型 160/84A 型制作文化式女子新原型图，具体方法如前文化式女子新原型制图，然后依据原型制作纸样。

2. 翻驳领落肩袖女长大衣衣片基础制图（图 8-46）

（1）画后中衣长 93cm，后领宽展宽 1.5cm，后肩点上抬 1cm 后，冲肩 1.5cm 决定小肩宽尺寸包括 0.7cm 省量，其余肩省转移至后袖窿。胸围线下移 1cm 从肩点参照后宽修正袖窿弧线。

（2）根据 1/2 胸腰差量后片设为 3.5cm 省，分别收后中 2cm、侧缝 1.5cm。

（3）下摆后中线放 5cm 摆，侧缝线放 5cm，侧缝及后中起翘，下摆呈 90°角，修正好下摆。

（4）前肩点上抬 0.5cm 后，小肩减 0.7cm 省决定前小肩宽尺寸，从肩点参照前宽修正袖窿弧线。

（5）前片将原型胸凸省 1/3 放置袖窿作为松量。

（6）根据 1/2 胸腰差量在前片收侧缝 1.5cm 省，前侧缝下摆放 5cm。

（7）侧缝下 4cm 设转省位置，将袖窿处胸省转移至侧缝。胸围线下移 1cm，前侧缝下摆放 5cm，侧缝起翘，下摆呈 90°角，修正好下摆。

（8）搭门 2.5cm，上驳口位从前颈侧点延长 2.3cm 至胸围线下 10cm 处画驳口线；从前颈侧点平行于驳口线画前领深线 3.5cm，过原型领深点画串口线，驳领宽 8.5cm，修正止口线。

（9）画翻领，依据前领口延长线作倒伏角 21°，按照后领弧长作垂线底领宽 3.5cm，翻领宽 4.5cm，画领外口线；领尖 4.5cm，驳尖 4.5cm，修正领下口弧线。

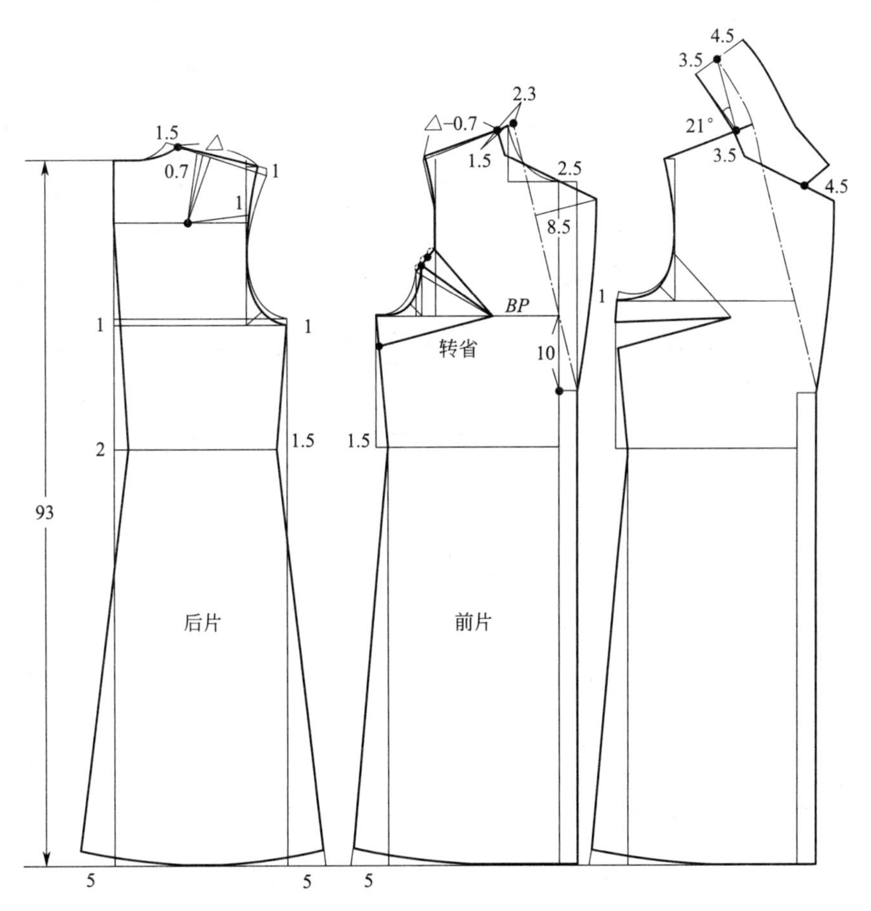

图 8-46　翻驳领落肩袖女长大衣衣片基础制图

3. 翻驳领落肩袖女长大衣衣片、袖子结构制图（图 8-47）

（1）前肩点延长 15cm 作垂线 5cm，参照此点画袖长 54cm，作袖口垂线 14cm－0.5cm；

在前袖窿弧线确定 1/2 点，参照此点从肩点画斜线其长度为前袖窿弧线尺寸；再从此点作袖中线的垂线确定袖山高，连接袖口，修正袖子侧缝线，袖口呈直角。

（2）从肩点顺袖中线下 8cm，参照此点作垂线至袖窿弧线；胸围到前宽垂线 4.5cm 处画袖窿底弧线与袖山下部弧线，弧线曲度相似，长度相等，此线分割了落肩袖的造型。

（3）在肩与衣片的款式分割线处与 *BP* 点设转省位置，将侧缝的胸凸省转移至此画刀背；下摆各放 5cm 与刀背修正成造型线。

（4）参照腰节及前宽垂线设斜插袋，长 14cm，宽 2.5cm。前中心线设 3 粒扣，中腰腰带 4cm 宽。

（5）后肩点延长 15cm 作垂线 4.5cm，参照此点画袖长 54cm，作袖口垂线 14cm＋0.5cm。根据前袖确定的袖山高画袖肥线，以后袖窿弧长确定后袖肥尺寸，连接袖口，修正袖子侧缝线，袖口呈直角。

（6）从后肩点顺袖中线下 8cm，参照此点作垂线至袖窿弧线；胸围到前宽垂线 4.5cm 处画袖窿底弧线与袖山下部弧线，两弧线曲度相似，长度相等，此线分割形成落肩袖的造型。

（7）将前后袖子取下，袖中线合并成一片整袖。

（8）腰带总长 80cm。

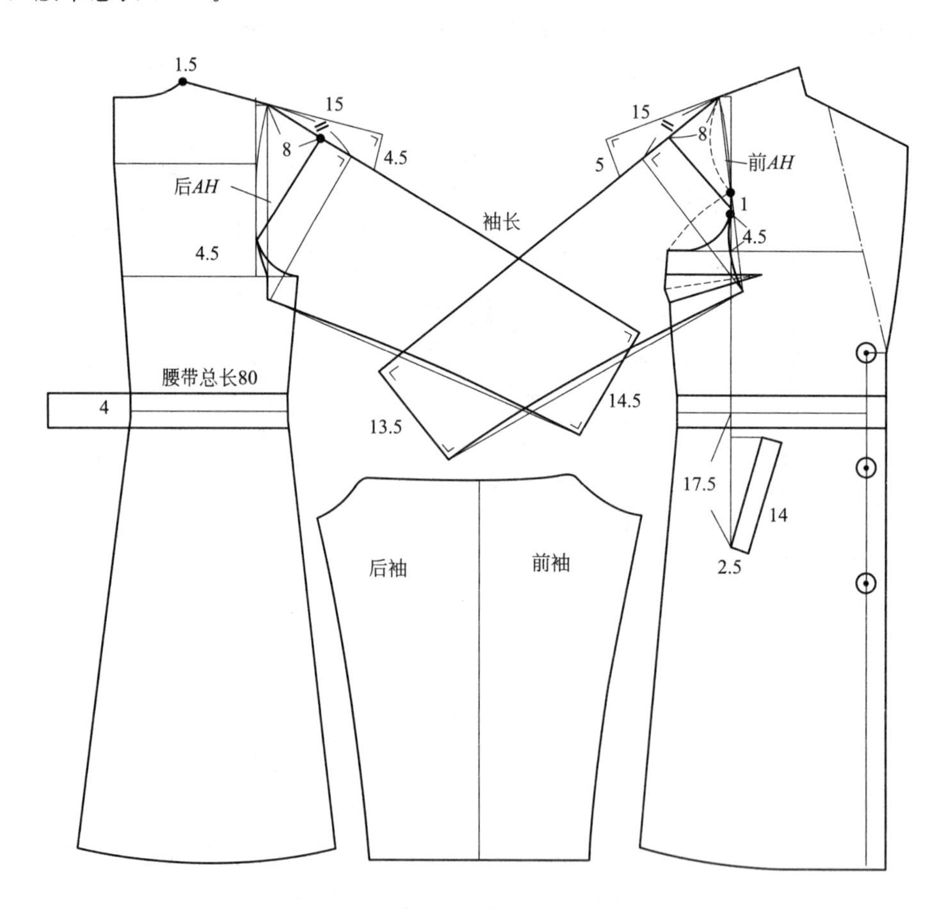

图 8-47　翻驳领落肩袖女长大衣衣片、袖子结构制图

第九章

服装工业样板缩放（推板）方法与实例

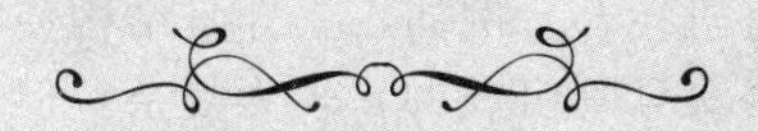

现代服装业随着生产力和科技水平的提高，制作方式较以往已有显著变化，成衣化生产已在服装市场上占据了很大比重，发达国家的成衣化率已达到90%以上。在成衣工业生产中，往往要求同一种款式的服装生产多种规格的产品，并组织进行批量生产，以满足市场中不同穿着者的要求。因此，应在生产中按照国家技术标准规定的规格系列，制作出各个号型规格的全套裁剪样板。这种以中间标准板为基准，兼顾各个号型之间的系列关系并进行科学的计算、放码，制作出号型系列裁剪工艺样板的方法，称为推板；其也被称为服装工业制板或服装样板放码。需要充分学习和了解服装推板的原理后，才能真正掌握其应用技术。

第一节　服装样板缩放原理

服装推板的主要作用：一是为了提高制板效率，二是为了保证各档样板具有准确的系列性和相似性。服装推板放码的过程实际上就是对打板过程的归纳与总结，并在此基础上大幅提高制板的效率，因此必须掌握服装推板原理和熟悉这一操作技术。

一、服装推板的基本原理

服装推板的原理来自数学中任意图形的相似变换，但并不完全等同规则几何图形的扩缩比例关系。在样板推放时，我们既要用任意图形相似变换的原理来控制“板型”，又要按合适的推档规格差数（即档差）来满足“数量”。因此，“量”与“型”是推放的依据。

（一）“量”与“型”的关系

（1）“量”是数量，即服装规格的国家标准。对于成衣工业化生产的制板规格，需要参照国家标准《服装号型　男子》GB/T 1335.1—2008来执行，这是“量”的基础。服装号型规格是推档的依据，服装样板各控制部位的“量”也是以此为基础确定的。

(2)“型”是造型，其出发点是衣片结构，量与型的关系相辅相成，“量”在服装样板各部位的分布要符合款型需要且准确无误。“型”要满足“量”，“量”实质上是为“型”服务的；“型”又受到“量”的控制，推板时必须从“量”与“型”双向考虑，真正符合立体塑型要求。

（二）推板原则

对于系列号型的样板推放，是按照服装结构的平面图形（裁剪样板）各个被分解开的局部板进行放大与缩小的；而每一块样板都因款式造型需要和特定的局部位置，形成各自的板块图形（平面几何图形），有的图形比较复杂，有的图形比较简单，但都是互为关联并统一在一个整体的结构造型中。

(1) 服装整体结构中每个独立的样板块，有的是因款式造型需要断开的，有的是因人体结构的需要而分割开或将两者有机结合。例如，三开身结构使样板分割形成不同板块，有时在一件衣服中因需要可能是由多块分割组成的，较为复杂，但最终都离不开人体，都与塑造人体密不可分，这也是由服装结构设计的根本属性所决定的。

因此，服装推板离不开人体体型，离不开人体体型的变化和发展规律。总体板型是在标准形上确定的，放大与缩小就是建立在标准体的变化生长发展规律之上。可以说“量”与“型”的把握，离不开人体。所以，推板首先要掌握和了解人体的变化规律和服装各控制部位标准数据的推算。

(2) 国家标准号型数据基本体现了人体的变化规律，给出了主要标准数据。从服装号型系列分档数值 5.4 系列标准人体 A 型体生长发展规律上来看，人体总体高即“号”每增长或减少 5cm，上体基本增长或减少 2cm，下体基本增长或减少 3cm，全手臂长增长或减少 1.5cm，肩宽增长或减少 1.2cm，背长增长或减少 1cm，胸围增长或减少 4cm，腰围增长或减少 4cm，臀围增长或减少 3.2cm，领围增长或减少 1cm，这是主要的服装号型各系列分档数值。

(3) 对于服装样板上的各个部位的局部分档差数，首先应从整体样板出发，区分出主要部位的档差比例关系，以确保比例的正确与完整，再按局部与整体的关系确定细部的档差。细部档差的确定除按整体比例外，有的部位必须按照人体的自然生长规律和基础样板各控制部位的比例公式推算出来，如前宽差、后宽差、领宽差、领深差、落肩省量差等。与结构有直接关系的各部位差一定要准确推算和控制。

(4) 对于由款式需要分割的部位，大多可以参照样板的纵向、横向长度比例推算出各部位档差。合理部位档差数值的确定是推档的重要环节，这是因为每块样板的推放虽然参照了数学原理，但它不是都能按同一比例扩缩的，样板的每个局部会隶属于不同人体各部位增长和减少的档差变化之中；这就要综合考虑“量”的变化，确保“型”的正确性。

二、推板的基本操作方法

（一）坐标基准点的应用方法

服装样板的放缩是一个平面面积的增减。样板的整体形状可以看成是一个复杂的平面几何图形，所以控制面积的增长就必须处于一定的二维坐标系之中。在中号样板上需要确定坐标原点及纵向 Y 轴、横向 X 轴作为基准公共线，由此可运用分坐标关系进而形成分档斜线，逐次分档；但是，它不能完全采用几何图形的数学比例放缩方法进行操作。坐标原点及纵、横轴向基准公共线的选择应符合以下几个原则：

(1) 坐标的选择必须与服装结构紧密结合起来，这样才能保证服装样板相关的平面图形放缩的合理性。在每块样板中，都要确定一个主坐标原点，确定互为垂直的 X、Y 坐标轴线，然后才可以在样板的各端点、定位点、辅助点设立分坐标基准点。分坐标的 X、Y 轴线与主坐标 X、Y 轴线要互为平行，手工制图时要用直角尺和三角板画准确，不然会产生误差。

（2）主坐标原点和基准公共线，应首先选择在样板中对服装结构与人体结构有重要关联的位置与部位。例如，上衣类横向 X 轴最好选择胸围线或腰节线，纵向 Y 轴应选在前、后宽线或前、后中线上较好。例如，衬衫板的前片、主坐标的原点最好设置在胸围线与前中线的交点上，也可以设置在前胸宽线垂线与胸围线的交点上。虽然主坐标的原点设置在样板的任何一点也都可以放缩，但应考虑人体结构变化较明晰的分档位置上，以利于各分坐标的计算方便；还要考虑分档线的制图及分割样板的方便。因此，准确选择主坐标的原点位置是很重要的。

（3）对于在同一样板上坐标轴原点的基准公共线，一般应取两条互为垂直的坐标轴线。但是，有时也可只取一条，轴心点只有一个；同时，相互关联的复杂图线有时坐标轴原点基准公共线会同时选取两个（如插肩袖的放缩）。

（4）对于坐标基准公共线，最好应选择有利于各档放缩样板上的大曲率、轮廓较小的弧线分档，方便各档曲率轮廓弧线制图准确。

（二）推档端点、定位点及辅助点

二维坐标系分坐标推档的各位置点应主要选择在样板服装各控制部位的重要和关键的位置上。例如，上衣类推档位置点主要有肩颈点、肩端点、前后领深点、前后中线点、前后胸围宽点、前后袖窿弧切点、前后袖窿弧角平分线处凹凸点、省位置点、省宽点、省尖点、装袖吻合点、衣片前后腰节位置点、袋位点、口袋长宽高点、衣长下摆止点、前止口点、扣位点等。

（三）部位差的确定

一般部位差的确定可以从平面裁剪的比例计算公式推导出来；线段长度、宽度比例则可按百分比计算出来，也可按人体比例及经验尺寸进行确定。

（1）无论是采用立体裁剪法还是原型法得到的标准样板，都可以参照平面比例法的公式设置来确定样板上各结构部位的关系。公式设置不同，部位差也会不同。所以，公式设置要符合人体及服装的结构关系，要符合服装各控制部位的变化规律。成衣样板各结构部位比例关系应严谨，跳档后要保证各部位比例符合号型的要求。

（2）部位差的确定除采用上述方法外，很多部位也可以同时根据人体的自身变化规律，从线段的长度、宽度、高度、角度在总体上按数学比例计算求得；可依据省的位置，省的大小及口袋的位置与长、宽、高的尺寸，款式破断线、分割关系等确定。

（四）终点差的确定

服装样板的结构是相互关联的统一体，在推板的操作过程中，当总体档差确定后，首先确定出结构的部位差，然后依据两个部位差或几个部位差之间的关系，再确定出终点差。举例如下：以坐标原点呈放射性地放缩，前宽部位差确定为 0.6cm，与之前宽有关联的领宽部位差单独计算出来后，就要按推档的基准位置，计算出实际画线的终点差。由于前胸宽部位差是 0.6cm，前领宽的部位是 0.2cm，那么就应在颈侧点的坐标横向 X 轴上向两边各放缩终点差量 0.4cm（0.6cm－0.2cm＝0.4cm）。在同一坐标系条件下，同时还应关联肩宽差的问题。

另外，还有落肩部位差与袖窿深部位差之间终点差的确定。其方法是：如坐标原点在前宽与胸围线的交点上，袖窿深部位差是 0.7cm，落肩差单独计算为 0.1cm，肩端终点差量应为 0.6cm（0.7cm－0.1cm＝0.6cm）。在同一坐标系条件下，同时还应关联肩宽差的问题，这样就保证了各部位档差的相互关系。

（五）分档斜线

在样板的各推档位置点上，可设置与主坐标互为平行关系的分坐标，在分坐标上纵向与横向放或缩的终点与其基准点可连接成一条斜线，各档差在斜线上可逐次划分成若干档，称为分档斜线。在推档时，建立在各端点、定位点及辅助点上的分坐标都应画好分档斜线，在分档斜线上逐次划分档差，各档差点连接后就形成新的图形，基本保证了各档样板在形态、规格两个方面的准确性和相似性。

因款式不同，当某一条样板轮廓弧线较长或弧线曲率非均匀变化时，可以多取一些辅助位置点，以分坐标方式，在分档斜线上取得与其他各点等分的档差点：连接点越多，则轮廓弧线也就越容易画得准确光滑。但是，一定要注意分档时与各部位差的比例关系要正确；否则，就会适得其反，当然这都要根据实际情况而定。

第二节　主要男装样板缩放实例

一、标准男西服服装样板缩放（推板）

男西服样板缩放技术性比较强，只有在充分了解、掌握推板原理的基础后，需要反复练习才能掌握。

男西服基础规格应选择标准男子中间号型，推板档差按工业化要求一般都应采用 5・4 系列，但也可以根据特定产品的需要采用 5・3 系列；推板时，应注意号型之间量与型的准确度。例如，可按国家标准男子号型推出 5・4 系列男西服样板。

二、操作步骤

（一）绘制单排扣平驳领男西服样板

按照 170/88A 号型制图，制图方法可参照男西服打板并准确地将各衣片标识清楚。

（二）成品规格

按国家标准男子号型列出 5・4 系列，男西服中号规格及推板档差如表 9-1 所示。

表 9-1　男西服中号规格及推板档差　　单位：cm

部位	衣长	胸围	总肩宽	腰围	臀围	腰节	袖长	袖口	领大(衬衫)
尺寸	76	106	44.5	92	104	44	58.5	15	40
档差	±2	±4	±1.2	±4	±4	±1	±1.5	±0.5	±1

按工业化要求男西服样板推板一般最少应缩放三个号型。

（三）单排扣平驳领男西服服装样板缩放（推板）

男西服衣身片推板如图 9-1 所示。

1. 坐标轴及坐标原点

主坐标轴原点前片设在胸围线与前宽线的交点上，后片设在胸围线与后中线的交点上，腋下片设在胸围线与省缝的交点上。大袖主坐标设在袖根肥与前袖中线的交点上，小袖主坐标设在袖根肥与小袖缝线的交点上，再确定分坐标点。

2. 推板

以下给出各部位档差值的计算，按尺寸在中号样板上绘出放大或缩小的样板（图中坐标箭头方向为放大号，反向为缩小号）。

（1）后片（如图 9-1 左侧衣片所示，下列序号为推板中的步骤顺序）。

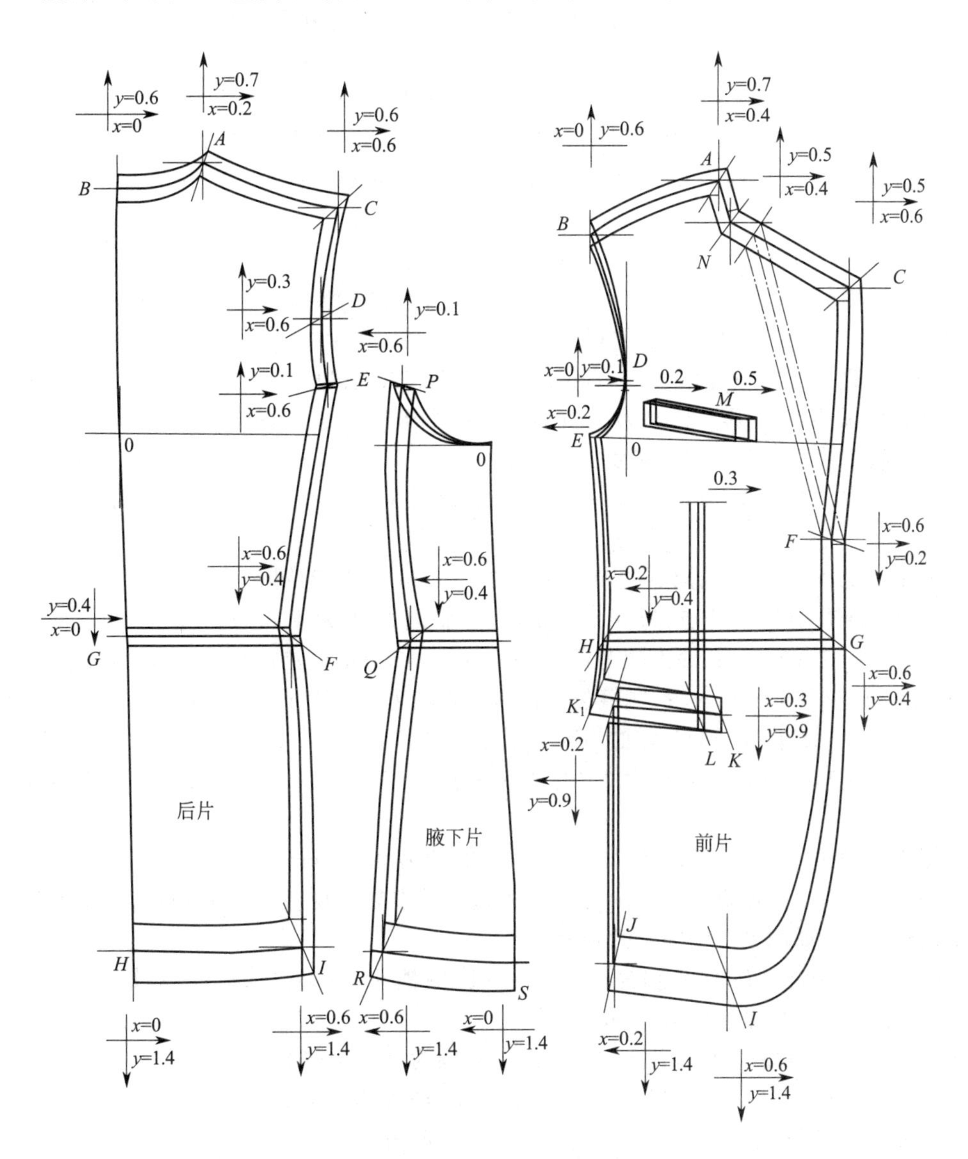

图 9-1　男西服衣身片推板

① 后领深（B）　Y 轴为 1.5/10×4(胸围档差)＝0.6(cm)，X 轴为 0。

② 颈侧点（A）　Y 轴为 0.6＋1/40×4（胸围档差）＝0.7（cm），X 轴为 1/5×1（领大档差）＝0.2(cm)。

③ 落肩（C）　Y 轴为 0.7－1/40×4（胸围档差）＝0.6（cm），X 轴为 1/2×1.2（总肩宽档差）＝0.6（cm）为肩宽部位差。

④ 后袖窿弧切点（D）　Y 轴为 1/2×0.6（落肩差）＝0.3（cm），X 轴为 1.5/10×4（胸

围档差）=0.6（cm）为后背宽部位差。

⑤ 后侧缝分切点（E） Y 轴为 1/40×4（胸围档差）=0.1（cm），X 轴为 1.5/10×4（胸围档差）=0.6（cm）。

⑥ 后侧缝腰节点（F） Y 轴为 1（腰节部位差）−0.6（后领深部位差）=0.4（cm），X 轴同背宽部位差 0.6（cm）。

⑦ 后中腰节（G） Y 轴为 0.4（cm），X 轴为 0。

⑧ 后中缝下摆（H） Y 轴为 2（总衣长差）−0.6（后领深部位差）=1.4（cm），X 轴为 0。

⑨ 后侧缝下摆（I） Y 轴为 1.4（cm），X 轴同后背宽部位差 0.6cm。

（2）前片（如图 9-1 右侧衣片所示，下列序号为推板中的步骤顺序）。

① 颈侧点（A） Y 轴为 0.7（cm），X 轴为 0.4（cm）；计算方法：前宽差 0.6−前领宽差 0.2=0.4（cm）。

② 落肩（B） Y 轴为 0.6（cm），X 轴为 0。

③ 前驳领嘴（C） Y 轴为 0.7−0.2（前领深部位差）=0.5（cm），X 轴为 1.5/10×4（胸围档差）=0.6（cm）同前宽部位差。

④ 领口位置（N） Y 轴为 0.5（cm），同 C 点；X 轴为 0.4（cm），同 X 轴 A 点。

⑤ 前袖窿弧切点（D） Y 轴为 1/40×4（胸围档差）=0.1（cm），X 轴为 0。

⑥ 前片腋下省位（E） X 轴为 0.2（cm）。

⑦ 下驳口位（F） Y 轴为 0.2（cm），X 轴为 1.5/10×4（胸围档差）=0.6（cm）；同前宽部位差。

⑧ 前腰节位（G） Y 轴同后腰节部位差 0.4（cm），X 轴同 F 点为 0.6（cm）。

⑨ 前侧缝腰位（H） Y 轴为 0.4（cm），X 轴同 E 点为 0.2（cm）。

⑩下口袋前位（K） Y 轴为腰节部位差 0.4+0.5（袋位差）=0.9（cm），X 轴为 1/2×0.6（前宽部位差）=0.3（cm）；侧缝位（K_1） Y 轴为 0.9（cm），X 轴为 0.2（cm）。

⑪ 前腰省位（L） Y 轴与 X 轴均同 K 点。

⑫ 前下摆止口位（I） Y 轴为 2（总衣长差）−0.6=1.4（cm），X 轴为前宽部位差 0.6（cm）。

⑬ 侧缝下摆位（J） Y 轴为 1.4（cm），X 轴为 0.2（cm）。

⑭ 手巾袋（M） 前端 0.5cm，后端 0.2cm，手巾袋部位差 0.3（cm），袋高不变。

（3）腋下片（如图 9-1 中间衣片所示）。

① 腋下片后侧缝（P） Y 轴为 1/40×4（胸围档差）=0.1（cm），X 轴为 2（1/2 胸围差）−1.4（前后片已增量）=0.6（cm）。

② 后侧缝腰位（Q） Y 轴为 0.4（cm），X 轴为 0.6（cm）。

③ 后侧缝下摆位（R） Y 轴为 1.4（cm），X 轴为 0.6（cm）。

④ 前侧缝下摆位（S） Y 轴为 1.4（cm），X 轴为 0。

（4）男西服袖片推板（如图 9-2 所示）。

① 大袖袖山高位（A） Y 轴为 5/6×0.6（落肩差）=0.5（cm），X 轴为 1/2×0.87（袖肥差）=0.435（cm）。

② 大袖后袖山高位（B） Y 轴为 2/3×0.5=0.33（cm），X 轴为袖肥差 0.87（cm），计算方法采用勾股定理，$AH/2$ 增加 1cm，袖山高增加 0.5cm，袖肥增加量为 0.87（cm）

③ 大袖前袖山位（C） Y 轴为 1/4×0.5=0.125（cm），X 轴为 0。

④ 后袖肘位（D） Y 轴为 1/2×1.5（袖长差）−0.5（袖山高差）=0.25（cm），X 轴为（0.87+0.5）/2=0.685（cm）。

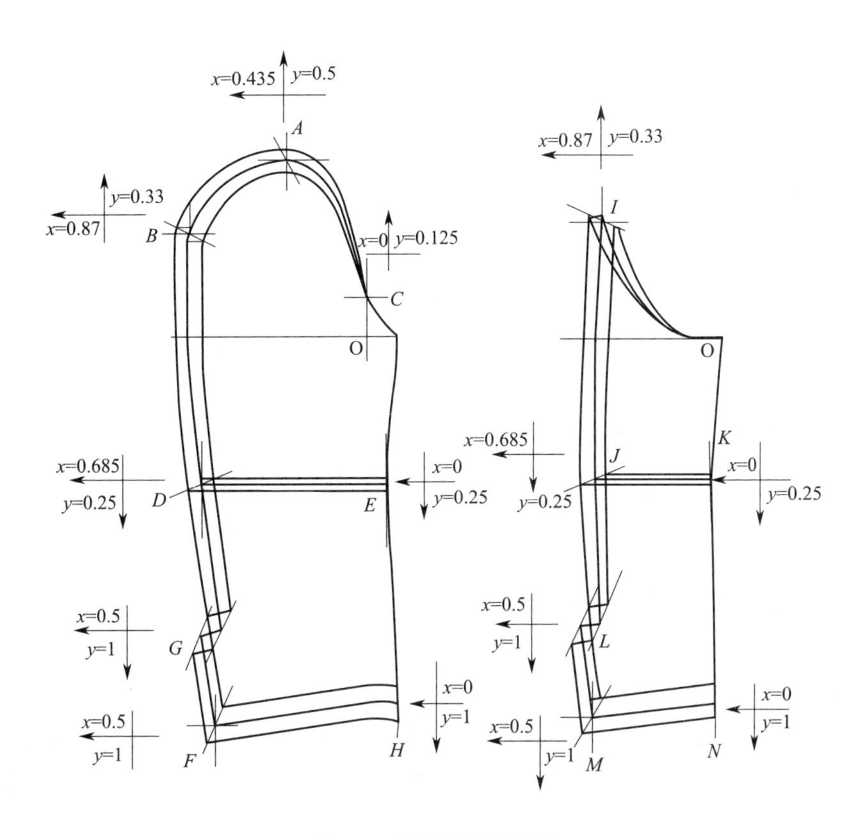

图 9-2 男西服袖片推板

⑤ 袖肘位（*E*） *Y* 轴为 0.25（cm），*X* 轴为 0。

⑥ 袖开衩（*F*，*G*） *Y* 轴为 1.5（袖长差）－0.5（袖山高差）＝1（cm），*X* 轴为袖口部位差 0.5（cm）。

⑦ 前袖缝下部（*H*） *Y* 轴为 1（cm），*X* 轴为 0。

⑧小袖片上部（*I*） *Y* 轴与 *X* 轴同大袖 *B* 点。

⑨ 小袖袖肘前后（*J*，*K*） *Y* 轴与 *X* 轴分别同大袖 *D*、*E* 点。

⑩ 小袖袖开衩（*L*、*M*、*N*） *Y* 轴与 *X* 轴分别同大袖 *G*、*F*、*H* 点。

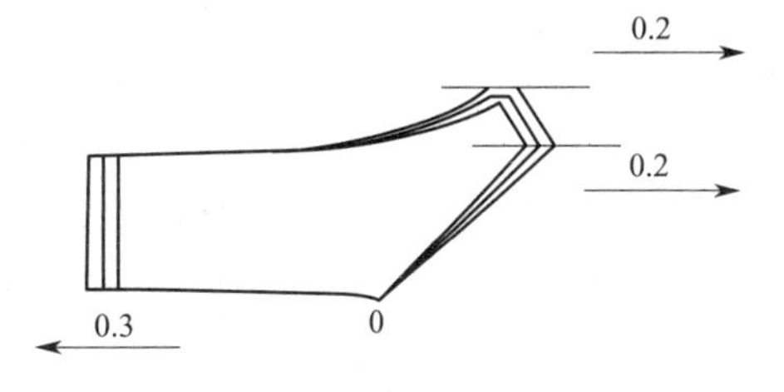

图 9-3 男西服领子推板

（5）男西服领子推板（如图 9-3 所示）。

从图 9-3 中可以看出，1/2 领大差为 0.5cm，其中领后中线为 0.3cm，领尖为 0.2cm，总领宽及前领尖宽不变。

（6）服装样板推板可以采用净板缩放，然后加出缝份；也可以直接采用毛板缩放。

三、男礼服大衣的样板缩放（推板）

为了掌握男礼服大衣的样板缩放（推板），男礼服大衣基础规格要选择标准男子中间号型，推板档差按工业化要求一般都应采用 5·4 系列，衣长差要根据衣长与总体身高比例确定，推板时应注意号型之间量与型的准确度。

按工业化要求，应采用国家标准号型规格要求制作高档男大衣标准样板，按标准样板推出系列板。

四、操作步骤

（一）绘制男礼服大衣的样板

按照170/88A号型制图，制图方法可参照礼服大衣制板并准确将各衣片标识清楚。

（二）成品规格

按国家标准男子号型列出5·4系列，男礼服大衣中号规格及推板档差如表9-2所示。

表9-2　男礼服大衣中号规格及推板档差　　单位：cm

部位	衣长	胸围	总肩宽	腰围	臀围	腰节	袖长	袖口	领大(衬衫)
尺寸	110	114	45.5	98	120	45	60.5	17	40
档差	±4	±4	±1.2	±4	±4	±1	±1.5	±0.5	±1

（三）男礼服大衣样板缩放（推板）

男礼服大衣前后片推板如图9-4所示。

1. 坐标轴及坐标原点

主坐标轴原点前片设在胸围线与前宽线的交点上，后片设在胸围线与后中线的交点上。大袖主坐标设在袖根肥与前袖折线的交点上，小袖主坐标设在袖根肥与小袖缝线的交点上，再确定分坐标点。

2. 推板

以下给出各部位档差值的计算，按尺寸在中号样板上绘出放大或缩小的样板（图中坐标箭头方向为放大号，反向为缩小号）。

（1）后片（如图9-4左侧衣片所示，下列序号为推板中的步骤顺序）。

① 后领深（B）　Y轴为1.5/10×4（胸围档差）=0.6（cm），X轴为0。

② 颈侧点（A）　Y轴为0.6+1/40×4（胸围档差）=0.7（cm），X轴为1/5×1（领大档差）=0.2（cm）。

③ 落肩（C）　Y轴为0.7−1/40×4（胸围档差）=0.6（cm），X轴为1/2×1.2（总肩宽档差）=0.6（cm）为肩宽部位差。

④ 后背宽（D）　Y轴为1/2×0.6（落肩差）=0.3（cm），X轴为1.5/10×4（胸围档差）=0.6（cm）为后背宽部位差。

⑤ 后侧缝分切点（E）　Y轴为1/40×4（胸围档差）=0.1（cm），X轴为1.5/10×4（胸围档差）=0.6（cm）。

⑥ 后侧缝腰节点（F）　Y轴为1（腰节差）−0.6（领深差）=0.4（cm），X轴同后背宽部位差0.6（cm）。

⑦ 后中腰节（G）　Y轴为0.4（cm），X轴为0。

⑧ 后中缝下摆（H）　Y轴总衣长差4−0.6（领深差）=3.4（cm），X轴为0。

⑨ 后侧缝下摆（I）　Y轴总衣长差4−0.6（领深差）=3.4（cm），X轴为后背宽部位差0.6cm。

⑩ 后开衩位置（J）　Y轴为0.4（cm），X轴为0。

（2）前片（如图9-4右侧衣片所示）。

① 颈侧点（A）　Y轴为0.7（cm），X轴为前宽差0.6−0.2（前领宽差）=0.4（cm）。

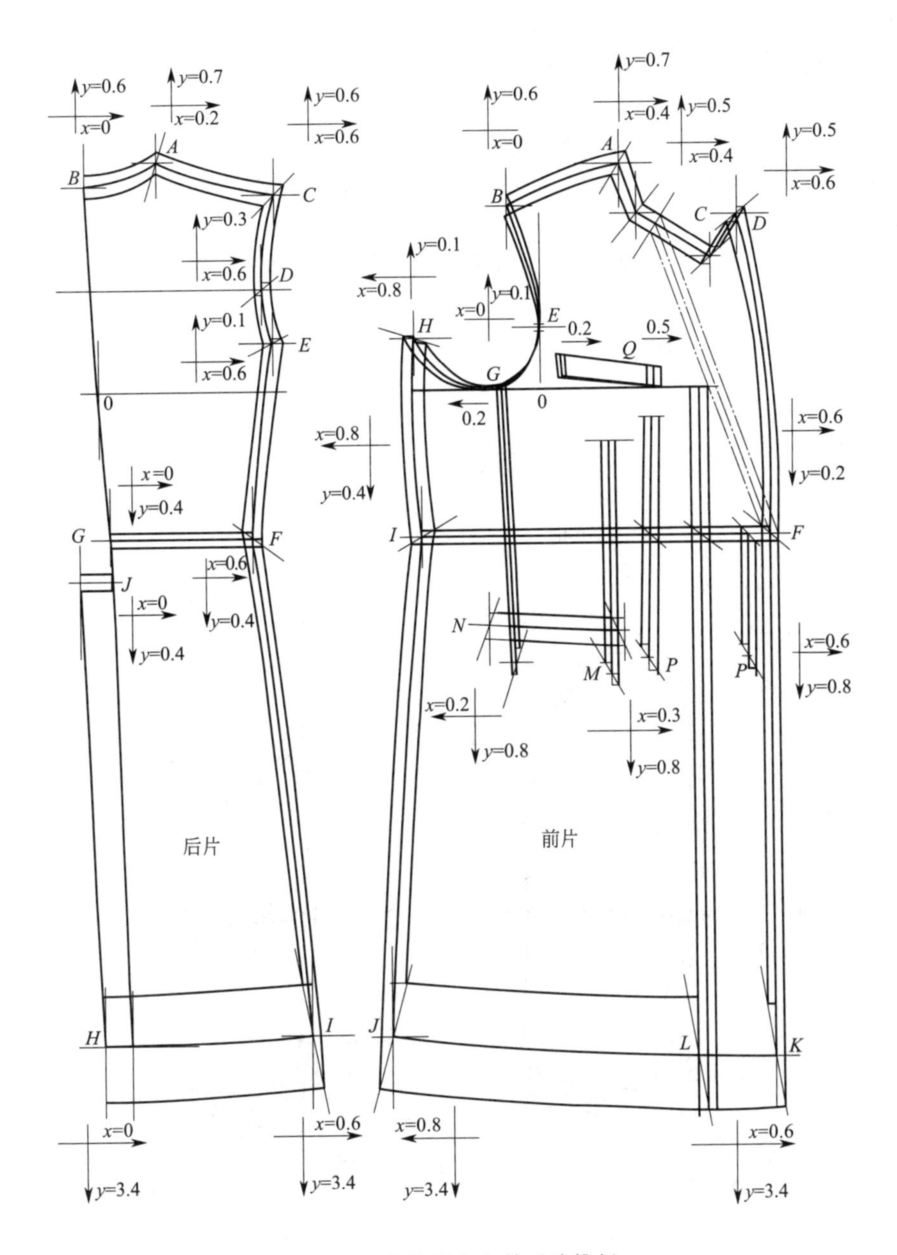

图 9-4　男礼服大衣前后片推板

② 落肩（B）　Y 轴为 0.6（cm），X 轴为 0。

③ 前驳嘴（C）　Y 轴为 0.7－0.2（前领深部位差）＝0.5（cm），X 轴为 0.4（cm）。

④ 驳领尖位置（D）　Y 轴为 0.5（cm）同 C 点，X 轴为前宽差 0.6（cm）。

⑤ 前袖窿弧切点（E）　Y 轴为 1/40×4＝0.1（cm），X 轴为 0。

⑥ 下驳口位（F）　Y 轴为 0.2（cm），X 轴为 1.5/10×4（胸围档差）＝0.6（cm），同前宽部位差。

⑦ 前片腋下省位（G）　X 轴为 0.2（cm）。

⑧ 腋下后侧缝（H）　Y 轴为 1/40×4（胸围档差）＝0.1（cm），X 轴为 2－1.2（前中加后片增长量）＝0.8（cm）。

⑨ 侧缝腰位腰节位（I）　Y 轴同后腰节部位差 0.4（cm），X 轴同 H 点，为 0.8（cm）。

⑩ 侧缝下摆位（J） Y 轴总衣长差 4－0.6（上差）＝3.4（cm），X 轴为 0.8cm。

⑪ 前下摆止口位（K） Y 轴总衣长差 4－0.6（上差）＝3.4（cm），X 轴为前宽差 0.6（cm）。

⑫ 前中线下摆（L） Y 轴与 X 轴均同 K 点。

⑬ 下大口袋前位及省位（M） Y 轴为腰节部位差 0.4＋袋位差 0.4＝0.8（cm），X 轴为 1/2×0.6＝0.3（cm）。

⑭ 下大口袋后位及省位（N） Y 轴为腰节部位差 0.4＋袋位差 0.4＝0.8（cm），X 轴为大口袋部位差 0.5－0.3＝0.2（cm）。

⑮ 双排扣位（P） Y 轴为腰节部位差 0.4＋袋位差 0.4＝0.8（cm），X 轴为 0.6（cm）。

⑯ 手巾袋（Q） 前端 0.5cm，后端 0.2cm，袋高不变。

（3）男礼服大衣袖片推板（如图 9-5 所示）。

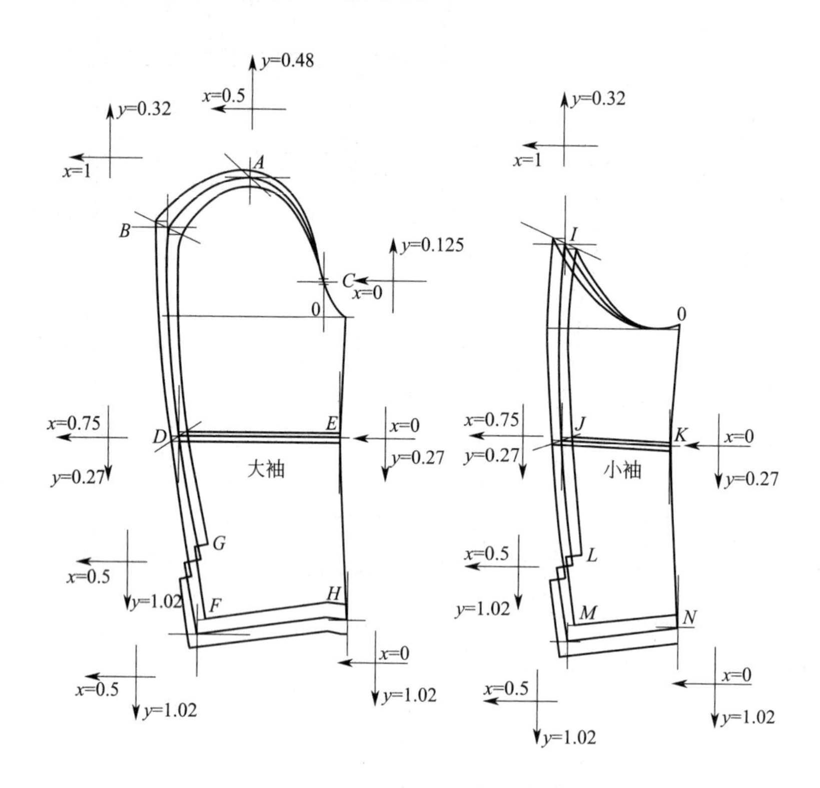

图 9-5 男礼服大衣袖片推板

① 大袖袖山高位（A） Y 轴为 4/5×0.6（落肩差）＝0.48（cm），X 轴为 1/2×1（袖肥差）＝0.5（cm）。

② 大袖后袖山高位（B） Y 轴为 2/3×0.48＝0.32（cm），X 轴为袖肥差 1（cm），计算方法采用勾股定理，$AH/2$ 增加 1cm，袖山高增加 0.48cm，袖肥增加量为 1。

③ 大袖前袖山位（C） Y 轴为 1/4×0.5＝0.125（cm），X 轴为 0。

④ 后袖肘位（D） Y 轴为 1/2×1.5（袖长差）－0.48＝0.27（cm），X 轴为（1＋0.5）/2＝0.75（cm）。

⑤ 前袖肘位（E） Y 轴为 0.27（cm），X 轴为 0。

⑥ 袖开衩（F，G） Y 轴为 1.5－0.48＝1.02（cm），X 轴为 0.5（cm）袖口差。

⑦ 前袖缝下部（H） Y 轴为 1.02（cm），X 轴为 0。

⑧小袖片上部（I）　Y 轴与 X 轴同大袖 B 点。

⑨ 小袖袖肘前后（J，K）　Y 轴与 X 轴同大袖 D、E 点。

⑩ 小袖袖开衩（L、M、N）　Y 轴与 X 轴同大袖 G、F、H 点。

(4) 男礼服大衣领子推板（如图 9-6 所示）。

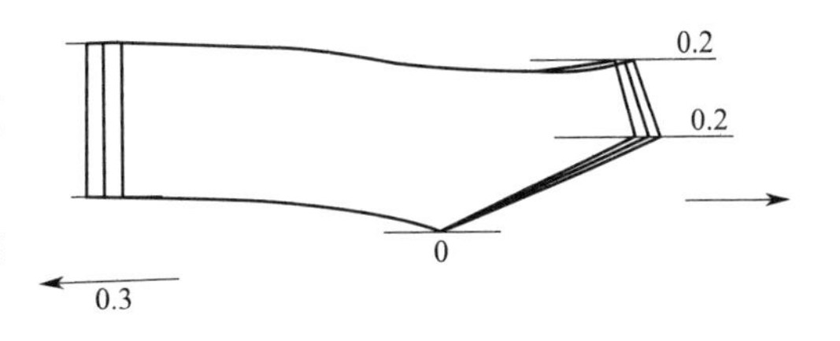

图 9-6　男礼服大衣领子推板

从图 9-6 中可以看出，1/2 领大差为 0.5cm，其中领后中线为 0.3cm，领尖为 0.2cm，总领宽及前领尖宽不变。

(5) 图 9-7 为按照以上缩放方法，采用服装 CAD 制作的男礼服大衣样板示例。

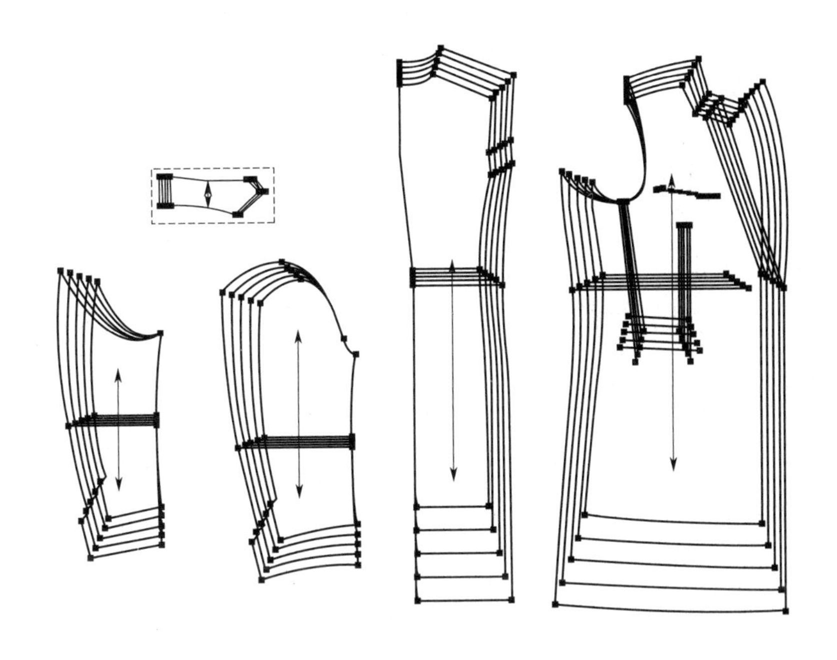

图 9-7　推放 5 个号的男礼服大衣样板

第三节　主要女装样板缩放实例

一、女西服裙的样板缩放（推板）

女西服裙基础规格应选择标准女子中间号型，推板档差按工业化要求一般都应采用 5・2 系列。推板时应注意号型之间量与型的准确度。按国家标准女子号型推出 5・2 系列女西服裙样板。

操作步骤如下。

（一）绘制女西服裙样板

按照 160/68A 号型制图，制图方法可参照女裙打板并准确将各裙片标识清楚。

(二)成品规格

按国家标准女裙号型 160/68A，列出 5.2 系列。西服裙成品规格及主要部位推板总档差如表 9-3 所示。

表 9-3　西服裙成品规格及主要部位推板总档差　　单位：cm

部位	裙长	腰围	臀围	臀高	腰头宽	摆围
尺寸	54	68	94	18	3	106
档差	±1.7	±2	±1.8	±0.5	0	±1.8

(三)西服裙样板缩放(推板)

西服裙推板方法如图 9-8 所示。坐标轴及坐标原点因裙侧缝从腰围至臀围有较大弧度，曲率较大，故坐标原点、坐标轴要选择在臀围线与前中线和后中线互为垂直的交点 O 上，推档时应将弧度拉开档间距，弧线要画得准确，然后设分坐标点。

(四)推板

依据主坐标设置各分坐标点，计算出各部位档差，推板（如图 9-8 所示)。

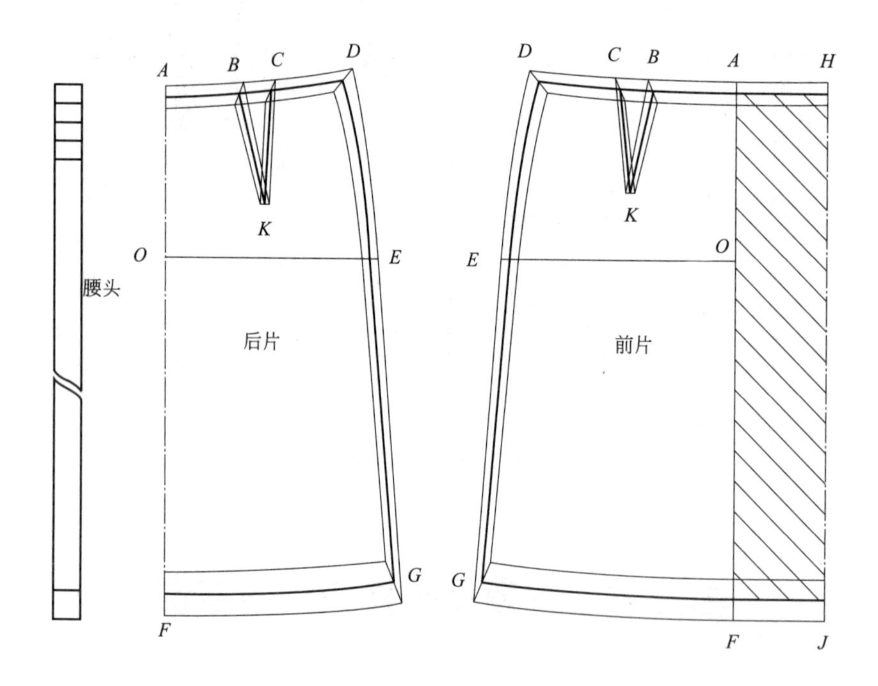

图 9-8　西服裙推板方法

(1) 裙长总档差：54/160×5=1.7 (cm)。
(2) 臀高 (*A*)：*Y* 轴 1/10×5=0.5 (cm)。
(3) 裙下 (*F*)：*Y* 轴 1.7−0.5=1.2 (cm)。
(4) 裙下 (*G*)：*Y* 轴 1.7−0.5=1.2 (cm)，*X* 轴 1/4×1.8=0.45 (cm)。
(5) 前、后片臀围肥 (*E*)：*X* 轴 1/4×1.8=0.45 (cm)。
(6) 前、后片腰围肥 (*D*)：*X* 轴 1/4×1.8=0.45 (cm)，*Y* 轴 0.5 (cm)。
(7) 前、后片省 (*B*、*C*)：*X* 轴 1/2×0.5=0.25 (cm)，*Y* 轴 0.5 (cm)。
(8) 腰头长每档：2 (cm)。

二、四开身刀背女西服的样板缩放（推板）

女西服基础规格应选择标准女子中间号型，推板档差按工业化要求一般都应采用5·4系列或5·3系列。推板时，应注意号型之间量与型的准确度，按国家标准女子号型推出5·4系列女西服样板。

操作步骤如下。

（一）绘制四开身刀背女西服的样板

按照160/84A号型制图，制图方法可参照女西服制板。

（二）成品规格

按照国家标准女裙号型160/84A，列出5·4系列。四开身刀背女西服成品规格及主要部位推板总档差如表9-4所示。

表9-4　四开身刀背女西服成品规格及主要部位推板总档差　　单位：cm

部位	后衣长	胸围	腰围	臀围	腰节	总肩宽	袖长	袖口
尺寸	64	94	74	96	38	37	54	13
档差	±2	±4	±4	±4	±1	±1	1.5	0.5

（三）四开身刀背女西服缩放（推板）

主坐标轴应选择在后衣片的胸围线与后中线垂线的交点O上；前片应选择在前衣片的胸围线与前胸宽线垂线的交点O上；这样可以以前胸宽线垂线为Y轴向两个纵方向扩缩，以胸围线为X轴向两个横方向扩缩。两片袖的大小袖子主坐标可设在袖肥线与前袖折线的交点O上，再确定各分坐标点。

（四）推板

1. 根据四开身刀背女西服中间号型160/84A绘制的样板，可将各片准确标识好

2. 依据主坐标设置各分坐标点，可计算出后衣片各部位档差（图9-9）

（1）衣长档差64/160×5=2（cm）。

（2）后领深（B）：Y轴1/12×4=0.33（cm），X轴0。

（3）后颈侧点（A）：Y轴0.33+0.2/3=0.4（cm），X轴0.2（cm）。

（4）后落肩（C）：Y轴0.4−0.1=0.3（cm），X轴0.5（cm）。

（5）后袖隆刀背分割点（D）：Y轴0.3×2/3=0.2（cm），X轴0.5（cm）。

（6）胸围线（E）：X轴0.5（cm）。

（7）后腰节（G）：Y轴1−0.33=0.67（cm），X轴0。

（8）后腰节（I）：Y轴1−0.33=0.67（cm），X轴0.5（cm）。

（9）后下摆（H）：Y轴2−0.33=1.67（cm），X轴0。

（10）后下摆（J）：Y轴2−0.33=1.67（cm），X轴0.5（cm）。

（11）后刀背缝（K）：Y轴0.3×2/3=0.2（cm），X轴0.5（cm）。

（12）后刀背胸围线（L）：X轴0.5（cm）。

（13）后刀背胸围线（F）：X轴1（cm）。

（14）后刀背腰节（M）：Y轴1−0.33=0.67（cm），X轴0.5（cm）。

（15）后刀背腰节（N）：Y轴1−0.33=0.67（cm），X轴0.5（cm）。

(16) 后下摆（J）：Y 轴 2－0.33＝1.67（cm），X 轴 0.5（cm）。

(17) 后刀背缝下摆（P）：Y 轴 2－0.33＝1.67（cm），X 轴 0.5（cm）。

(18) 后刀背下摆（P）：Y 轴 2－0.33＝1.67（cm），X 轴 0.5（cm）。

(19) 后刀背下摆（Q）：Y 轴 2－0.33＝1.67（cm），X 轴 1（cm）。

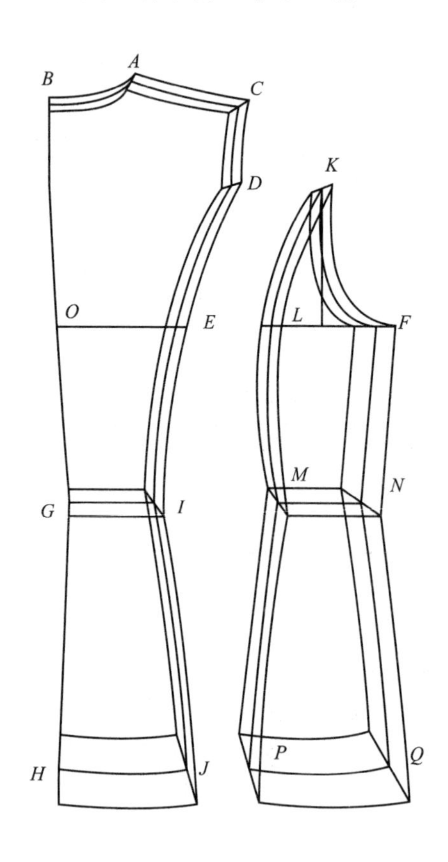

图 9-9　四开身刀背女西服后片推板方法

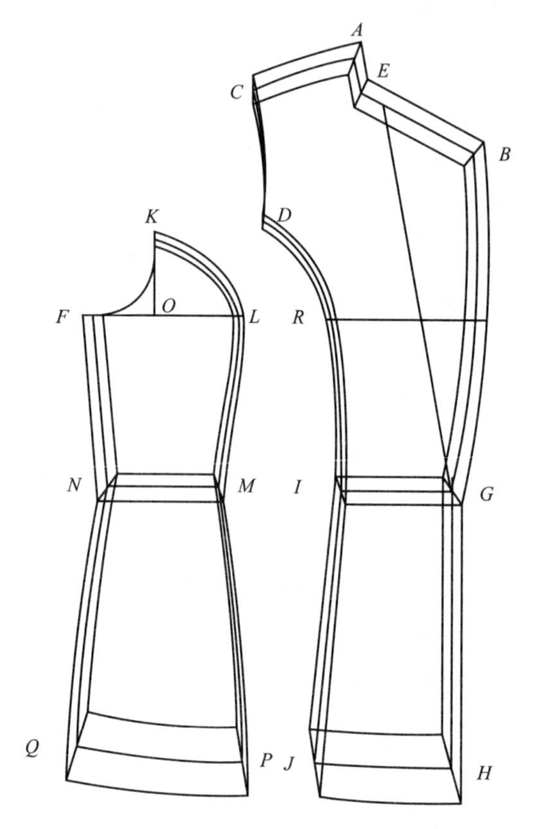

图 9-10　四开身刀背女西服前片推板方法

3. 依据主坐标设置各分坐标点，计算出前衣片各部位档差，推板（图 9-10）

(1) 衣长档差 64/160×5＝2（cm）。

(2) 前颈侧点（A）：Y 轴 1/5×4＝0.8（cm），X 轴 1/8×4－0.2＝0.3（cm）。

(3) 前领深（B）：Y 轴 1/5×4－1/5×1＝0.6（cm），X 轴 1/8×4＝0.5（cm）。

(4) 前落肩（C）：Y 轴 0.8－0.1＝0.7（cm），X 轴 0。

(5) 前袖隆刀背分割点（D）：Y 轴 0.7×1/2＝0.35（cm），X 轴 0。

(6) 胸围线（R）：X 轴 0.5/2（cm）＝0.25（cm）。

(7) 前腰节（G）：Y 轴 1－0.33＝0.67（cm），X 轴 1/8×4＝0.5（cm）。

(8) 前腰节（I）：Y 轴 1－0.33＝0.67（cm），X 轴 0.25（cm）。

(9) 前下摆（H）：Y 轴 2－0.33＝1.67（cm），X 轴 0.5（cm）。

(10) 前下摆（J）：Y 轴 2－0.33＝1.67（cm），X 轴 0.25（cm）。

(11) 前刀背缝（K）：Y 轴 0.7×1/2＝0.35（cm），X 轴 0。

(12) 前刀背胸围线（L）：X 轴 0.5/2＝0.25（cm）。

(13) 前刀背胸围线（F）：X 轴 1－0.5＝0.5（cm）。

(14) 前刀背腰节（M）：Y 轴 1－0.33＝0.67（cm），X 轴 0.25（cm）。

(15) 前刀背腰节（N）：Y 轴 1－0.33＝0.67（cm），X 轴 0.5（cm）。

（16）前刀背下摆（P）：Y 轴 2－0.33＝1.67（cm），X 轴 0.25（cm）。。

（17）前刀背缝下摆（Q）：Y 轴 2－0.33＝1.67（cm），X 轴 0.5（cm）。

4. 依据主坐标设置各分坐标点，计算出领子各部位档差，推板（图 9-11）

（1）1/2 领大档差为 0.5（cm），总领宽及领尖宽不变。

（2）领下口（O）：为坐标原点，不动。

（3）领后中线（A）：X 轴 0.3（cm）。

（4）领尖（B）：X 轴 0.2（cm）。

图 9-11　领子推板方法

5. 依据主坐标设置各分坐标点，计算出大小袖片各部位档差，推板（图 9-12）

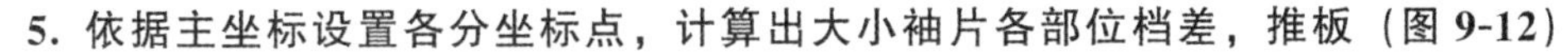

（1）大袖袖山高点（A）：Y 轴 0.5×5/6＝0.42（cm），X 轴 0.9/2＝0.45（cm）。

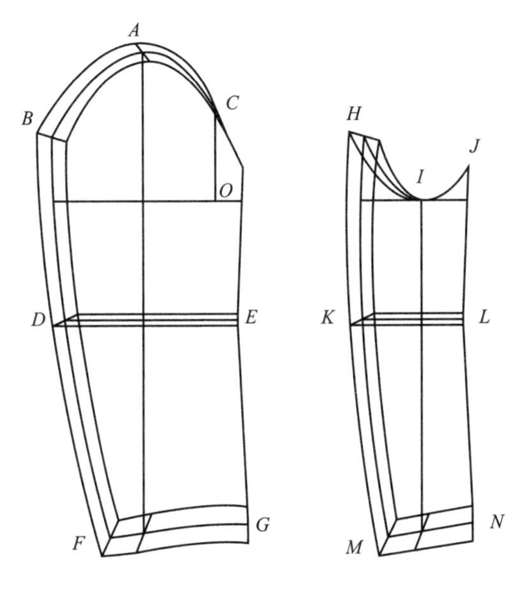

图 9-12　四开身刀背女西服大小袖片推板方法

（2）大袖后袖山高点（B）：Y 轴 0.42×1/2＝0.21（cm），X 轴为袖肥部位差 0.9（cm），计算方法采用勾股定理即 $AH/2$ 每档增减 1cm，袖山高每档增减 0.42cm，因此袖肥每档增减量为 0.9cm。

（3）大袖前袖山点（C）：Y 轴 0.42×1/2＝0.21（cm），X 轴为 0。

（4）后袖肘位置点（D）：Y 轴 1.5×1/2－0.42＝0.33（cm），X 轴为（0.9＋0.5）/2＝0.7（cm）。

（5）前袖肘位置点（E）：Y 轴 1.5×1/2－0.42＝0.33（cm），X 轴为 0。

（6）大袖口后位点（F）：Y 轴 1.5－0.42＝1.08（cm），X 轴为 0.5（cm）。

（7）大袖口前位点（G）：Y 轴 1.5－0.42＝1.08（cm），X 轴为 0。

（8）小袖片后袖山高点（H）：Y 轴 0.42×1/2＝0.21（cm），X 轴为袖肥部位差 0.9（cm）。

（9）小袖片前袖山高点（J）：Y、X 轴不动。

（10）小袖袖山底点（I）：X 轴 0.9×1/2＝0.45（cm）。

（11）小袖后袖肘位置点（D）：Y 轴 1.5×1/2－0.42＝0.33（cm），X 轴为（0.9＋0.5）/2＝0.7（cm）。

（12）小袖前袖肘位置点（E）：Y 轴 1.5×1/2－0.42＝0.33（cm），X 轴为 0。

（13）小袖口后位点（F）：Y 轴 1.5－0.42＝1.08（cm），X 轴为 0.5（cm）。

（14）小袖口前位点（G）：Y 轴 1.5－0.42＝1.08（cm），X 轴为 0。

主要参考文献

[1] 中屋典子，三吉满智子．服装造型学：技术篇Ⅱ．刘美华，孙兆全，译．北京：中国纺织出版社，2004.

[2] 中泽愈．人体与服装：人体结构・美的要素・纸样．袁观洛，译．北京：中国纺织出版社，2000.

[3] 孙兆全．经典男装纸样设计．3版．上海：东华大学出版社 2014.

[4] 孙兆全．成衣纸样与服装缝制工艺．北京：中国纺织出版社，2019.

[5] 中屋典子，三吉满智子．服装造型学：理论篇．郑嵘，张浩，韩洁羽，译．北京：中国纺织出版社，2004.

[6] 孙兆全．经典女装纸样设计与应用．2版．北京：中国纺织出版社，2019.

[7] 杨明山，袁愈焰．中国便装．武汉：湖北科学技术出版社，1985.

[8] 龙晋，静子．服装设计裁剪大全：制图、打板、推板教程．北京：中国纺织出版社，1994.

[9] 赵晓霞．时装设计专业进阶教程 3：时装画电脑表现技法．北京：中国青年出版社，2012.

[10] 吉林省质量技术监督局．朝鲜族服饰：第1部分 术语：DB 22/T 2484—2016.